高等学校应用型特色规划教材

机械设计基础

(近机、非机类)

(第 2 版)

李 力 向敬忠 主 编

韩泽光 罗继曼 张艳明 副主编

清华大学出版社

北 京

内 容 简 介

本书是针对高等院校应用型人才培养对该课程要求的需要，根据对少学时的教学要求而编写的。

本书是"高等学校应用型特色规划教材"系列教材之一，全书共 16 章，第 1 章概括机器的全貌、分析机器的组成；第 2 章补充一些力学的基本知识，可供教学选学或作为读者的参考内容；第 3～6 章介绍平面机构、平面连杆机构、凸轮机构、间歇运动机构等常用机构的结构；第 7 章介绍连接中以螺纹连接与键、销为代表的静连接；第 8～11 章从常规的挠性传动、齿轮传动、蜗杆传动和轮系入手研究其使用及简单的设计计算；第 12～15 章以轴系为代表着重进行结构设计分析，简单介绍联轴器和离合器以及弹簧；第 16 章介绍机械系统方案设计的基础知识。另外，每章都提供了实验与实训以及习题供读者学习时参考。

本书可作为高等学校本科和专科近机类、非机械类机械设计基础课程的教材，也可供有关工程技术人员参考使用。

图书在版编目(CIP)数据

机械设计基础(近机、非机类)/李力，向敬忠主编. —2 版. —北京：清华大学出版社，2018（2024.7重印）
(高等学校应用型特色规划教材)
ISBN 978-7-302-50619-5

Ⅰ. ①机… Ⅱ. ①李… ②向… Ⅲ. ①机械设计—高等学校—教材 Ⅳ. ①TH122

中国版本图书馆 CIP 数据核字(2018)第 151318 号

责任编辑：陈冬梅　张彦青
装帧设计：王红强
责任校对：周剑云
责任印制：丛怀宇

出版发行：清华大学出版社
　　　　　网　　　址：https://www.tup.com.cn，https://www.wqxuetang.com
　　　　　地　　　址：北京清华大学学研大厦 A 座　　　邮　　编：100084
　　　　　社 总 机：010-83470000　　　　　　　　　邮　　购：010-62786544
　　　　　投稿与读者服务：010-62776969，c-service@tup.tsinghua.edu.cn
　　　　　质量反馈：010-62772015，zhiliang@tup.tsinghua.edu.cn
　　　　　课件下载：https://www.tup.com.cn，010-62791865
印 装 者：天津鑫丰华印务有限公司
经　　销：全国新华书店
开　　本：185mm×260mm　　　印　张：19.25　　　字　数：466 千字
版　　次：2007 年 5 月第 1 版　2018 年 8 月第 2 版　印　次：2024 年 7 月第 6 次印刷
定　　价：58.00 元

产品编号：071597-01

第 2 版前言

为适应部分高等院校及高职高专院校向应用技术型人才培养迅速转型的趋势，特出版了"高等学校应用型特色规划教材"系列教材，本教材是高等院校机械设计系列教材之一。

"机械设计基础"课程是高等工科院校机电类、近机类各专业的一门重要的技术基础课程，具有较强的综合性和实践性。本课程在拓宽学生的知识面、培养学生适应专业能力方面具有重要的作用。通过本课程的学习，使学生具有对一般机械设备的分析、维护、改进的基本能力。

本书在满足非机械类专业对本课程要求的基础上，突出应用能力的培养，对课程的体系和内容进行了整合。教材的主要特点如下。

(1) 主要内容为机械系统的三个部分，即机械运动系统、机械传动系统、机械支撑及联接设计。全书共 16 章，突出"机械设计基础"课程的基本内容、基本理论和基本方法的学习与应用。

(2) 增加了力学基本知识，授课时可以选讲；增加机械系统运动设计与分析，介绍了进行整机设计的方法，包括选型、运动循环图等，是自动化设备设计不可缺少的基本技能。

(3) 以各种典型的机构和通用零件的种类、特点、应用范围结构的选择为重点内容，对强度计算、结构工艺结合具体的机构和零件作一般的介绍。

(4) 针对本科应用型人才的培养，着重实用和动手能力的学习和训练，加强了实训和习题的内容。

参加本书编写的有李力(1、2 章)、于宏思、纪玉杰(3、4、16 章)、穆存远(5、6 章)、罗继曼、王丹、张艳明(7、12、14、15 章)、向敬忠(8 章)、韩泽光、赵德宏(9、10、11 章)、郑夕健(13 章)。由李力、向敬忠担任主编；韩泽光、罗继曼、张艳明任副主编。

东北大学王淑仁担任本书主审，对全部内容进行了详细审阅，提出了许多宝贵意见，为提高本书质量起了很大作用，在此表示衷心的感谢。王正浩对本书的编写提出了宝贵意见，在此表示感谢。

感谢使用了本教材的广大师生、工程技术人员，恳请广大读者批评指正。

编 者

目　　录

第1章　绪论 1

1.1　机器的组成 2
 1.1.1　机器的组成和分析 2
 1.1.2　机器的组成要素 3
1.2　机械设计的基本要素 4
 1.2.1　机械设计的基本要素 4
 1.2.2　机械设计的一般程序 4
 1.2.3　机械零件设计的一般步骤 ... 5
 1.2.4　机械零件的设计方法 5
1.3　机械零件材料选用原则 6
1.4　机械零件的制造工艺性及标准化 ... 6
 1.4.1　机械零件的工艺性 6
 1.4.2　机械零件设计中的标准化 ... 6
1.5　本课程的内容、性质和任务 7
1.6　实验与实训 7
1.7　习题 8

第2章　力学基本知识 9

2.1　静力学基本概念 9
 2.1.1　刚体 9
 2.1.2　力和力系 9
 2.1.3　约束和约束反力 10
 2.1.4　受力图 12
 2.1.5　静力学基本公理 13
2.2　力系的平衡 13
 2.2.1　力在轴上的投影 13
 2.2.2　平面汇交力系的合成与平衡 ... 14
 2.2.3　力对点的矩 15
 2.2.4　力偶、力偶矩及平衡条件 ... 15
2.3　强度的基本知识 16
 2.3.1　杆件的拉伸与压缩 16
 2.3.2　材料的力学性能 18
 2.3.3　强度计算 20
 2.3.4　载荷与变应力 24

2.4　实验与实训 25
2.5　习题 26

第3章　平面机构的结构分析 27

3.1　平面机构的组成 28
 3.1.1　构件 28
 3.1.2　构件的自由度和约束 28
 3.1.3　运动副及其分类 29
3.2　平面机构的运动简图 30
 3.2.1　构件与运动副的表示方法 ... 30
 3.2.2　机构运动简图的绘制方法 ... 31
3.3　平面机构的自由度 32
 3.3.1　平面机构自由度计算公式 ... 32
 3.3.2　平面机构具有确定运动的
   条件 33
 3.3.3　计算机构自由度时应注意的
   问题 34
3.4　实验与实训 35
3.5　习题 36

第4章　平面连杆机构及其设计 39

4.1　铰链四杆机构的基本形式及应用 ... 39
 4.1.1　曲柄摇杆机构 40
 4.1.2　双曲柄机构 40
 4.1.3　双摇杆机构 41
4.2　铰链四杆机构的传动特性 41
 4.2.1　急回运动和行程速比系数 ... 41
 4.2.2　压力角和传动角 42
 4.2.3　死点位置 43
4.3　铰链四杆机构的曲柄存在条件 44
4.4　铰链四杆机构的演化 45
 4.4.1　含有一个移动副的平面
   四杆机构 45
 4.4.2　含有两个移动副的平面
   四杆机构 47

4.4.3 含有偏心轮的平面四杆机构......47

4.5 平面四杆机构的设计......49
4.5.1 图解法设计四杆机构......49
4.5.2 实验法设计四杆机构......52
4.5.3 用解析法设计四杆机构......53

4.6 实验与实训......53

4.7 习题......55

第5章 凸轮机构......58

5.1 凸轮机构的应用和分类......58
5.1.1 凸轮机构的应用......58
5.1.2 凸轮机构的分类......60
5.1.3 凸轮机构的特点......61

5.2 凸轮机构从动件运动规律分析......61
5.2.1 从动件的位移线图......62
5.2.2 从动件的常用运动规律......63

5.3 凸轮轮廓曲线的设计......64
5.3.1 凸轮轮廓设计的反转法原理......64
5.3.2 直动从动件盘形凸轮轮廓的
绘制......64

5.4 凸轮机构设计时应注意的几个问题......67
5.4.1 滚子半径的选择......67
5.4.2 压力角......67
5.4.3 基圆半径......68

5.5 实验与实训......69

5.6 习题......70

第6章 间歇运动机构......73

6.1 棘轮机构......73
6.1.1 棘轮机构的组成和
工作原理......73
6.1.2 棘轮机构的类型和应用......74
6.1.3 棘轮机构的主要参数和
几何尺寸......76

6.2 槽轮机构......77
6.2.1 槽轮机构的工作原理......77
6.2.2 槽轮机构的主要参数和
几何尺寸计算......78

6.3 其他间歇运动机构......80
6.3.1 不完全齿轮机构......80

6.3.2 凸轮间歇运动机构......80

6.4 实训......82

6.5 习题......82

第7章 连接......84

7.1 螺纹连接......85
7.1.1 螺纹的形成和主要参数......85
7.1.2 常用螺纹的种类、特点和
应用......86
7.1.3 螺纹连接的类型、特点和
应用......88
7.1.4 螺纹连接应用中注意的
几个问题......91
7.1.5 螺纹连接的强度计算......93
7.1.6 螺栓组连接的结构设计......98
7.1.7 螺旋传动......100

7.2 键连接和花键连接......102
7.2.1 键连接的类型和应用......102
7.2.2 平键连接的选择及计算......104
7.2.3 花键连接......106

7.3 销连接及应用......107

7.4 实验与实训......107

7.5 习题......108

第8章 挠性传动......111

8.1 带传动......111
8.1.1 带传动的组成及应用......111
8.1.2 带传动的工作情况分析......116
8.1.3 V带传动的设计和计算......120

8.2 链传动......125
8.2.1 链传动的组成及应用......125
8.2.2 链传动的工作情况分析......129
8.2.3 链传动的设计和计算......131

8.3 实验与实训......135

8.4 习题......135

第9章 齿轮传动......138

9.1 概述......138
9.1.1 齿轮传动的演化......138
9.1.2 齿轮传动的类型及应用......139

9.1.3 渐开线齿廓的形成及特性......141
9.2 渐开线圆柱齿轮传动............144
　9.2.1 一对渐开线齿轮的啮合......144
　9.2.2 渐开线圆柱齿轮传动的
　　　　可分性与连续性............147
9.3 渐开线齿轮轮齿的加工........148
　9.3.1 轮齿的切削加工原理........148
　9.3.2 轮齿的根切、最少齿数和
　　　　变位....................150
9.4 齿轮传动的强度计算............152
　9.4.1 齿轮传动的失效形式、
　　　　设计准则................152
　9.4.2 齿轮传动常用材料、
　　　　精度选择................155
　9.4.3 直齿圆柱齿轮传动的
　　　　强度计算................157
　9.4.4 设计参数的选择..........161
　9.4.5 齿轮的结构..............162
　9.4.6 其他齿轮传动简介........165
9.5 实训........................166
9.6 习题........................166

第10章　蜗杆传动................169
10.1 概述........................169
　10.1.1 蜗杆传动的类型..........169
　10.1.2 蜗杆传动的特点及应用......170
10.2 圆柱蜗杆传动的主要参数和
　　　几何尺寸计算................171
　10.2.1 蜗杆传动的主要参数......171
　10.2.2 几何尺寸计算............173
10.3 蜗杆传动的承载能力计算......173
　10.3.1 蜗杆传动的失效形式及
　　　　设计准则................173
　10.3.2 蜗杆传动的材料及其选择....174
　10.3.3 蜗杆传动的受力分析......174
　10.3.4 蜗杆传动的强度计算......175
10.4 蜗杆传动的热平衡计算........177
　10.4.1 蜗杆传动的效率..........177
　10.4.2 蜗杆传动的润滑..........177
　10.4.3 蜗杆传动的热平衡计算......177

10.5 蜗杆、蜗轮的结构............178
　10.5.1 蜗杆的结构..............178
　10.5.2 蜗轮的结构..............179
10.6 实训........................182
10.7 习题........................183

第11章　轮系....................184
11.1 轮系的分类..................184
11.2 定轴轮系运动分析............185
11.3 周转轮系的运动分析..........188
　11.3.1 周转轮系的组成及类型......188
　11.3.2 周转轮系的传动比计算......189
11.4 实训........................191
11.5 习题........................192

第12章　轴承....................194
12.1 滑动轴承....................194
　12.1.1 摩擦状态简介............194
　12.1.2 滑动轴承类型............195
　12.1.3 滑动轴承的典型结构......197
　12.1.4 滑动轴承的材料..........199
　12.1.5 滑动轴承的润滑..........202
12.2 滚动轴承....................206
　12.2.1 滚动轴承的结构与特点......206
　12.2.2 滚动轴承主要类型及
　　　　代号....................207
　12.2.3 滚动轴承类型的选择......211
　12.2.4 滚动轴承的失效形式和
　　　　寿命计算................212
12.3 新型轴承简介................219
　12.3.1 关节轴承................219
　12.3.2 直线滚动轴承............220
　12.3.3 陶瓷轴承................220
12.4 实验与实训..................221
12.5 习题........................222

第13章　轴......................224
13.1 概述........................224
　13.1.1 轴的用途及分类..........224
　13.1.2 轴的设计要点............226

13.1.3 轴的材料 226
13.2 轴的结构设计 228
 13.2.1 轴径的初步计算 228
 13.2.2 轴的结构设计 229
13.3 轴的强度和刚度计算 234
 13.3.1 轴的强度计算 234
 13.3.2 轴的刚度计算 236
13.4 实验与实训 240
13.5 习题 241

第14章 联轴器和离合器 244
14.1 联轴器 244
 14.1.1 联轴器的类型 245
 14.1.2 联轴器的选择 249
14.2 离合器 250
14.3 实验与实训 252
14.4 习题 252

第15章 弹簧 254
15.1 弹簧的功能与类型 254
15.2 圆柱螺旋弹簧 255
15.3 弹簧的材料和制造方法 257
15.4 实训 260
15.5 习题 260

第16章 机械系统方案设计 261
16.1 概述 262
 16.1.1 机械系统的组成 262

16.1.2 机械设计的一般程序 263
16.2 执行系统的功能原理设计和
 运动设计 264
 16.2.1 机械的功能原理设计 264
 16.2.2 执行构件的运动设计 265
16.3 执行机构系统形式设计 265
 16.3.1 机构的选型 265
 16.3.2 机构的变异 267
 16.3.3 机构的组合 268
16.4 执行系统的协调设计 270
 16.4.1 执行系统的运动
  协调设计 270
 16.4.2 机械的工作循环图 272
16.5 传动系统的方案设计和
 原动机选择 273
 16.5.1 传动类型的选择 274
 16.5.2 传动系统的设计过程 276
 16.5.3 原动机的类型及其运动
  参数的选择 276
16.6 实验与实训 277
16.7 习题 278

附录A 模拟考试题 280
附录B 习题参考答案 286
附录C 模拟考试题答案 298
参考文献 300

第1章 绪　　论

教学目标：

机械设计基础课程是研究常用机构和通用零部件的工作原理、结构特点及基本的设计理论和设计分析的方法，这些知识将通过一些机构和零件进行讲授。

对于一般的机器，我们在日常生活中对其已有了不同程度的认识。但是一部机器是怎样组成的、如何完成既定的功能、其中哪些问题与本课程有关等问题，我们可以通过对典型机械的分析来认识。

通过本章的学习，要求学生了解本课程研究的内容、性质和任务。

教学重点和难点：

● 机器的组成及其分析方法；

● 本课程的性质、内容、学习方法；

● 机械设计的一般程序；

● 机械零件设计的一般程序；

● 机械、机器、机构、构件、零件的概念。

案例导入：

图 1-1 是一台由工业编程控制器进行控制、安全监测、质量检测、计数的 6 工位自动组装机；它可以根据需要设计相应的夹具及工装，代替人完成装配动作。在我们的生产、生活中有许许多多的机器，那么哪些内容与机械设计基础课程有关，如何认识机器、分析机器等这些将要在本书中逐步得到解答。

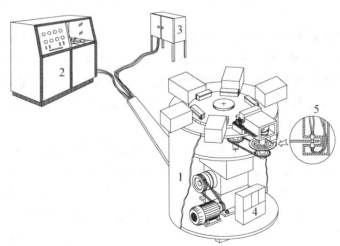

图 1-1　自动组装机

1—载物工作台；2—PLC 控制箱；3—电源；4—气动控制箱；5—信号采集发生器

1.1 机器的组成

机械制造业为人类的日常生活、各行各业生产提供了所需要的机械。机械能代替、减轻人们的体力劳动和脑力劳动，提高劳动生产率和保证产品的质量；也只有机械化的生产才能进行严格的分工和科学的管理。因此，机械的发展水平也代表了国家工业、科学技术的发展水平。

在装备制造业中，机械设计是第一步，是产品成败的关键。

1.1.1 机器的组成和分析

图 1-1 所示的 6 工位自动组装机中，各个工位根据设定的程序与动作，通过气动元件和机械运动完成相应的组装功能。载物工作台与各个工位相配合完成严格的协调动作，各工位全部完成装配动作后，由控制发出指令，工作台将转动一个工位后停止，再进行下一个动作的循环。图 1-2 为该自动组装机的传动系统图，电机 1 通过皮带传动 2 和变速箱 4 可以改变输出的转速；电磁离合器 3 则可以控制自动离合；槽轮机构 5 把工作台连续的转动运动改变为间歇运动；链条 6 与主运动同步转动带动 PLC 信号采集器 7，使信息的采集、反馈与机械的转动同步；各工位可根据需要进行结构设计，例如其中一个位置的工作装置是通过凸轮机构 8、齿轮 10 与齿条 9 完成一个工位的组装动作；夹具 11 与工装位置相对应，根据需要可以夹持或固定零件。这一系列运动的配合是通过信号的接收、信息的反馈和控制器的处理来完成的。信息采集发生器通过链传动与工作台的主轴同步转动，使整机的运动循环可以与机械传动速度的快慢同步。转动速度则通过对电机进行变频调速来完成无级变速。

图 1-3 所示的内燃机由气缸 1、活塞 2、连杆 3、曲轴 4、齿轮 5 与 6、凸轮 7 与顶杆 8 等组成。当内燃机工作时，燃气推动活塞做往复移动，经连杆变为曲轴的连续转动。凸轮与顶杆用来控制进气和排气。曲轴经过齿数比为 1：2 的齿轮 5 与 6，带动凸轮轴转动，使得曲轴每转两周，进、排气门各启闭一次。这样的协调运动的配合，就把燃气热能转变为曲轴连续旋转的机械能。

从图 1-2、图 1-3 两个示意图可以看出，比较复杂的现代化机器中包含着机械、电气、气(液)动、控制监测等系统的部分或全部组成，但是不管多么现代化的机械，在工作过程中都要执行机械运动，进行机械运动的传递和变换。因此，机械的主体是机械系统。从功能组成分析，机器的基本组成部分有原动部分、执行部分、传动部分和控制部分，原动部分是整机的驱动部分，如组装机中的电机、压力气源；执行部分是完成机器预定功能的组成部分，如组装机中的夹具、工装；传动部分完成运动形式、运动及动力参数的转变，如带传动、链传动、减速器、间歇机构等；控制部分及其他辅助系统是机器的自动化控制与管理必不可少的重要组成部分，如信号采集发生器、编程控制器等。

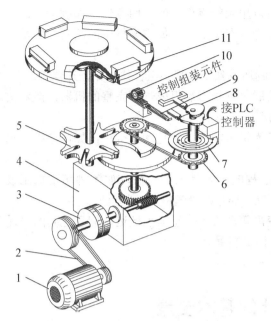

图 1-2　自动组装机传动系统

1—电机；2—皮带传动；3—电磁离合器；4—变速箱；5—槽轮机构；6—链条；7—信号采集器；8—凸轮机构；9—齿条；10—齿轮；11—夹具

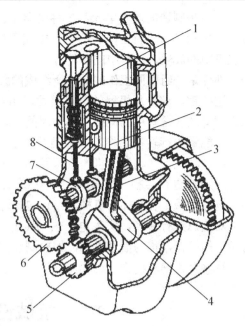

图 1-3　内燃机结构

1—气缸；2—活塞；3—连杆；4—曲轴；5—小齿轮；6—大齿轮；7—凸轮；8—顶杆

1.1.2　机器的组成要素

只能实现机械运动和力的传递与变换的装置称为机构。例如，内燃机中，由曲轴、连杆、活塞和气缸组成的曲柄滑块机构，齿轮机构，凸轮机构等。

运动的基本单元称为构件，构件可以是单一的零件，如曲轴(图 1-3)；也可以是由一些零件通过连接组成的刚性体，如内燃机连杆(图 1-4)。

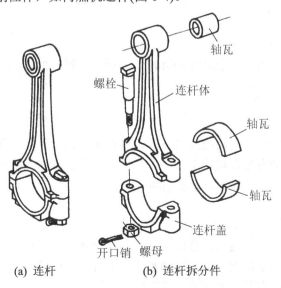

(a) 连杆　　　　(b) 连杆拆分件

图 1-4　内燃机连杆

零件是制造的基本单元，各种机器中都可以用到的零件，叫通用零件，如螺栓、键、带轮、齿轮等；在特定类型的机器中使用的零件叫专用零件，如内燃机中的活塞、曲轴、洗衣机中的波轮、风扇中的叶轮等。

部件是一组协同工作的零件所组成的独立制造或独立装配的组合体，如减速器等。

这些零、部件从机器的全局出发，相互关联、互相影响组成一部完整的机器，能够实现机械运动，做有用的机械功或实现能量、物料、信息的传递与变换。

对能量进行转换，将其他种类的能量转换为机械能的机器是动力机械，如内燃机、水轮机、电动机、气动发动机、液压发动机等。

对物料进行转换，完成某种工作或工艺过程的机器是工作机械，如各种切削加工设备、运输机械、食品加工机械等；还包括球磨机、摇号机等随机运动的机器。

对信息进行转换，实现电、热、压力、变形等形式的信息与机械运动信息之间的传递与转换的机器，称为信息机器，如检测装置、计量装置等。

机械是机器与机构的总称。

1.2　机械设计的基本要素

1.2.1　机械设计的基本要素

机械设计的目的是创造性地实现具有预期功能的新机械或改进现有机械的功能。

机械设计应满足的基本要求主要有：在实现预期使用功能的前提下，尽可能性能好、效率高、成本低，具有一定的可靠性；操作简单、维护方便、便于运输等。

1.2.2　机械设计的一般程序

机械设计的程序视具体情况而定，一般分为产品规划、方案设计、技术设计、样机试制和鉴定四个阶段。

1. 产品规划阶段

在进行市场预测、用户需求调查和可行性分析后，制定出机器的设计任务书，明确设计要求。

2. 方案设计阶段

方案设计包括机械产品的功能原理设计，确定机器的工作原理和技术要求，初步拟定机器的总体布置、传动方案和机构运动简图等，对机构进行运动分析与设计。最后从多种方案中，经优化筛选与评价，选取较理想的方案。

3. 技术设计阶段

技术设计阶段主要工作包括：总体设计、结构设计、施工设计、商品化设计、模型试验等。要在方案设计的基础上，进行结构和主要零部件工作能力的设计，完成装配图、零件图及编写设计计算说明书、使用说明书等技术文件。

4．样机试制和鉴定

根据图纸、技术文件进行样机的试制；对样机进行性能检测、修改和改进；组织鉴定并进行经济技术评价。通过后，才可以批量投产或交付用户使用，还需要收集反馈的信息，作为将来进一步改进的依据。

1.2.3　机械零件设计的一般步骤

(1) 根据零件的使用要求，选择零件的类型并设计零件的结构。

(2) 根据机器的工作要求，计算作用在零件上的载荷。

(3) 根据零件的类型、结构和所受载荷，分析零件的失效形式，确定零件的设计准则。

(4) 根据零件的工作条件，选择材料。

(5) 根据设计准则进行计算，确定零件的基本尺寸。

(6) 绘制出零件工作图并编写设计说明书。

1.2.4　机械零件的设计方法

对于机械零件的设计方法，通常把过去长期采用的设计方法称为常规设计方法，近几十年发展起来的设计方法称为现代设计方法，如计算机辅助设计(CAD)、优化设计、可靠性设计、并行设计、虚拟产品设计、参数化设计等。此处仅介绍本书使用的常规设计方法。

1．理论设计

按照机械零件的结构及其工作情况，将其简化成一定的物理模型，运用力学、弹性力学、热力学、摩擦学等理论推导出来的设计公式和用实验数据进行设计的方法称为理论设计。这些设计公式有两种不同的使用方法。

(1) 设计计算。按设计公式直接求得零件的有关尺寸。

(2) 校核计算。已知零件的各部分尺寸，校核它是否能满足有关的设计准则。

2．经验设计

根据对同类零件已有的设计与使用实践，归纳出经验公式和数据，或者用类比法进行的设计称为经验设计。对于某些典型零件，这是很有效的设计方法，如箱体、机架、传动零件的结构设计等。经验设计也用于某些目前尚不能用理论分析的零件设计中。

3．模型实验设计

对于尺寸很大、结构复杂、工况条件特殊，又难以进行理论计算和经验设计的重要零件，可采用模型或样机，通过实验考核其性能，并取得必要数据后，再根据实验结果修改原有设计。但这种方法费时、成本高，只用于特别重要的设计。

1.3　机械零件材料选用原则

机械零件常用的材料有钢、铸铁、有色金属和非金属等，常用材料的牌号、性能及热处理知识可查阅机械设计手册。

在机械设计中选择材料是一个重要环节。随着材料科学的不断发展，机械制造业对零件的要求在提高，因此设计者在选择材料时，应充分了解材料的性能和适用条件，并考虑零件的使用、工艺和经济性等要求。

1．使用要求

为保证机械零件不失效，根据载荷作用情况，对零件尺寸的限制和零件重要程度，对材料提出强度、刚度、弹性、塑性、冲击韧性、阻尼性和吸振性等力学性能方面的相应要求。同时，考虑到零件工作环境等因素，对材料可能还有密度、导热性、抗腐蚀性、热稳定性等物理性能和化学性能方面的要求等。

2．工艺要求

选择零件材料时必须考虑到加工制造工艺的影响。铸造毛坯应考虑材料的液态流动性、产生缩孔或偏折的可能性等；锻造毛坯应考虑材料的延展性、热脆性和变形能力等；焊接零件应考虑材料的可焊性和产生裂纹的倾向等；进行热处理的零件应考虑材料的可淬性、淬透性及淬火变形的倾向等；对于切削加工的零件应考虑材料的易切削性、切削后能达到的表面粗糙度和表面性质的变化等。

3．经济性

从经济观点出发，在满足性能要求的前提下，应尽可能选用常规的材料，以降低材料费用。另外还应综合考虑材料的使用周期和供应情况及生产批量等因素的影响，如同一零件大量生产可考虑用铸造毛坯的方法，单件生产采用焊接方式，可以降低制造费用。

1.4　机械零件的制造工艺性及标准化

1.4.1　机械零件的工艺性

零件的工艺性是指在既定的生产条件和规模下，用较少的劳动和较低的成本把零件制造和装配出来。为此，设计者必须了解零件的制造工艺，能从材料选择、毛坯制造、机械加工、装配以及维修等环节考虑有关的工艺问题。

1.4.2　机械零件设计中的标准化

零件的标准化、部件的通用化和产品的系列化是我国实行的一项重要的技术经济政策。

在机械设计中，零件标准化在制造上可以实行专业化大批量集中生产，提高产品质量、降低成本、便于维修管理；在设计上可以最大化地减少设计量、缩短设计周期。我国现行标准分为国家标准(GB)、部颁标准(如 JB、YB 等)和企业标准三级。出口产品应采用国际标准(ISO)。

通用化是在系列产品内部或跨系列的产品之间，采用同一结构和尺寸的零部件。它可以最大限度地减少产品的规格、形状、尺寸和材料品种等，实现通用互换。

系列化是将产品尺寸和结构按尺寸大小分档，按一定规律优化组合成产品系列，以减少产品型号数目，以较少的品种规格满足用户的广泛需要。

1.5　本课程的内容、性质和任务

本书将机械系统按功能组成划分为三部分，即执行系统、传动系统及联结设计。机器执行系统中普遍使用的机构有连杆机构、凸轮机构、齿轮机构和间歇机构等；传动系统中普遍使用的传动和零件齿轮传动、带传动、链传动和螺栓、轴、轴承、弹簧等。本书主要研究机器中这些常用机构和通用零件的工作原理、结构特点、基本设计原理和计算方法等。

"机械设计基础"是一门技术基础课程，通过本课程的学习，学生能获得分析、选用和维护简单机械设备的基础知识，为进一步学习专业课和今后从事相关的机械工程方面的工作打下必要的理论基础。

通过本课程的学习，应达到以下基本要求。

(1) 了解机构的组成、运动特性，初步具有分析和设计常用机构的能力；

(2) 初步掌握通用机械零件的工作原理、结构特点、设计计算和维护等知识，并初步具有分析机械传动装置的能力；

(3) 初步具有运用标准、规范、手册、图册及查阅有关技术资料的能力；

(4) 获得实验技能的初步训练。

1.6　实验与实训

实验目的

(1) 通过对机器的分析了解机械的运动过程及实现方法。

(2) 通过对机器的分析了解并进一步掌握机器的组成；了解机械系统的概念。

实验内容

实训 1　对图 1-3 内燃机进行分析，认识一些机构。

实训要求

以已有的知识为基础，分析内燃机内通过气体的燃烧、膨胀实现进气、排气的过程。要将运动和动力传递出去则需要将活塞的往复运动通过曲轴转换成旋转的运动，这一运动的转换是通过曲柄滑块机构完成的。同时，通过齿轮的齿数关系又实现了进气、排气、点火等动作的协调，其气门的开关动作由凸轮机构控制。

实训2 对图 1-2 的自动组装机进行分析。

实训要求

从机器的工作情况入手，分析机器的基本组成：①原动机包括电机和压力气源；②传动部分有带传动、链传动、齿轮传动等；③工作执行部分各种机构如：间歇机构、凸轮机构等和气动元件组成了夹具和各工位的工装；④总体运动的循环和监控由工业编程控制器完成。

实验总结

(1) 一部机械是由多个机构组成的，机构之间的动作通过设计达到协调。

(2) 一部机电一体化的机械，其自动控制与机械运动都是必不可少的。电器的控制及信息的接收和反馈也需要机械传动装置完成。

(3) 系统：具有特定功能的、相互间具有有机联系的许多要素构成的一个整体，就是一个系统。一个大的系统可以由一些小的系统组成，这些小的系统称为子系统。从实现系统功能的角度看，图 1-2 自动组装机包括：动力系统、传动系统、执行系统、控制系统。

1.7 习　　题

一、简答题

(1) 本课程的性质和任务是什么？和以往学过的基础课程相比，本课程有什么特点？

(2) 通过本课程学习应达到哪些要求？

(3) 机器在经济建设中起到什么重要作用？

二、实作题

(1) 什么是通用零件？试举例说明。

(2) 什么是专用零件？试举例说明。

(3) 指出汽车中若干通用零件和专用零件。

(4) 如何合理选择机械零件材料？

(5) 机械零件常用的设计方法有哪些？各在什么情况下采用？

(6) 什么是机械设计中的标准化？实行标准化有何重要意义？

第2章 力学基本知识

教学目标：

在机械的各种零件、部件设计过程中，或研究整机的工作状态及功能时，都要研究机械的受力状况，即对机械承受的载荷进行受力分析，进行相关的设计计算。本章的教学目的在于使读者了解一些与本课程相关的力学知识。

教学重点和难点：

- 力的基本概念及相关知识；
- 受力分析及受力图；
- 力矩及弯矩的概念和应用。

案例导入：

把组成机械与结构的零件、部件，统称为构件。机械在工作时，构件会受到外力作用，例如汽车轮轴受到车厢与车轮传来的外力；楼房的梁承受楼板传给它的重力。若要保证机械和结构正常工作，各个构件都必须正常工作。为此，首先要求构件在受载后不被破坏，这将涉及构件的材料、形状与外力之间的关系，需要应用一些相关的力学知识去解决。

2.1 静力学基本概念

力学是研究物体机械运动一般规律的科学。机械运动是指物体在空间的位置随时间的变化，也包括变形和流动。静力学研究物体平衡的一般规律，主要研究三方面的问题：物体的受力分析、力系的简化和力系的平衡条件。

2.1.1 刚体

静力学研究的物体主要是刚体。所谓刚体是指在力作用下不变形的物体，即刚体内部任意两点间的距离保持不变。在实际问题中，任何物体在力作用下或多或少都会产生变形，如果物体变形不大或变形对所研究的问题没有实质影响，则可将物体抽象为刚体。

2.1.2 力和力系

力是物体间的相互机械作用。物体间的相互机械作用形式多种多样，如压力、摩擦力等；还有如万有引力场、电场对物体作用的万有引力和电磁力等。尽管物体间相互作用的形式和物理本质不同，但这种机械作用的效应使物体的机械运动状态发生改变，例如改变物体运动速度的大小或方向，这种效应称为力的外效应(也称为运动效应)；另一种是使物体的形状发生改变，例如使梁弯曲、使弹簧伸长，这种效应称为力的内效应(也称为变形效应)。力对物体作用产生的这两种效应是同时出现的。

实践证实，力对物体作用的效应取决于**力的三个要素**：力的大小、力的方向和力的作用点。力的大小反映了物体间相互机械作用的强度，它可以通过力的外效应或内效应的大小来度量。在国际单位制(SI)中力的单位是牛顿(N)。力的方向指的是静止质点在力作用下开始运动的方向。沿该方向画出的直线称为力的作用线，力的方向包含力的作用线在空间的方位及指向。力作用于物体上比较小的面积时，此面积大小可以不计，可将其抽象为一个点，称为力的作用点，这时的作用力称为集中力。反之，如力的接触面积比较大，力在整个接触面上分布作用，这时作用的力称为分布力。分布力作用的强度用单位面积上力的大小 $q(\mathrm{N}/\mathrm{cm}^2)$ 来度量，q 称为载荷集度。

力的三要素说明，力可以用一个带箭头的线段来表示(图 2-1)。线段的长度 AB 按一定比例表示力的大小，线段的方向和箭头指向(由 A 指向 B)表示力的方向，线段的始端 A 表示力的作用点。

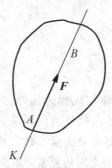

图 2-1　表示力的线段

作用在物体上的一群力称为力系，记为($F_1, F_2, \cdots, F_n$)。一个作用于刚体而使其保持平衡的力系称为平衡力系。如果两个力系分别作用于同一物体，其效应相同，则这两个力系彼此称为**等效力系**。若一个力和一个力系等效，则称这个力是这个力系的**合力**，而该力系中的每个力是合力的分力。求一个比较复杂力系的等效的简单力系的过程称为**力系的简化**。

按照力系中各力作用线在空间分布的情况，可以将力系进行分类。如果各力作用线在同一平面内，该力系称为**平面力系**，否则称为**空间力系**；如果各力作用线汇交于一点，则称为**汇交力系**，各力作用线彼此平行时称为**平行力系**；各力作用线任意分布时称为**任意力系**。

2.1.3　约束和约束反力

工程中的一些物体可以在空间自由运动，获得任意方向的位移，这些物体称为自由体，例如空中的飞机、卫星等。另一些物体，其某些方向的位移受到限制，这些物体称为非自由体或受约束体，限制物体运动的其他物体称为约束。例如跑道上的飞机、公路上的汽车等，跑道是飞机的约束，公路路面是汽车的约束等。约束与非自由体接触相互产生了作用力，约束对物体的作用力，称为约束力。约束力的方向总是与该约束所限制的非自由体的位移方向相反。作用于非自由体上的约束力以外的力统称为主动力，例如重力、推力等。

平衡就是指物体相对地球处于静止或做匀速直线平移的状态。研究非自由体的平衡问题时，主动力一般为已知力，而约束力往往是未知力，它们需要通过平衡条件或其他物理定律来确定。然而，不同类型的约束具有不同的特征，根据其特征可确定其约束力的特征。

常见的约束类型见表 2-1。

表 2-1　约束类型

约束类型	结　构　图	力　学　模　型
柔性约束		
面约束		
铰链约束	中间铰链约束	
	固定铰链约束	
	活动铰链约束	
	球铰链	

2.1.4 受力图

在求解力学问题时，需要选择某个或某些物体为对象，研究其运动或平衡，获得所需的未知量，这些被选择的物体称为研究对象。对于选出的研究对象，首先要分析其受力情况，即弄清其上受哪些力，包括所受的全部主动力与约束力。为此，应把研究对象从与它有联系的周围物体中分离出来，得到解除了约束的物体，称为**分离体**，而这一过程称为取分离体。分析分离体的受力情况，即弄清其上有哪些主动力与约束力，及其作用线指向，称为对物体作**受力分析**，表示分离体及其上所受的全部主动力和约束力的图形称为**受力图**。对物体作受力分析，画出其受力图，是解决静力学和动力学问题的关键。画受力图应遵循如下步骤。

(1) 选定研究对象，并单独画出其分离体图。

(2) 在分离体上画出所有作用于其上的主动力(一般皆为已知力)。

(3) 在分离体的每一约束处，根据约束的特征画出其约束力。

当选择若干个刚体组成的刚体系统作为研究对象时，作用于刚体系统上的力可分为两类：由系外物体作用于系内每个刚体上的力称为外力，系内刚体间相互作用的力称为内力，内力总是成对出现。因此，在画刚体系的受力图时还应注意以下事项。

(1) 当选择若干个刚体组成的刚体系为研究对象时，其受力图中只画系统的外力不画内力(后面将知道，在研究刚体系平衡时不会出现内力)。

(2) 刚体系的整体、部分及单个刚体的受力图中，作用于刚体上的力的符号、方向要彼此协调。

例 2-1 重 P 的均质圆轮的边缘 A 点用绳 AB 系住，绳 AB 通过轮心 C；圆轮边缘 D 点靠在光滑的固定曲面上(图 2-2(a))。试画出圆轮的受力图。

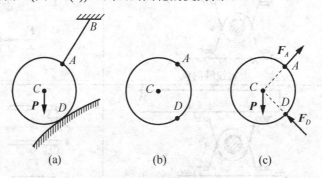

(a)   (b)   (c)

图 2-2 圆轮受力图

解： ① 选圆轮为研究对象，画出其分离体图(图 2-2(b))；

② 在分离体圆轮上画出作用其上的主动力，即重力 P；

③ 在分离体的每点约束处画出其约束力。

圆轮在 A 点有绳索约束，其约束力为作用于 A 点并沿绳索 AB 方向背离圆轮的拉力 F_A；在 D 点具有光滑支承面约束，其约束力为沿该点公法线方向并指向圆轮的约束力 F_D(图 2-2(c))。此图即圆轮的受力图。

2.1.5　静力学基本公理

(1) **二力的平衡条件**。物体受两个力作用且处于平衡状态，此二力必须满足的条件是：作用在同一直线上，且大小相等，方向相反。

(2) **力的平行四边形法则**。作用在物体的同一点的两个力，可以合成为作用在该点的一个合力，合力的大小和方向用以这两个力为边所组成的平行四边形的对角线来确定，如图 2-3 所示。

(3) **作用力和反作用力定律**。两个物体相互作用所产生的作用力与反作用力，总是共线、等值、反向地分别作用在相互作用的两个物体上。

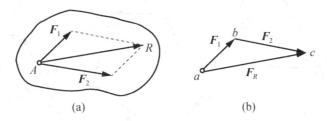

图 2-3　力的合成

2.2　力系的平衡

力系的平衡条件是指刚体在某力系作用下维持平衡状态时，该力系各力应满足的条件。

2.2.1　力在轴上的投影

图 2-4 中力 F 在直角坐标系中与 x 轴正向之间的夹角为 α，过 F 的两端向 x 轴作垂线，则垂足 a，b 间距离所表示力的大小，冠以适当的正负号，表示力 F 在 x 轴上的投影，并用符号 F_x 表示。指向与 x 轴的正向一致，投影 F_x 取正值，反之取负值。投影 F_x 可以写成

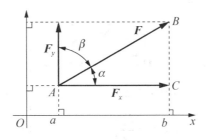

图 2-4　力的投影

$$F_x = F\cos\alpha \tag{2-1}$$

式中：F_x——是力 F 的大小，取正值。力在轴上的投影是代数量。

2.2.2 平面汇交力系的合成与平衡

力系的平衡条件是指刚体在某个力系的作用下维持平衡状态时,力系应满足的条件。汇交力系可以合成为一个合力,平衡条件是合力等于零。其汇交力系的平衡条件可以用几何形式和解析形式表示,汇交力系(图2-5(a))的多边形自行封闭(图2-5(b)),即是汇交力系平衡的几何条件。合成力与力在合成时的顺序无关,但力的多边形的形状会改变(图2-5(c))。汇交力系平衡的解析条件则要通过两个力的投影方程得到。

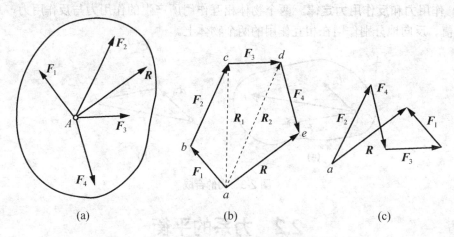

(a)   (b)   (c)

图2-5　汇交力系平衡的几何形式

作用于 A 点的平面汇交力系(F_1,F_2,…,F_n),求其合力矢量 R。

以汇交点 A 为原点作直角坐标系 Axy(图 2-4),按合力投影定理求合力在 x、y 轴上的投影

$$R_x = \sum_{i=1}^{n} F_x$$

$$R_y = \sum_{i=1}^{n} F_y$$

即可确定合力的大小和方向

$$\left.\begin{array}{l} R = \sqrt{\left(\sum_{i=1}^{n} F_x\right)^2 + \left(\sum_{i=1}^{n} F_y\right)^2} \\[3mm] \cos\alpha = \dfrac{F_x}{R} \\[3mm] \cos\beta = \dfrac{F_y}{R} \end{array}\right\} \tag{2-2}$$

式中,α 和 β 为合力矢量 R 与 x、y 轴的正向夹角。

用式(2-2)计算合力的大小和方向的这种方法,称为平面汇交力系的解析法。若是力系中所有力在两个坐标轴上的投影的代数和分别为零,则平面汇交力系平衡,即

$$\left.\begin{array}{l} \sum_{i=1}^{n} F_x = 0 \\[2mm] \sum_{i=1}^{n} F_y = 0 \end{array}\right\}$$ (2-3)

式(2-3)是平面汇交力系平衡的充分和必要条件，称为平面汇交力系的平衡方程。有两个独立的平衡方程，可求解两个未知量。

2.2.3　力对点的矩

力不仅能使物体移动，还能使物体转动，转动效应与作用力 F 的大小和方向有关，还与转动中心 O 到力的作用线的垂直距离 L 有关。以 F 与 L 的乘积及转向来度量力绕点的转动效应，称为力对点的矩(图 2-6)，简称为力矩。力矩是代数量，用符号 $M_O(F)$ 表示

$$M_O(F) = \pm FL$$ (2-4)

式中，转动中心 O，称为矩心。矩心与力的作用线的垂直距离 L，称为力臂；冠以正负号，称为力对点 O 之矩，式中的正负号规定为，力使物体绕矩心逆时针方向转动时，取为正；反之则取为负。在国际单位制中，力矩的单位是牛顿·米(N·m)。

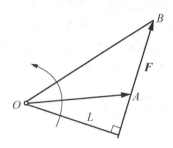

图 2-6　力对点之矩

力矩的性质：

(1) 同一个力 F 的力矩，随矩心位置的改变而改变，选取不同的点为矩心，力矩有正或负，可大可小；

(2) 力矩并不因力的作用点沿作用线的移动而改变；

(3) 若力 $F=0$ 或力的作用线通过矩心 O，则力矩 $M_O(F) = 0$；

(4) 若力 R 为共点二力 F_1 及 F_2 的合力，则合力对同平面内任一点之矩等于各分力对同一点之矩的代数和，即

$$M_O(R) = M_O(F_1) + M_O(F_2)$$ (2-5)

这一结论称为合力矩定理。

2.2.4　力偶、力偶矩及平衡条件

力学上把大小相等、方向相反、作用线平行且不共线的两个力称为力偶，用符号(F,F')表示，两力作用线之间的垂直距离称为力偶臂。可以表示为

$$M(F, F') = \pm FL$$ (2-6)

力偶矩正负号的规定与力矩相同，逆时针方向转动时为正；反之则取为负。在国际单位制中，力偶矩的单位是牛顿·米(N·m)。

作用于同一刚体上的一群力偶称为力偶系。刚体在力偶系作用下的效应与一个力偶等效，即力偶系可以合成为一个力偶，合力偶矩等于原力偶系中所有力偶的力偶矩的代数和，即

$$M = M_1 + M_2 + \cdots + M_n = \Sigma M_i \tag{2-7}$$

若平面力偶系的合力偶矩等于零，则物体在该力偶系的作用下处于平衡状态。即平面力偶系平衡的必要与充分条件是：力偶系中所有力偶的力偶矩的代数和等于零。

$$\Sigma M_i = 0 \tag{2-8}$$

2.3　强度的基本知识

在工作过程中，工程结构、机械设备的每一个构件都要承受一定的外力，在外力作用下，其尺寸形状总会有不同程度的改变，这种改变称为变形。工程中所用的材料，在外力作用下均将发生变形，绝大多数的材料在除去外力后，完全消失变形称为弹性变形，不能消失而残留下来的变形称为塑性变形。机械中的构件都是要传递运动和力的，随着力的增大，变形也将增大，超过一定限度时构件将被破坏。研究构件承载能力的基础是受力变形与应力问题。构件的基本变形形式如图 2-7 所示，可分为轴向拉伸和压缩、剪切、扭转、弯曲 4 种基本形式。实际使用的构件大部分是两种以上的变形的组合。

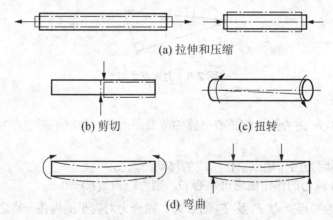

(a) 拉伸和压缩

(b) 剪切　　　　　　　(c) 扭转

(d) 弯曲

图 2-7　构件变形的基本形式

2.3.1　杆件的拉伸与压缩

1. 轴向拉伸与压缩

轴向拉伸或轴向压缩变形是杆件的基本变形之一，它的受力特点是：各外力的作用线与杆件的轴线重合；变形特点是：横截面沿杆件轴向平行移动。若横截面距离变大，则为轴向拉伸变形；若横截面距离变小，则为轴向压缩变形。图 2-7(a)分别是直杆最简单的拉伸变形和最简单的压缩变形。

受轴向拉伸或压缩的杆件在工程中经常见到，如起吊重物 W 时吊索受拉力的作用；屋架中的各杆受拉力或压力作用。

2．拉压杆横截面上的应力

内力或应力均发生在杆件内部，是看不到的，而变形是可以直接观察到的，由于内力与变形有关，因此，可以通过观察变形推测应力在截面上的分布规律，进而确定应力的计算公式。

取一任意截面等直杆，在杆件表面画上与轴线垂直的横截面周线 aa、bb 和平行于轴线的纵向线段 cc、dd(图 2-8(a))，然后，在杆端作用一对沿轴线的拉力 F。杆件变形后，可以看到，横截面周线 aa、bb 分别仍在一个平面内，且平移到 $a'a'$、$b'b'$，并仍然垂直于轴线；纵向线 cc、dd 都产生相同的伸长，成为 $c'c'$ 和 $d'd'$，并仍平行于轴线(图 2-8(b))。

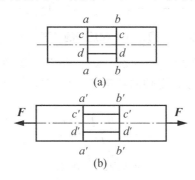

图 2-8 杆件的拉伸变形

根据上述现象，可作如下假设。

变形前的横截面变形后仍为横截面，即仍为平面，且仍与轴线垂直，但之间的距离发生了变化。这个假设称为平面假设。假想用截面把构件分成两部分，以显示并确定内力，如图 2-9 所示，则：①截面两侧必定出现大小相等、方向相反的内力；②被假想截开的任一部分上的内力必定与外力相平衡，由 $\Sigma F_x = 0$ 求得 $F_N = F$，要判断杆件是否有足够的强度，则要计算单位面积上的内力，称为应力。即

$$\sigma = \frac{F_N}{A} \tag{2-9}$$

式中，F_N 为横截面上的内力；A 为横截面面积。

当杆件受拉时，σ 称为拉应力，规定为"+"号；杆件受压时，σ 为压应力，规定取"–"号。

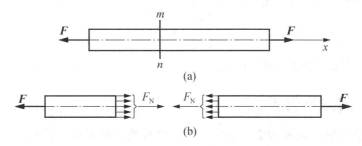

图 2-9 杆件受拉平面假设

在斜截面上，通常把应力分解成垂直于截面的分量 σ 和切于截面的分量 τ，σ 称为正应力，τ 称为切应力。

应力的国际单位为 MPa (兆帕)，$1\mathrm{MPa} = 10^6\,\mathrm{N}/\mathrm{m}^2 = 10^6\,\mathrm{Pa}$ (帕斯卡)。

3．拉压杆的变形

实验表明，杆件在轴向拉力或压力的作用下，沿轴线方向将发生伸长或缩短，同时，横向(与轴线垂直的方向)必发生缩短或伸长，如图 2-10 所示，图中实线为变形前的形状，虚线为变形后的形状。

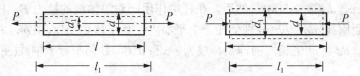

图 2-10　拉压杆的变形

杆的长度和横向尺寸的改变分别为 Δl、Δd，称为杆的轴向变形和杆的横向变形，规定伸长为正、缩短为负。变形量用轴向线应变 ε 和横向线应变 ε' 度量，它们都是无量纲量，表示为

$$\varepsilon = \frac{l_1 - l}{l} = \frac{\Delta l}{l} \tag{2-10}$$

$$\varepsilon' = \frac{d_1 - d}{d} = \frac{\Delta d}{d} \tag{2-11}$$

实验表明，在弹性范围内，杆件的轴向变形 Δl 与轴力 F 及杆长 l 成正比，与横截面积成反比，即

$$\Delta l \propto \frac{F_\mathrm{N} l}{A} \tag{2-12}$$

用比例常数 E，可以把式(2-12)写成

$$\Delta l = \frac{F_\mathrm{N} l}{EA} \tag{2-13}$$

式中，E 值与材料性质有关，由试验测定，称为弹性模量，量纲与应力相同。

若将 $\varepsilon = \dfrac{\Delta l}{l}$，$\sigma = \dfrac{F_\mathrm{N}}{A}$ 代入可得

$$\varepsilon = \frac{\sigma}{E} \quad \text{或} \quad \sigma = E\varepsilon \tag{2-14}$$

轴向线应变 ε 与横向线应变 ε' 的关系为

$$\nu = \left|\frac{\varepsilon'}{\varepsilon}\right|, \quad \varepsilon' = -\nu\varepsilon \tag{2-15}$$

式中：ν——泊桑比，其值与材料有关。

2.3.2　材料的力学性能

材料的力学性能由试验确定，安装于万能试验机上的标准试件在拉力作用下产生变形，将拉力与变形之间的关系用曲线表示出来，则称这个曲线为拉伸图。

将拉伸图的纵坐标 F_N 除以试样的横截面积 A，将横坐标 Δl 除以试样的原长度 l，由此得到的是应力与变形之间的关系曲线，称为材料的应力—应变图。图 2-11 为塑性材料的应力—应变图，在拉伸的初始阶段应力应变曲线为一直线，说明在这一阶段中，应力与应变成正比，该阶段的最高点的正应力，称为材料的比例极限。超过比例极限后，当应力增加至某一定值时，应力应变曲线呈现一水平线段，表明应力虽不增加，或有微小波动，而应变却在急剧增长，此现象称为屈服。使材料发生屈服的正应力，称为材料的屈服应力或屈服极限，并用 σ_s 来表示。经过屈服滑移之后，材料重新呈现抗拉能力，此现象称为强化。

在强化阶段，最高点所对应的正应力，称为材料的强度极限，并用 σ_b 来表示。强度极限是材料所能承受的最大应力，随后试样的某一局部显著收缩，产生颈缩。颈缩出现后，试件继续变形所需的拉力减小，应力应变曲线下降，最后导致试件在颈缩处断裂。

材料在整个拉伸过程中，共经历了线弹性、屈服、强化与颈缩四个阶段，有三个特征点，相应的应力依次为比例极限、屈服极限和强度极限。

图 2-12 表示的曲线显示出脆性材料的应力—应变关系，其变形很小，不存在屈服阶段，也无颈缩现象，断裂发生在最大拉应力作用面上，用强度极限 σ_b 表示其承载能力。

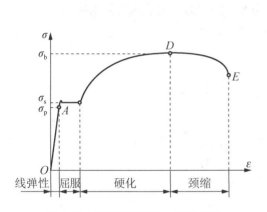

图 2-11　塑性材料应力—应变曲线

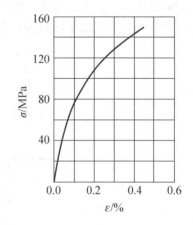

图 2-12　脆性材料应力—应变曲线

当正应力达到屈服应力时，材料将产生显著塑性变形；当正应力达到强度极限时，材料会发生断裂。构件在工作时发生显著的塑性变形或断裂都是不允许的，从强度方面考虑，断裂和显著屈服变形都是破坏构件或使构件失效的一种形式。因此，通常将强度极限与屈服应力称为材料的极限应力，塑性材料通常以屈服应力作为极限应力，而脆性材料则以强度极限作为极限应力。

根据分析计算得到构件的应力，称为工作应力。为保证构件安全工作，构件工作应力的最大容许值必须低于材料的极限应力。由一定材料制成的具体构件，其工作应力的最大容许值，称为材料的许用应力，用 $[\sigma]$ 表示。许用应力与极限应力之间的关系为

对于塑性材料
$$[\sigma] = \frac{\sigma_s}{n} \tag{2-16}$$

对于脆性材料
$$[\sigma] = \frac{\sigma_b}{n} \tag{2-17}$$

式中，n 称为安全系数，是 $\geqslant 1$ 的数。

σ_S,σ_b,n 可以在有关规范或设计手册中查到。

2.3.3 强度计算

在满足计算应力不超过材料的许用应力值，即 $\sigma \leqslant [\sigma]$ 的条件下，一般可以保证构件、零件安全工作，称此为强度计算。

1. 拉伸与压缩强度计算

强度条件
$$\sigma_{\max} = \frac{F}{A} \leqslant [\sigma] \tag{2-18}$$
式中，$\sigma_{\max}$ 为构件最大工作应力。

2. 剪切与挤压强度计算

1) 剪切强度

杆件受到大小相等、方向相反，作用线靠近的一对力的作用，其变形表现为材料的两部分沿力的作用线方向相对错动，如图 2-13 所示。使材料两部分产生相对错动的内力称为剪切力；产生相对错动的平面称为剪切面；剪切面上的内力产生的应力称为切应力。

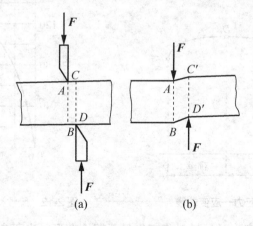

图 2-13 剪切变形

剪切强度条件为
$$\tau = \frac{F}{A} \leqslant [\tau] \tag{2-19}$$
式中，$[\tau]$ 为材料的许用切应力。

2) 挤压强度

挤压是发生在相互接触的作用面上的压紧现象。其相互接触面称为挤压面，由挤压面传递的压力称为挤压力，计算挤压强度，需求出挤压面上的挤压应力，用挤压力除以计算挤压面积，所得的平均应力值作为计算挤压应力，挤压强度条件为
$$\sigma_p = \frac{F}{A_p} \leqslant [\sigma_p] \tag{2-20}$$
式中，$[\sigma_p]$ 为材料的许用挤压应力。

3．扭转强度计算

1）扭转切应力

扭转的受力表现为在垂直于杆件的两个平面内，分别作用有大小相等、方向相反的两个力偶矩，使杆件上的任意两个横截面发生绕轴线的相对转动(图 2-14)。以扭转为主要变形的杆件，通常称为轴。因此，扭转的强度计算应该讨论轴的强度与刚度的计算。

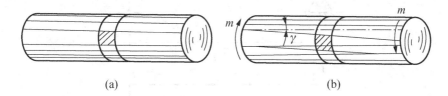

(a)　　　　　　　　　　　　　　　　(b)

图 2-14　扭转变形

使轴产生扭转变形的外力偶矩，由所传递的功率和轴的转速计算

$$m = 9.55 \times 10^6 \frac{P}{n} \quad (\text{N} \cdot \text{mm}) \tag{2-21}$$

由截面法根据平衡条件，分析扭转时的内力可知，扭转时在截面上有一个内力偶矩与外力偶矩大小相等、方向相反，称为扭矩，用 T 来表示，即

$$T = m$$

按右手螺旋法则把 T 表示为矢量，矢量方向与截面的外法线方向一致时，扭矩 T 为正；反之为负。

扭矩在截面上产生的应力称为扭转切应力，在截面的边缘上得到应力的最大值，计算公式为

$$\tau_{\max} = \frac{T}{W_{\text{T}}} \tag{2-22}$$

式中，W_{T} 称为抗扭截面系数，单位 mm^3。对于圆截面 $W_{\text{T}} = \pi d^3 / 16$。

2）强度和刚度条件

圆轴扭转时，要保证其正常工作，必须满足两个条件，一是强度条件，使最大切应力不超过许用切应力；二是刚度条件，即要保证两个横截面间绕轴线的相对扭转角在允许范围内。公式表示为

强度条件 $$\tau_{\max} = \frac{T_{\max}}{W_{\text{T}}} \leqslant [\tau] \tag{2-23}$$

刚度条件 $$\theta = \frac{\phi}{l} \leqslant [\theta] \tag{2-24}$$

式中：θ——单位长度的扭转角，许用值$[\theta]$在有关规范手册中查取；

ϕ——扭转角，$\phi = \dfrac{Tl}{GI_{\text{p}}}$；

GI_{p}——称为截面的抗扭刚度，其中 I_{p} 称为截面极惯性矩，对于圆截面 $I_{\text{p}} = \pi D^4 / 32$。

4．弯曲强度计算

杆件受外力作用时，轴线的曲率发生变化的变形形式称为弯曲。工程上将以弯曲变形为主的杆件称为梁，梁的基本类型主要有简支梁(图 2-15(a))、悬臂梁(图 2-15(b))和外伸梁(图 2-15(c))。梁的支反力可以由静力学平衡方程确定，统称为静定梁。

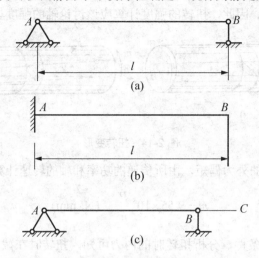

图 2-15　梁的类型

任意梁上的外力均为已知时，研究梁任一截面的内力，可以利用截面法，在任意截面处将梁假想地切开，并任选一段作为研究对象，分析内力，列平衡方程。方法与步骤如下。

(1) 在需要求内力的横截面处假想地将梁切开，并选切开后的任意一段为研究对象。

(2) 画出所选研究对象的受力图，注意剪力与弯矩的方向(图 2-16)。

(3) 由平衡方程 $\Sigma F_y = 0$ 计算剪力 F_S。

(4) 由平衡方程 $\Sigma M_C = 0$ 计算弯矩 M。

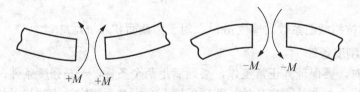

图 2-16　弯矩的受力方向

一般情况下，在梁的不同截面或不同梁段内，剪力与弯矩一般均沿轴向 x 变化。为描述其变化情况常用作图法。作图时，以 x 为横坐标，以剪力或弯矩为纵坐标，分别绘制剪力与弯矩沿梁轴变化的图线，称这两个图线分别为剪力图和弯矩图。然后，沿轴向建立剪力、弯矩与坐标间的剪力方程与弯矩方程，即

$$F_S = F_S(x) \tag{2-25}$$

$$M = M(x) \tag{2-26}$$

例 2-2 图 2-17(a)所示为悬臂梁，在自由端承受集中载荷 F 的作用。试建立梁的剪力与弯矩方程，并画剪力与弯矩图。

解：(1) 建立剪力与弯矩方程。选取横截面 A 的形心为坐标轴 x 的原点，在截面 x 处切取左段为研究对象(图 2-17(b))。根据平衡条件列方程为

$$F_S = F \qquad (0 < x < l) \tag{2-27}$$

$$M = Fx \qquad (0 \leqslant x < l) \tag{2-28}$$

(2) 画剪力图与弯矩图。方程(2-27)表明，各横截面上的剪力均为 F，因此，剪力图位于 x 轴的上方，是与轴平行的直线(图 2-17(c))。

方程(2-28)表示，M 为 x 的线性函数。因此，弯矩图是一条通过坐标原点的斜直线。当 $x = l$ 时，$M = Fl$，则过原点与点 (l, Fl) 连直线，即得弯矩图(图 2-17(d))。

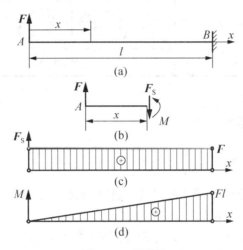

图 2-17　悬臂梁

由图可以看出，梁横截面 B 上的弯矩最大，其值为

$$M_{\max} = Fl \tag{2-29}$$

在计算最大弯矩后，即可以进行弯曲强度的计算，其强度条件为

$$\sigma_{\max} = \frac{M}{W} \leqslant [\sigma] \tag{2-30}$$

式中，W 为梁的抗弯截面系数，对于圆形截面，其抗弯断面系数 $W = \pi d^3 / 32$。

工程中常可以看到一些构件的变形是两种或两种以上基本变形的组合，即变形的组合，有时比较复杂。例如拉(压)与扭转的组合变形、弯曲与扭转的组合变形等。长期以来，人们根据对破坏现象的研究，建立了组合变形强度计算的强度理论，现将常用的强度理论公式汇总列于表 2-2 中，供使用时参考。本书将不再多叙述，需要时可查阅相关资料。

表 2-2　强度理论公式

强度理论	已知应力状态	相当应力 σ_{ca} 计算公式	适用零件材料
第一强度理论(最大拉应力理论)	$\sigma_1 > \sigma_2 > \sigma_3$	$\sigma_{ca} = \sigma_1$	脆性材料
	$\sigma_x, \sigma_y, \tau_{xy}$	$\sigma_{ca} = \dfrac{\sigma_x + \sigma_y}{2} + \sqrt{\left(\dfrac{\sigma_x - \sigma_y}{2}\right)^2 + \tau_{xy}^2}$	
	σ_b, τ	$\sigma_{ca} = \dfrac{\sigma_b}{2} + \sqrt{\left(\dfrac{\sigma_b}{2}\right)^2 + \tau^2}$	

续表

强度理论	已知应力状态	相当应力σ_{ca} 计算公式	适用零件材料
第三强度理论(最大切应力理论)	$\sigma_1 > \sigma_2 > \sigma_3$	$\sigma_{ca} = \sigma_1 - \sigma_2$	塑性材料
	$\sigma_x, \sigma_y, \tau_{xy}$	$\sigma_{ca} = \sqrt{\left(\sigma_x - \sigma_y\right)^2 + 4\tau_{xy}^2}$	
	σ_b, τ	$\sigma_{ca} = \sqrt{\sigma_b^2 + 4\tau^2}$	
第四强度理论(畸形能理论)	$\sigma_1 > \sigma_2 > \sigma_3$	$\sigma_{ca} = \sqrt{\dfrac{1}{2}\left[\left(\sigma_1 - \sigma_2\right)^2 + \left(\sigma_2 - \sigma_3\right)^2 + \left(\sigma_3 - \sigma_1\right)^2\right]}$	塑性材料
	$\sigma_x, \sigma_y, \tau_{xy}$	$\sigma_{ca} = \sqrt{\left(\dfrac{\sigma_x + \sigma_y}{2}\right)^2 + 3\left[\left(\dfrac{\sigma_x - \sigma_y}{2}\right)^2 + \tau_{xy}^2\right]}$	
	σ_b, τ	$\sigma_{ca} = \sqrt{\sigma_b^2 + 3\tau^2}$	

注：1. $\sigma_1, \sigma_2, \sigma_3$ 为主应力；

2. $\sigma_x, \sigma_y, \tau_{xy}$ 为平面应力；

3. σ_b 为弯曲应力，τ 为扭转应力。

2.3.4 载荷与变应力

机械中的零件都承受外载荷，根据载荷随时间变化的情况，可以分为静载荷和变载荷，应力也可以分为静应力和变应力。

不随时间变化或缓慢变化的应力称为静应力(图2-18(a))，它只能在静载荷作用下产生。随时间周期性变化的应力称为变应力，它可以由变载荷产生，也可以由静载荷产生。

变载荷可以是随时间作周期性变化的稳定变应力(图 2-18(b))，也可以是随时间变化的非稳定变应力。在稳定变应力中，又可分为非对称循环(图 2-18(b))、脉动循环(图 2-19(b))和对称循环(图 2-19(b))三种典型变应力。在非稳定变应力中，又可归纳为有规律的非稳定变应力(图2-18(c))和无明显规律的随机变应力(图2-18(d))。

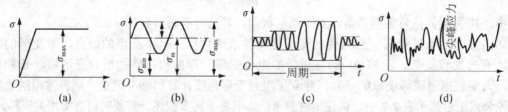

图 2-18　应力的类型

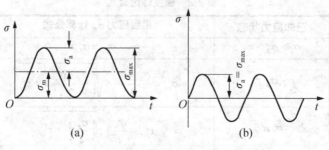

图 2-19　脉动循环变应力和对称循环变应力

稳定变应力的参量有 5 个，图 2-18(b)中稳定变应力的最大应力 σ_{max}、最小应力 σ_{min}、平均应力 σ_m、应力幅 σ_a 和应力的循环特性 r，可以表示为

$$\sigma_m = \frac{\sigma_{max} + \sigma_{min}}{2} \tag{2-31}$$

$$\sigma_a = \frac{\sigma_{max} - \sigma_{min}}{2} \tag{2-32}$$

$$r = \frac{\sigma_{min}}{\sigma_{max}} \tag{2-33}$$

几种典型变应力的变化规律见表 2-3。

表 2-3　几种典型变应力的变化规律

序　号	循环名称	循环特性	应力特点	图　例
1	静应力	$r = -1$	$\sigma_{max} = \sigma_{min} = \sigma_m, \sigma_a = 0$	2-18(a)
2	非对称循环	$-1 < r < +1$	$\sigma_{max} = \sigma_m + \sigma_a, \sigma_{min} = \sigma_m - \sigma_a$	2-18(a)
3	脉动循环	$r = 0$	$\sigma_m = \sigma_a = \sigma_{max}/2, \sigma_{min} = 0$	2-19(a)
4	对称循环	$r = -1$	$\sigma_{max} = \sigma_a = -\sigma_{min}, \sigma_m = 0$	2-19(b)

2.4　实验与实训

实验目的

(1) 了解实验方法。

(2) 了解并熟悉万能试验机。

(3) 了解材料的机械性能参数关系。

实验内容

实训　做材料的力学性能试验，测定一低碳钢材料的拉力与变形之间的关系，画出材料的应力—应变图。

实训要求

(1) 确定并画出试样的图，标出尺寸。

(2) 在拉伸试验机上做拉伸试验，一直进行到试样断裂为止。

(3) 画出力—伸长曲线；将拉伸图的纵坐标 F 除以试样的横截面积 A，将横坐标 Δl 除以试样的原长 l，画出材料的应力与应变的关系曲线。

实验总结

材料在整个拉伸阶段，经历了线性、屈服、强化与颈缩 4 个阶段，有 3 个特征点，相应的应力依次为比例极限、屈服极限和强度极限。

2.5 习　　题

一、填空题

(1) 所谓刚体是指在力作用下_____的物体。

(2) 力对物体作用的效应取决于力的_____、_____、_____三个要素。

(3) 表示分离体及其上所受的全部主动力和约束力的图形称为_____。

二、选择题

(1) 零件的工作安全系数为_____。

　　A. 零件的极限应力比许用应力　　　　B. 零件的极限应力比工作应力

　　C. 零件的工作应力比许用应力　　　　D. 零件的工作应力比极限应力

(2) 变应力特性可用 σ_{max}、σ_{min}、σ_m、σ_a、r 等 5 个参数中_____来描述。

　　A. 1 个　　　　　B. 2 个　　　　　C. 3 个　　　　　D. 4 个

三、简答题

(1) 杆件的轴线与横截面之间有何关系？

(2) 低碳钢在拉伸过程中表现为几个阶段？各有何特点？

(3) 何谓扭矩？扭矩的正负号是如何规定的？如何计算扭矩与绘制扭矩图？

(4) 最大弯曲正应力是否一定发生在弯矩值最大的横截面上？

(5) 何谓对称循环与脉动循环？其应力循环特性各为何值？

四、实作题

图 2-20 所示的三铰拱结构由左、右两拱铰接而成，设各拱自重不计，在拱 AC 上作用一铅垂载荷 **P**，试分别画出拱 AC 和 BC 的受力图。

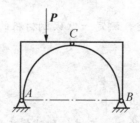

图 2-20　三铰拱

第3章　平面机构的结构分析

教学目标:

机构是机械设计研究的主要对象,对机构的研究则主要集中在对各种机构的分析和综合(设计)两个方面。为了对机构进行研究,首先要知道机构是如何形成的;其次是在什么条件下机构才有确定的运动;最后在设计新的机构或对已有的机构进行分析时如何把要研究的机构用简单的图形表示出来。所以本章的教学目的在于使读者了解机构的组成及机构具有确定运动的条件,了解能表征机构运动情况的机构运动简图的画法,为对已有机构进行分析或创造新的机构提供基本条件。

教学重点和难点:

● 运动副和运动链的概念;

● 机构运动简图的绘制;

● 机构自由度的计算及机构具有确定运动的条件。

案例导入:

图 3-1 为颚式破碎机,其主体机构由机架 1、偏心轴 2、动颚 3、衬板 4 四个构件连接组合而成,电动机通过带轮 5 拖动偏心轴 2,从而驱动动颚 3 做平面运动,将矿石破碎。

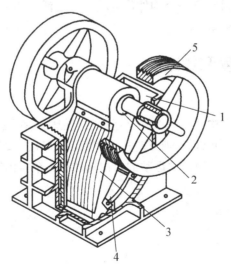

图 3-1　颚式破碎机

1—机架;2—偏心轴;3—动颚;4—衬板;5—带轮

读者可以利用本章的知识分析破碎机机构的组成,绘制出它的机构运动简图并确定其具有确定运动的条件。

3.1 平面机构的组成

机构是由若干构件用运动副相互连接组成的，因此，构件和运动副是组成机构的两大基本要素。机构可分为平面机构和空间机构两类。所有构件都在同一平面或相互平行的平面内运动的机构称为平面机构；否则称为空间机构。本章主要研究平面机构。

3.1.1 构件

如绪论所述，构件是组成机构的最基本运动单元，它由一个或若干个零件刚性组合而成。从运动的观点看，机构是由若干构件组成的，一般机构中的构件可分为三类。

(1) 机架(固定件)。用来支承活动构件的构件称为机架。机架可以固定在地基上，也可以固定在车、船等机体上。在分析研究机构中活动构件运动时，通常以机架作为参考坐标系。

(2) 原动件。由外界赋予动力的、运动规律已知的活动构件称为原动件。它是机构的动力来源。一般情况下原动件与机架相连接。在机构运动简图中，原动件上通常画有箭头，用以表示其运动方向。

(3) 从动件。机构中随着原动件的运动而运动的其余活动构件称为从动件。从动件的运动规律取决于原动件的运动规律和机构的组成情况。

在任何一个机构中，只能有一个构件作为机架。在活动构件中至少有一个构件为原动件，其余的活动构件都是从动件。

3.1.2 构件的自由度和约束

1. 构件的自由度

一个做平面运动的自由构件有三个独立运动的可能性。在图 3-2 所示的 XOY 坐标系中，构件 S 可随任一点 A 沿 X、Y 轴方向移动和绕该点转动。这种可能出现的独立运动称为构件的自由度。所以，一个做平面运动的自由构件有 3 个自由度。

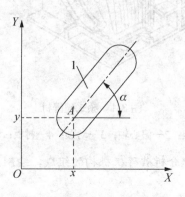

图 3-2 平面运动的自由度

2. 约束

构件以一定的方式连接组成机构，机构必须具有确定的运动，因此，组成机构各构件的运动受到某些限制，以使其按一定规律运动。这些对构件独立运动所加的限制称为约束。当构件受到约束时，其自由度随之减少。约束是由两构件直接接触而产生的，不同的接触方式可产生不同的约束。

3.1.3　运动副及其分类

机构是由许多构件组合而成的，机构的每个构件都以一定的方式与其他构件相互连接，并能产生一定的相对运动。这种使两构件直接接触并能产生一定相对运动的连接称为运动副。

在图 1-3 内燃机主体机构的运动简图中，活塞 2 与连杆 3 的连接、活塞 2 与气缸体的连接、机座 9 与曲轴 1 的连接、连杆 2 与曲轴 1 的连接等均构成运动副。显然，运动副的作用是约束构件的自由度。

根据两构件间接触方式的不同，运动副可分为低副和高副两大类。

1. 低副

两构件通过面接触所构成的运动副称为低副。根据两构件间相对运动的形式不同，低副又分为转动副和移动副。

(1) 转动副。组成运动副的两构件只能在一个平面内做相对转动，则该运动副为转动副或称铰链，如图 3-3 所示。构件 1 和构件 2 组成转动副，它的两个构件都是活动构件，故称为活动铰链，若其中有一个构件是固定的，则该转动副称为固定铰链。

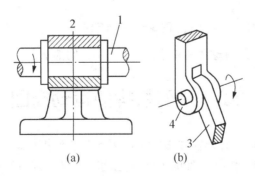

(a)　　　　　　(b)

图 3-3　转动副

显然图 3-3 中的两构件只能做相对转动，而不能沿轴向或径向做相对移动。因此，两构件组成转动副后，引入的约束为 2，保留的自由度数为 1。

(2) 移动副。组成运动副的两构件只能沿某一轴线相对移动，则该运动副为移动副，如图 3-4 所示。显然构件只能沿轴向做相对移动，其余的运动受到约束，即引入的约束数为 2，保留的自由度数为 1。

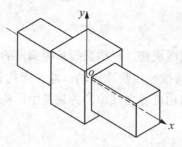

图 3-4　移动副

2. 高副

构件通过点或线接触组成的运动副称为高副,如图 3-5 所示。构件 1 和 2 为点或线接触,其相对运动为绕 A 点的转动和沿切线方向 $t-t$ 的移动。图 3-5(a)为火车车轮 1 与钢轨 2 在 A 处组成高副,图 3-5(b)、(c)分别为工程中常见的凸轮副和齿轮副。显然,高副引入的约束数为 1,保留的自由度数为 2。

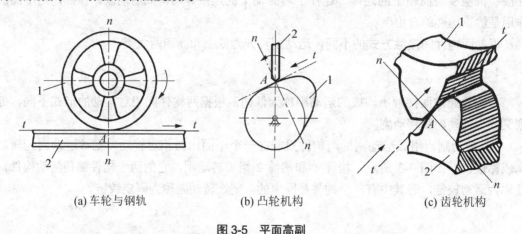

(a) 车轮与钢轨　　　　　　　(b) 凸轮机构　　　　　　　(c) 齿轮机构

图 3-5　平面高副

此外,常用的运动副还有球面副和螺旋副,由于它们都是空间运动副,本章不作讨论。

3.2　平面机构的运动简图

由于实际构件的结构和外形往往很复杂,因此在研究机构运动时,为使问题简化,可撇开那些与运动无关的因素(如构件的形状、运动副的具体构造等),而用简单的线条和规定的符号来表示构件和运动副,并按一定比例定出各运动副的位置。这种表示机构中各构件间相对运动关系的简单图形,称为机构运动简图。

3.2.1　构件与运动副的表示方法

1. 运动副表示方法

在机构运动简图中,用圆圈表示转动副,其圆心代表两构件相对转动的轴线。如果两构件之一为机架,则将代表机架的构件画上斜线,如图 3-6(a)、(b)、(c)所示。

两构件组成移动副时，移动副的导路必须与相对移动方向一致，其表示方法如图 3-6(d)、(e)、(f)所示。图中画有斜线的构件同样代表机架。

两构件组成高副时，在简图中应画出两构件接触处的轮廓曲线，其表示方法如图 3-6(g)所示。

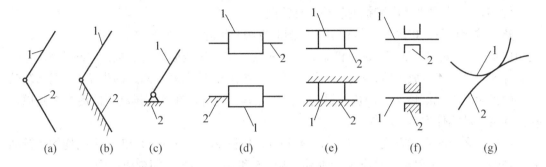

(a)～(c) 转动副；(d)～(f) 移动副；(g) 高副

图 3-6　平面运动副的代表符号

2．构件表示方法

一些构件的表示方法如图 3-7 所示，其中包括一杆两副和一杆三副表示法。图 3-7(a)表示具有两个转动副的构件。图 3-7(b)表示具有一个转动副和一个移动副的构件，图 3-7(c)表示具有三个转动副的构件。若三个转动副的中心均在一直线上时用图 3-7(d)的方法表示。

对于机械中常用的构件和零件的表示法，例如：用细实线(或点画线)画出一对节圆来表示互相啮合的齿轮；用完整的轮廓曲线来表示凸轮等，可参见 GB/T 4460—2013《机械制图　机构运动简图符号》。

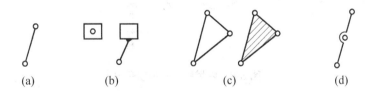

图 3-7　构件的表示方法

3.2.2　机构运动简图的绘制方法

机器的运动仅与其机构中的构件数目、运动副的类型和数目以及相对位置(即构件长度)有关，而与机器的复杂外形和具体结构无关。所以我们在绘制机构运动简图时，就要避开机器的复杂外形和具体结构，搞清构件和运动副的种类及数目，再根据机构的实际尺寸按比例尺定出各运动副的相对位置，从而将机构的运动特性准确地表达出来。

绘制机构运动简图步骤如下。

(1) 分析机构的运动，认清固定件、原动件与从动件。

(2) 按照运动传递顺序确定构件的数目及运动副的种类和数目，并标上构件号(如 1，2，3……)及运动副号(如 A，B，C……)。

(3) 合理选择视图，并确定一个瞬时的机构位置。

(4) 选择适当的比例尺，测定各运动副中心之间的相对位置和尺寸。

(5) 从原动件开始，按照活动构件间运动传递的顺序，用选定的比例尺和规定的构件与运动副的符号，绘制机构运动简图。

例 3-1 绘制图 3-8 内燃机的机构运动简图。

解 按上述所给出的绘制机构运动简图的方法和步骤，分析图 3-8 中的内燃机结构，它由曲轴 1、连杆 2、活塞 3、与机架成一体的气缸体 4 组成曲柄滑块机构；凸轮 6、进气阀挺杆 5 与缸体 4 组成凸轮机构(排气阀在图中未画出)；同曲轴 1 固连的齿轮 8、同凸轮轴固连的齿轮 7 与气缸体 4 组成齿轮机构。缸体 4 是固定件，在燃气推动下的活塞 3 是原动件，其余活动构件均是从动件。

各构件之间的连接方式如下：构件 4 和 1、1 和 2、2 和 3、4 和 6 之间均构成转动副；构件 3 和 4、5 和 4 之间构成移动副；构件 5 和 6、7 和 8 之间构成高副。

在选定的一个视图平面和一个瞬时的机构位置上，选取一定的比例尺，用规定的构件与运动副符号，即可绘出机构的运动简图，如图 3-8 所示。图中齿轮副用齿轮的节圆来表示。

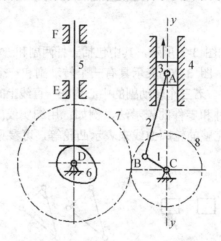

图 3-8　内燃机机构运动简图

1—曲轴；2—连杆；3—活塞；4—缸体；5—挺杆；6—凸轮；7、8—齿轮

3.3　平面机构的自由度

为了使机构按照一定的要求进行运动的传递及变换，当机构的原动件按给定的运动规律运动时，该机构中其余构件的运动也都应是完全确定的。要说明机构在什么条件下才能实现确定的运动，需要分析机构的自由度。

3.3.1　平面机构自由度计算公式

一个做平面运动的自由构件具有 3 个自由度。设有一个平面机构，有 n 个活动构件，在未用运动副连接之前，这些活动构件相对于机架的自由度总和为 $3n$。当用运动副连接组成机构之后，各构件的自由度受到约束，每个低副引入两个约束，每个高副引入一个约束。若此平面机构中包含有 P_L 个低副和 P_H 个高副，则机构中由运动副引入的约束总数为 $(2P_L+P_H)$。因此，活动构件的自由度数减去运动副引入的约束总数即为该机构的自由度，用 F 表示。故平面机构自由度计算公式为

$$F = 3n-2P_L-P_H \tag{3-1}$$

在图 3-9 所示的平面四杆机构中，构件 1、2、3、4 彼此用铰链连接，取构件 4 为机架。该机构中 $n=3$，$P_L=4$，$P_H=0$。根据式(3-1)，该平面机构的自由度为

$$F=3n-2P_L-P_H=3\times3-2\times4-0=1$$

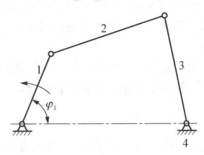

图 3-9 铰链四杆机构

该机构的自由度 $F=1$，表明该机构能够运动，且只具有一个独立运动。

图 3-10(a)中的三构件彼此用铰链连接。取构件 3 为机架，则按照上述方法可计算其自由度 $F=3\times2-2\times3-0=0$。表明各构件间无相对运动，因此它是一个刚性桁架。

又如图 3-10(b)中的 4 个构件用转动副连接在一起，选构件 3 为机架，则该构件组合的自由度 $F=3\times3-2\times5=-1$。表明各构件之间无相对运动，它是一个超静定结构。

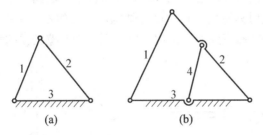

(a)   (b)

图 3-10 $F \leqslant 0$ 的构件组合

3.3.2 平面机构具有确定运动的条件

机构的自由度即是机构具有的独立运动的个数。由于原动件是由外界给定的具有独立运动的构件，而从动件是不能独立运动的，因此，机构具有确定运动的条件是：机构的自由度数必须等于机构的原动件数目。

例 3-2 试计算图 3-8 内燃机机构的自由度。

解 图中曲轴 1 与齿轮 8 是刚性连接，则视为一个构件。同理，齿轮 7 与凸轮 6 也是同一构件。即：$n=5$；$P_L=6$；$P_H=2$。由式(3-1)得

$$F=3n-2P_L-P_H=3\times5-2\times6-2=1$$

此机构只有一个原动件——活塞。由于原动件数等于机构自由度数，故该机构的运动是确定的。

3.3.3　计算机构自由度时应注意的问题

用式(3-1)计算机构自由度时，需要注意和正确处理以下几个问题，否则可能出现计算出的机构自由度与实际不符的情况。

1. 复合铰链

两个以上的构件同时在一处用转动副相连接时构成复合铰链。如有 m 个构件在一处组成复合铰链时，应含有 $(m-1)$ 个转动副。在计算机构自由度时，应注意机构中是否存在复合铰链，把转动副的数目搞清。

图 3-11(a)为一压床机构的运动简图。机构中有 5 个活动构件，在 C 处由三个构件 2、3、4 组成一个复合铰链，如图 3-11(b)所示，在计算自由度时，C 处应以两个转动副计。

2. 局部自由度

机构中存在的与整个机构运动无关的自由度，称为局部自由度。在计算机构自由度时，应除去不计。

图 3-12(a)为一滚子从动件盘形凸轮机构，该机构若按 $n=3$，$P_L=3$，$P_H=1$ 计，则 $F=2$。从计算结果看，要使机构具有确定的运动，需要有两个原动件。但实际上只需要一个原动件(凸轮绕 O 点的转动)，该机构就具有确定的运动。究其原因，滚子 2 绕其轴心 A 的转动是一个局部自由度，在计算机构自由度时，可设想将滚子 2 与从动件 3 焊成一体(转动副 A 也随之消失)，则图 3-12(a)转化成图(b)形式。此时 $n=2$，$P_L=2$，$P_H=1$，故凸轮机构的自由度由式(3-1)得：$F=3n-2P_L-P_H=3\times2-2\times2-1=1$，即得到了正确结果。

实际机械中经常采用具有局部自由度的结构，其目的不在于改变整个机构的运动，而是将高副接触处的滑动摩擦变成滚动摩擦，以达到减少摩擦磨损的目的。

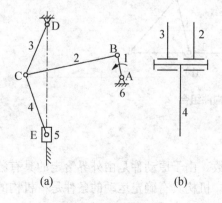

图 3-11　压床机构

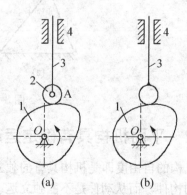

图 3-12　局部自由度

3. 虚约束

机构中有时存在着对运动不起限制作用的重复约束，称为虚约束。在计算机构自由度时，应将虚约束除去不计。

虚约束常发生在下列情况中。

1) 移动副导路平行

两构件间组成多个导路平行的移动副时，只有一个移动副起作用，其余都是虚约束。图 3-8 中的凸轮推杆和缸体在 E、F 处组成两个移动副，都是限制推杆只能沿其轴线移动，此时只能按一个移动副计算。

2) 转动副轴线重合

当两构件间组成多个轴线重合的转动副时，只有一个转动副起作用，其余都是虚约束。图 3-13 为齿轮轴 1 支承在机架 2 的两个轴承上，在计算机构自由度时，应按一个转动副计算。

除上述两种情况外，虚约束还常出现在两构件连接点的轨迹重合和机构对称的场合，相关内容请参见本书的课后练习。虚约束虽不影响机构的运动，但却可以增加构件的刚度、强度，改善构件受力状况，因此，在实际结构设计中得到广泛使用。

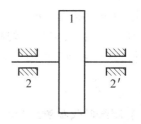

图 3-13　转动副轴线重合引起的虚约束

3.4　实验与实训

实验目的

(1) 通过对实物机械的测绘，掌握机构运动简图的测绘方法。

(2) 针对实物机械，熟练掌握机构自由度的计算。

(3) 实验验证机构具有确定运动的条件。

实验内容

实训 1　分析本章案例(图 3-14)破碎机机构的组成，绘制出它的机构运动简图并确定其机构具有确定运动的条件。

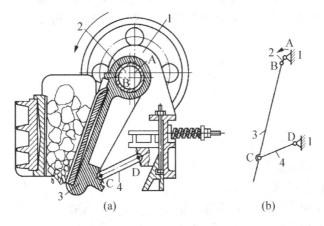

(a)　　　　　　　　　(b)

图 3-14　颚式破碎机机构运动简图

实训要求

(1) 确定构件数目。

(2) 根据各构件间的相对运动确定运动副的种类和数目。

(3) 选定适当比例尺,根据构件和运动副的规定符号绘出机构运动简图。

(4) 将图中的机架画上阴影线,并在原动件上标注箭头。

(5) 计算机构自由度,确定其机构具有确定运动的条件。

实训 2　测绘家用缝纫机头的四个机构:压布、走针、摆梭、送布,绘出机构示意图。所谓机构运动示意图是指只凭目测,使图与实物成比例,不按比例尺绘制的简图。

实训要求

(1) 测绘时使被测绘的机械缓慢运动,从原动件开始仔细观察机构的运动,分清各个运动单元,从而确定组成机构的构件数目。

(2) 根据相互连接的两构件间的接触情况和相对运动特点,确定各个运动副的类型。

(3) 在纸上徒手按规定的符号及构件的连接顺序,从原动件开始,逐步画出机构示意图。用数字 1,2,3……分别标注各构件,用字母 A、B、C……分别标注各运动副。

(4) 计算每个机构的自由度,并将结果与实际机构的自由度相对照,观察计算结果与实际是否相符。

实训 3　观察下列实际机构,画出机构示意图,计算机构自由度并判断机构是否具有确定的运动。

(1) 公共汽车车门启闭机构;

(2) 汽车前窗刮雨器;

(3) 自行车驱动机构;

(4) 折叠床、折叠桌。

实验总结

通过本章的实验和实训,读者应该能正确确定平面机构中运动副的种类和数目;计算机构自由度;分析机构具有确定运动的条件;掌握绘制平面机构运动简图的方法。

3.5 习　　题

一、填空题

(1) 使两构件直接接触并能产生一定相对运动的连接称为_____。

(2) 平面机构中的低副有_____和_____两种。

(3) 机构中的构件可分为三类:_____、_____和_____件。

(4) 在平面机构中若引入一个高副将引入_____个约束。

(5) 在平面机构中若引入一个低副将引入_____个约束。

二、选择题

(1) 原动件的自由度应为_____。

　　A. 0　　　　　　B. 1　　　　　　C. 2

(2) 机构具有确定运动的条件是_____。

　　A. 自由度大于零　　　　　　B. 自由度等于原动件数　　C. 自由度大于 1

(3) 由 K 个构件汇交而成的复合铰链应具有_____个转动副。

　　A. $K-1$　　　B. K　　　　　C. $K+1$

(4) 一个做平面运动的自由构件有_____个自由度。

　　A. 1　　　　　　B. 3　　　　　　C. 6

(5) 通过点、线接触构成的平面运动副称为_____。

　　A. 转动副　　　B. 移动副　　　C. 高副

(6) 通过面接触构成的平面运动副称为_____。

　　A. 低副　　　　B. 高副　　　　C. 移动副

(7) 平面运动副的最大约束数是_____。

　　A. 1　　　　　　B. 2　　　　　　C. 3

三、判断题(错 F，对 T)

(1) 具有局部自由度的机构，在计算机构的自由度时，应当首先除去局部自由度。

　　　　　　　　　　　　　　　　　　　　　　　　　　　　　　(　　)

(2) 具有虚约束的机构，在计算机构的自由度时，应当首先除去虚约束。　(　　)

(3) 虚约束对运动不起作用，也不能增加构件的刚性。　　　　　　　　(　　)

(4) 6 个构件组成同一回转轴线的转动副，则该处共有三个转动副。　　(　　)

四、简答题

(1) 什么是机构运动简图，有什么用途？

(2) 在计算平面机构自由度时应注意哪些事项？

(3) 机构具有确定运动的条件是什么？如果不能满足这一条件，将会产生什么结果？

(4) 平面机构中的虚约束常出现在哪些场合？

五、实作题

(1) 初拟机构运动方案如图 3-15 所示。欲将构件 1 的连续转动转变为构件 4 的往复移动，试：

　　① 计算其自由度，分析该设计方案是否合理？

　　② 如不合理，可如何改进？提出修改措施并用简图表示。

(2) 绘制图 3-16 机器的机构运动简图并计算其机构自由度。偏心轮 1 在驱动电动机带动下绕 A 顺时针旋转时，通过构件 2、3、4 带动构件 5(导杆)做往复摆动，从而完成工艺动作。

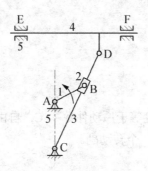

图 3-15　机构设计方案

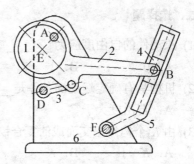

图 3-16　机器的机构运动简图

(3) 计算图 3-17 所示各机构的自由度。若图中含有局部自由度、复合铰链和虚约束情况时，应具体指出。

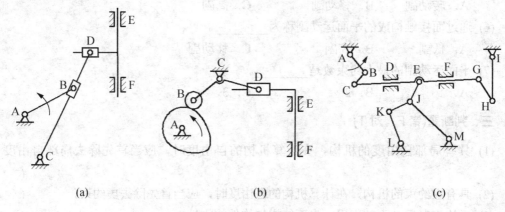

(a)　　　　　　　　　　(b)　　　　　　　　　　(c)

图 3-17　机构运动简图

第4章 平面连杆机构及其设计

教学目标：

平面连杆机构是由一些简称"杆"的构件通过平面低副相互连接而成，故又称平面低副机构。平面连杆机构被广泛地应用，近年来，随着电子计算机应用的普及，设计方法的不断改进，平面连杆机构的应用范围还在进一步扩大。本章的教学将使读者了解平面连杆机构的基本形式及其演化过程；对平面四杆机构的一些基本知识(包括曲柄存在的条件、急回运动及行程速比系数、传动角及死点、运动的连续性等)有明确的概念；能按已知连杆三位置、两连架杆三对应位置、行程速比系数等要求设计平面四杆机构。

教学重点和难点：

- 平面四杆机构的一些基本知识；
- 按已知连杆三位置、两连架杆三对应位置、行程速比系数等要求设计平面四杆机构。

案例导入：

我们知道，用三根木条钉成的木框是稳定的，即使把钉子换成转动副(铰链)，三角形也不会运动。而用四根木条钉成的木框是不稳固的，如果把钉子换成铰链，四边形即可以运动了。依此类推，五边形等也都是可以运动的(图 4-1)。因此我们说：三角形是不能运动的最基本图形，而四边形是能运动的最基本图形。把四边形各顶点装上铰链，把一边作为机架，即构成平面四杆机构。因此，四杆机构是最基本的连杆机构。复杂的多杆机构(多边形)也可由其组成。通过本章的学习，读者将了解这种最基本机构的特性，认识这类机构千变万化的应用并掌握其设计方法。

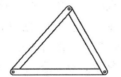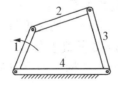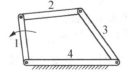

图4-1 三角形和四杆机构

4.1 铰链四杆机构的基本形式及应用

连杆机构的优点是运动副为面接触，压强较小、磨损较轻、便于润滑，故可承受较大载荷；低副几何形状简单，加工方便；能实现轨迹较复杂的运动，因此，平面连杆机构在各种机器及仪器中得到广泛应用。其缺点是运动副的制造误差会使误差累积较大，致使惯性力较大；不易实现精确的运动规律，因此，连杆机构不适宜高速传动。

运动副均采用转动副的四杆机构称为铰链四杆机构，如图 4-1 所示。图中固定不动的构件 4 称为机架；与机架相连的构件 1 和 3 称为连架杆，其中，做整周转动的连架杆称为曲柄，只能在某一角度范围内往复摆动的连架杆称为摇杆；不与机架直接相连的构件 2 称为连杆，它做平面复合运动。

铰链四杆机构按两连架杆的运动形式不同分为三种基本形式：曲柄摇杆机构、双曲柄机构和双摇杆机构。

4.1.1 曲柄摇杆机构

在铰链四杆机构中，若两个连架杆，一个为曲柄，另一个为摇杆，则该机构称为曲柄摇杆机构。

曲柄摇杆机构的用途很广，如图 4-2 缝纫机的踏板机构、图 4-3 雷达天线俯仰机构及图 4-4 搅拌器机构等。

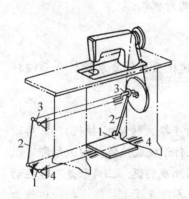 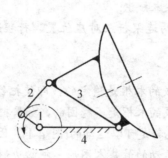 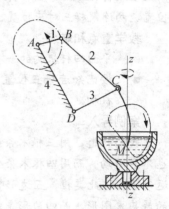

图 4-2 缝纫机的踏板机构　　图 4-3 雷达天线俯仰机构　　图 4-4 搅拌器机构

4.1.2 双曲柄机构

在铰链四杆机构中，两连架杆均为曲柄时称为双曲柄机构。在双曲柄机构中，用得最多的是平行双曲柄机构。图 4-5(a)为正平行四边形机构，两个连架杆 *AB* 和 *CD* 以相同的角速度沿同一方向转动，例如图 4-6 的高空作业车升降机构。图 4-5(b)为反平行四边形机构，即当曲柄 1 等速转动时，另一曲柄 3 做反向变速转动，例如图 4-7 汽车车门启闭机构。

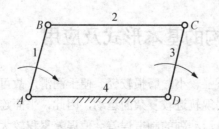 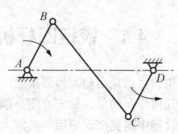

(a) 正平行四边形机构　　　　　(b) 反平行四边形机构

图 4-5 平行四边形机构

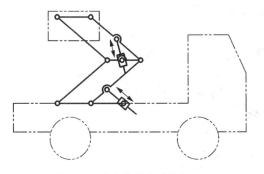

图 4-6　高空作业车升降机构

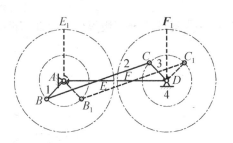

图 4-7　汽车车门启闭机构

4.1.3　双摇杆机构

两连架杆都是摇杆的铰链四杆机构称为双摇杆机构。图 4-8 所示的鹤式起重机就采用了这种机构。在该机构中，构件 1 和 3 都是摇杆，当摇杆 1 摆动时，连杆 2 上悬挂货物的 E 点便在近似的水平直线上移动，可避免由于货物的升降引起能量消耗。

在双摇杆机构中，若两摇杆长度相等则称为等腰梯形机构，在汽车及拖拉机中，常采用这种机构操纵前轮的转向，如图 4-9 所示，此机构的特点是两摇杆的摆角不相等。当车辆转向时，就有可能实现在任意位置都能使两前轮轴线的交点 O 落在后轮轴线的延长线上，从而使车辆转弯时，四个车轮都在地面上做纯滚动，避免轮胎因滑动而引起磨损。

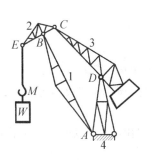

图 4-8　鹤式起重机

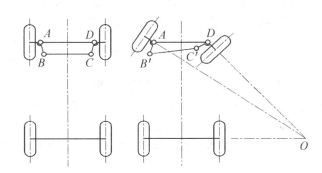

图 4-9　汽车前轮转向机构

4.2　铰链四杆机构的传动特性

4.2.1　急回运动和行程速比系数

在图 4-10 所示的曲柄摇杆机构中，当主动曲柄 1 位于 B_1A 而与连杆 2 成一直线时，从动摇杆 3 位于右极限位置 C_1D。当曲柄 1 以等角速度 ω_1 逆时针转过角 φ_1 而与连杆 2 重叠时，曲柄到达位置 B_2A，而摇杆 3 则到达其左极限位置 C_2D。当曲柄继续转过角 φ_2 而回到位置 B_1A 时，摇杆 3 则由左极限位置 C_2D 摆回到右极限位置 C_1D。从动件的往复摆角均为 ψ。由图可以看出，曲柄相应的两个转角 φ_1 和 φ_2 为：

$$\varphi_1 = 180° + \theta$$
$$\varphi_2 = 180° - \theta$$

式中，θ 为摇杆位于两极限位置时曲柄两位置所夹的锐角，称为极位夹角。

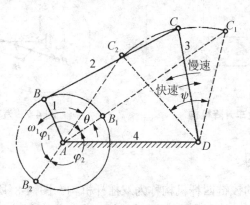

图 4-10   曲柄摇杆机构的急回运动

由于 $\varphi_1 > \varphi_2$，因此曲柄以等角速度 ω_1 转过这两个角度时，对应的时间 $t_1 > t_2$，并且 $\varphi_1 / \varphi_2 = t_1 / t_2$。而摇杆 3 的平均角速度为

$$\omega_{m1} = \psi / t_1, \qquad \omega_{m2} = \psi / t_2$$

显然，$\omega_{m1} < \omega_{m2}$，即从动摇杆往复摆动的平均角速度不等，一慢一快，这样的运动称为急回运动。在生产中，常利用这个性质来缩短生产时间，提高生产率。从动摇杆的急回运动程度可用行程速比系数 K 来描述，即

$$K = \frac{\omega_{m2}}{\omega_{m1}} = \frac{\psi / t_2}{\psi / t_1} = \frac{\varphi_1}{\varphi_2} = \frac{180° + \theta}{180° - \theta} \tag{4-1}$$

式(4-1)表明，曲柄摇杆机构的急回运动性质取决于极位夹角 θ。若 $\theta = 0$，$K = 1$，则该机构没有急回运动性质；若 $\theta > 0$，$K > 1$，则该机构具有急回运动性质，且 θ 角越大，K 值越大，急回运动性质也越显著。

对于一些要求具有急回运动性质的机械，可根据 K 值计算出 θ 角，以便设计出各杆的尺寸。

$$\theta = 180° \cdot \frac{K - 1}{K + 1} \tag{4-2}$$

4.2.2   压力角和传动角

在图 4-11 所示的曲柄摇杆机构中，若忽略各杆的质量和运动副中的摩擦，原动件曲柄 1 通过连杆 2 作用在从动摇杆 3 上的力 F 沿 BC 方向。从动件所受压力 F 与受力点速度 v_c 之间所夹的锐角 α 称为压力角，它是反映机构传力性能好坏的重要标志。在实际应用中，为度量方便，常以压力角 α 的余角 γ(即连杆和从动摇杆之间所夹的锐角)来判断连杆机构的传力性能，γ 角称为传动角。因 $\gamma = 90° - \alpha$，故 α 越小，γ 越大，机构的传力性能越好。当机构处于连杆与从动摇杆垂直状态时，即 $\gamma = 90°$，对传动最有利。

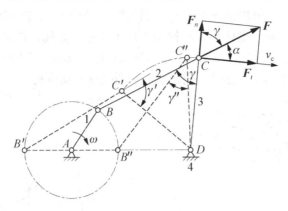

图 4-11 四杆机构的压力角和传动角

在机构运转过程中，传动角γ(或压力角α)是变化的，为了保证机构能正常工作，常取最小传动角$\gamma_{\min}$大于或等于许用传动角$[\gamma]$，$[\gamma]$的选取与传递功率、运转速度、制造精度和运动副中的摩擦等因素有关。对于一般传动，$[\gamma]=40°$；高速和大功率传动，$[\gamma]=50°$。曲柄摇杆机构的最小传动角$\gamma_{\min}$出现在图中的曲柄与机架共线的位置，即AB'或AB''处。

4.2.3 死点位置

在图 4-12 的曲柄摇杆机构中，当以摇杆 3 作为原动件，而曲柄 1 为从动件，在摇杆处于极限位置 C_1D 和 C_2D 时，连杆与曲柄两次共线。若忽略各杆的质量，则这时连杆传给曲柄的力将通过铰链中心 A，此力对 A 点不产生力矩，因此，不能使曲柄转动。机构的该位置称为死点位置。

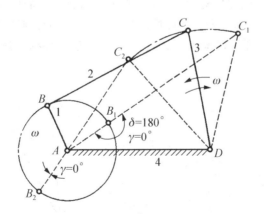

图 4-12 曲柄摇杆机构的死点

当机构处于死点位置时，具有以下两个特点。

(1) 当传动角$\gamma=0$，机构发生自锁，从动件会出现卡死现象。

(2) 如果突然受到某些外力的影响，从动件会产生运动方向不确定的现象。

图 4-2 所示缝纫机的踏板机构是以摇杆为原动件，使用者感到有时会出现踏不动或倒车现象，这是由于机构处于死点位置引起的，可借助飞轮的惯性作用，使曲柄越过死点位置继续转动。

在生产中，也可利用机构在死点位置的自锁特性，使机构具有安全保险作用。在图 4-13 的飞机起落架机构中，轮子着陆后，构件 *BC* 和 *CD* 成一直线，传给构件 *CD* 的力通过铰链中心 *D* 点，不论该力有多大，均不会使起落架折回。同理，在图 4-14 的钻床夹具中，当工件夹紧后，不论反力 **T** 有多大，都不会使构件 *CD* 转动而将工件松脱。

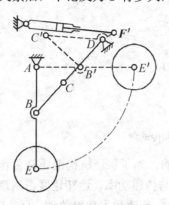

图 4-13　飞机起落架机构

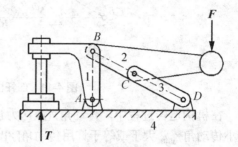

图 4-14　钻床夹具的夹紧机构

4.3　铰链四杆机构的曲柄存在条件

曲柄是平面连杆机构中的关键构件，因为只有这种构件才有可能用电动机等连续转动的装置来驱动，机构中是否存在曲柄，取决于机构中各构件的长度和机架的选择。下面，我们首先讨论铰链四杆机构各杆长度应满足什么条件才能有曲柄存在。

在图 4-15 所示的曲柄摇杆机构中，各杆的长度分别为：曲柄 $AB=a$，连杆 $BC=b$，摇杆 $CD=c$，机架 $AD=d$，$d>a$。为保证曲柄做整周转动，则曲柄必须能顺利通过与机架共线的两个位置 AB' 和 AB''，即可以构成△$B'C'D$ 和△$B''C''D$。根据三角形构成的原理可以推出以下关系。

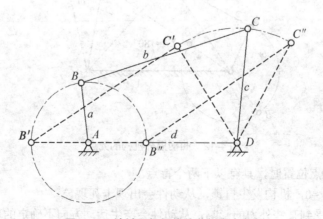

图 4-15　铰链四杆机构的曲柄存在条件

由△$B'C'D$ 可得

$$a+d \leqslant b+c \tag{4-3}$$

由 $\triangle B''C''D$ 可得

$$b-c \leqslant d-a \quad 即 \quad a+b \leqslant c+d \tag{4-4}$$

和 $\qquad c-b \leqslant d-a \quad 即 \quad a+c \leqslant b+d \tag{4-5}$

将式(4-3)、式(4-4)、式(4-5)两两相加并化简可得

$$a \leqslant b, \ a \leqslant c, \ a \leqslant d \tag{4-6}$$

由此得到铰链四杆机构中存在唯一曲柄的条件为:

(1) 曲柄为最短杆;

(2) 最短杆与最长杆长度之和小于或等于其余两杆长度之和。

上述条件(2)称为杆长条件,是铰链四杆机构中存在曲柄的必要条件。当铰链四杆机构中各杆长度满足杆长条件时,根据相对运动原理可知,取不同杆为机架,即可得到不同形式的铰链四杆机构。如:

(1) 若取最短杆为机架,该机构为双曲柄机构,如图 4-16(a)所示。

(2) 若取最短杆的任一相邻杆为机架,该机构为曲柄摇杆机构,如图 4-16(b)、(c)所示。

(3) 若取最短杆的相对杆为机架,该机构为双摇杆机构,如图 4-16(d)所示。

当铰链四杆机构中各杆长度不满足杆长条件时,无论取哪一杆为机架,该机构均为双摇杆机构,例如图 4-9 所示汽车前轮转向机构。

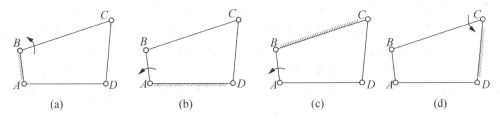

(a)   (b)   (c)   (d)

图 4-16 取不同的构件为机架

4.4 铰链四杆机构的演化

铰链四杆机构是平面四杆机构的最基本形式,在工程实践中还广泛应用着其他形式的四杆机构,它们可以看作是由铰链四杆机构演化派生而来的。

4.4.1 含有一个移动副的平面四杆机构

1. 曲柄滑块机构

在图 4-17(a)的曲柄摇杆机构中,转动副 C 的运动轨迹是以 D 点为圆心,以摇杆 3 的长度 l_{CD} 为半径的圆弧。若将摇杆 3 做成滑块的形式,并将其与机架的连接做成移动副(图 4-17(b)),这样,曲柄摇杆机构就演化成曲线导路的曲柄滑块机构。显然,其运动性质并未改变。

若将摇杆 3 的长度 l_{CD} 增大,则 C 点的轨迹将趋于平直。当 l_{CD} 增至无穷大时,滑块 3 曲线导路的曲率中心 D 将位于无穷远处,滑块 3 的导路将变成直线导路,曲柄摇杆机构演

化成常用的曲柄滑块机构。这类机构在内燃机、冲床、空气压缩机及往复式水泵等机械中得到广泛应用。

图 4-17(c)中，导路中心不通过曲柄转动中心 A，图中 e 为偏距，称为偏置曲柄滑块机构；而导路中心通过曲柄转动中心 A 时，偏距 $e=0$，称为对心曲柄滑块机构(图 4-18)。当曲柄匀速转动时，偏置曲柄滑块机构可实现急回运动。

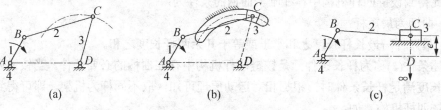

图 4-17 曲柄滑块机构

如前所述，对于存在曲柄的铰链四杆机构，选取不同的构件为机架，可得到不同形式的机构。同理，对于曲柄滑块机构，当选取不同的构件作为机架时，同样也可得到不同形式的机构。

2. 导杆机构

在图 4-18(a)所示的曲柄滑块机构中，若改取杆 1 为固定构件，即得图 4-18(b)所示的导杆机构。杆 4 称为导杆，滑块 3 相对导杆滑动并一起绕 A 点转动，通常取杆 2 为原动件。图 4-18(b)中，杆 2 的长度 l_2 大于杆 1 的长度 l_1，两连架杆 2 和 4 均可相对于机架 1 整周回转，称为曲柄转动导杆机构，或转动导杆机构；当 $l_2<l_1$ 时，导杆 4 只能往复摆动，称为曲柄摆动导杆机构，或摆动导杆机构(图 4-19)。导杆机构常用于牛头刨床、插床和回转式油泵之中。

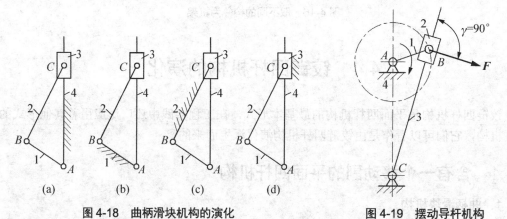

图 4-18 曲柄滑块机构的演化   图 4-19 摆动导杆机构

3. 摇块机构和定块机构

在图 4-18(a)所示曲柄滑块机构中，若取杆 2 为固定构件，即可得图 4-18(c)所示的摆动滑块机构，或称摇块机构。这种机构广泛应用于摆缸式内燃机和液压驱动装置中。图 4-20所示的是前举升自卸汽车，它的翻转卸料机构就是这种摆动滑块机构，当油缸中的压力油推动活塞杆运动时，车厢便绕回转副中心倾斜，实现物料自动卸下。

在图 4-18(a)所示曲柄滑块机构中，若取杆 3 为固定构件，即可得图 4-18(d)所示的移动导杆机构，或称定块机构。图 4-21 所示的液压千斤顶就使用了这种机构，定块机构常用于抽水唧筒和抽油泵中。

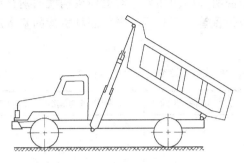

图 4-20 前举升自卸汽车

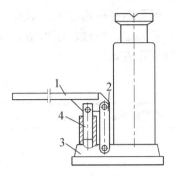

图 4-21 液压千斤顶

4.4.2 含有两个移动副的平面四杆机构

以上讨论的仅是铰链四杆机构的一个转动副转化为移动副后，再经过其他途径演化而成的几种派生机构。如果以两个移动副替换铰链四杆机构中的两个转动副，当取不同的构件为机架时，可以得到 4 种不同形式的含有两个移动副的平面四杆机构。

4.4.3 含有偏心轮的平面四杆机构

在图 4-22(a)的曲柄摇杆机构中，当主动曲柄 AB 很短时，由于结构强度、装配、制造工艺等方面的要求，需将转动副 B 扩大，使转动副 B 包含转动副 A，此时，曲柄就演化成回转轴线在 A 点的偏心轮，如图 4-22(c)所示，转动中心 A 与几何中心 B 间的距离 e 称为偏心距，它等于曲柄的长度。

通过扩大转动副得到的偏心轮机构，其相对运动不变，图 4-22(c)的机构运动简图仍然为图 4-22(a)。同理，可将图 4-22(b)曲柄滑块机构中的转动副 B 扩大，得到图 4-22(d)的偏心轮机构。

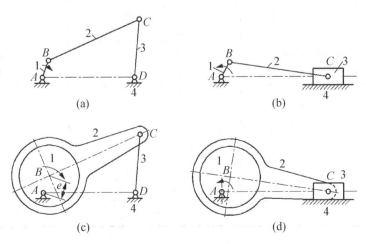

图 4-22 偏心轮机构

把曲柄做成偏心轮,增大了轴颈的尺寸,提高了偏心轴的强度和刚度,而且当轴颈位于轴的中部时,便于安装整体式连杆,使结构简化。偏心轮机构广泛应用于曲柄销轴受较大冲击载荷或曲柄长度较短的机械中,如破碎机、冲床、剪床及内燃机等。

　　对于平面四杆机构的演化形式,可以利用前面所介绍的知识,对上述机构就曲柄存在的条件、急回运动特性、压力角、传动角和死点位置等进行分析。平面四杆机构的基本形式及其演变见表4-1。

表4-1　平面四杆机构基本形式及其演变

机架	铰链四杆机构(符合杆长条件)	含有一个移动副的四杆机构	含有两个移动副的四杆机构
4	曲柄摇杆机构	曲柄滑块机构	正弦机构
1	双曲柄机构	双曲柄机构	双转块机构
2	曲柄摇杆机构	曲柄摇块机构／摆动导杆机构	正弦机构
3	双摇杆机构	移动导杆机构	双滑块机构

4.5　平面四杆机构的设计

连杆机构设计的基本问题是根据给定的运动要求选定机构的形式，并确定各构件的尺度参数。为了使机构设计合理、可靠，通常还需要满足结构条件(如是否存在曲柄、合适的杆长比、合理的运动副结构等)、动力条件(如最小传动角)和运动连续条件等。

在工程实践中，由于机械的用途和性能要求的不同，对连杆机构设计的要求是多种多样的，但这些设计要求一般可归纳为以下三类问题。

(1) 满足预定的运动规律要求　即要求两连架杆的转角能够满足预定的对应关系；或者要求在原动件运动规律一定的条件下，从动件能够准确地或近似地满足预定的运动规律要求。

(2) 满足预定的连杆位置要求。即要求连杆能依次占据一系列的预定位置。因这类问题要求机构能引导连杆按一定方位通过预定位置，故又称刚体导引问题。

(3) 满足预定的轨迹要求。即要求在机构运动过程中，连杆上某点能实现预定的运动轨迹。例如图 4-8 所示的鹤式起重机机构，为避免被吊运货物作不必要的上下起伏，连杆上吊钩滑轮中心 E 点应沿水平直线移动。

平面四杆机构的设计方法有解析法、图解法和实验法。

4.5.1　图解法设计四杆机构

图解法是设计四杆机构的一种基本方法，对于设计要求比较简单、设计精度要求一般的情况，更显得简便易行。下面介绍两种不同设计要求下的设计方法。

1. 按给定的行程速比系数设计四杆机构

首先根据已知条件选择具有急回运动的四杆机构，例如曲柄摇杆机构、偏置曲柄滑块机构和摆动导杆机构等。给定行程速比系数 K 的数值，利用机构在极限位置处的几何关系及辅助条件(如最小传动角等)进行设计。下面介绍按给定的行程速比系数设计曲柄摇杆机构的方法。

已知条件：曲柄摇杆机构的摇杆长度 l_3，摆角 ψ 和行程速比系数 K。

该机构设计的实质是确定铰链中心 A 点的位置，并定出其他三杆的长度 l_1、l_2 和 l_4，其设计步骤如下。

(1) 由给定的行程速比系数 K，按式(4-2)求出极位夹角 θ。

$$\theta = 180° \cdot \frac{K-1}{K+1}$$

(2) 任选固定铰链中心 D 的位置，由摇杆长度 l_3 和摆角 ψ 作出摇杆的两个极限位置 C_1D 和 C_2D，如图 4-23 所示。

(3) 连接 C_1 和 C_2，并作垂直于 C_1C_2 的线如 C_2M。

(4) 作 $\angle C_2C_1N=90°-\theta$，使线 C_1N 与 C_2M 相交于 P 点，由三角形的内角之和等于 180° 可知，$\angle C_1PC_2=\theta$。

(5) 作 $\triangle C_1PC_2$ 的外接圆，在圆上任选一点 A，并分别与 C_1、C_2 相连，则 $\angle C_1AC_2=\angle C_1PC_2=\theta$(同一圆弧的圆周角相等)，$A$ 点即为曲柄与机架组成的固定铰链中心。

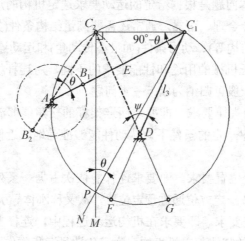

图 4-23 按 K 值设计曲柄摇杆机构

(6) 以 A 为圆心，以 C_1A 为半径作圆弧，交 C_1A 于点 E，以 A 为圆心，以 $EC_1/2$ 为半径作圆，交 C_1A 和 C_2A 的延长线于 B_1 和 B_2，B_1 和 B_2 为摇杆在两极限位置时曲柄和连杆共线时铰链 B 的位置。

从而可知，该曲柄摇杆机构的曲柄长 $l_1=AB_1=AB_2$，连杆长 $l_2=B_1C_1=B_2C_2$，以及 $l_4=AD$。

由于 A 点是 $\triangle C_1PC_2$ 外接圆上任选的一点，所以，若仅按行程速比系数 K 设计，可得无穷多解。但曲柄的转动中心 A 不能选在 FG 弧段上，否则，机构将不满足运动的连续性要求，即此时机构的两个极限位置 C_1D 和 C_2D 将位于两个不联通的可行域内。A 点位置不同，机构传动角的大小也不同。若曲柄的转动中心 A 选在 C_1G 和 C_2F 两弧段上，当 A 向 $G(F)$ 靠近时，机构的最小传动角将随之减小。为了获得良好的传动质量，可按照最小传动角或其他辅助条件(如给定机架尺寸)确定 A 点的位置。

图 4-24 给出了已知滑块行程 H、偏心距 e 和行程速比系数 K 设计曲柄滑块机构的示例。该例设计的实质是确定铰链中心 A 点的位置，并定出曲柄和连杆的长度尺寸 l_1 和 l_2。具体设计时，可根据滑块行程 H 确定滑块的极限位置 C_1 和 C_2，类似摇杆的两个极限位置，设计步骤参照上述曲柄摇杆机构的设计即可。

对于导杆机构，一般已知摆动导杆机构的机架长度 l_4 和行程速比系数 K，设计的实质是确定曲柄的长度尺寸 l_1。具体设计时，先按行程速比系数 K 求出极位夹角 θ，由于导杆机构的极位夹角与导杆的摆角相等，故在图纸上任选一点 C 作为导杆的转动中心，作出导杆的摆角 ϕ，再作其角平分线，在其角平分线上取 $CA=l_4$，即得曲柄的转动中心 A。过点 A 作导杆任一极限位置的垂线 AB_1(或 AB_2)，该线段长即为曲柄的长度 l_1(图 4-25)。

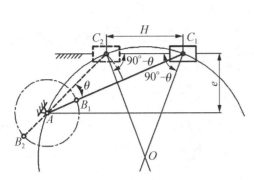

图 4-24　按 K 值设计曲柄滑块机构

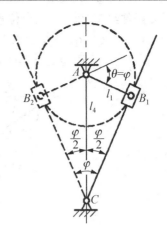

图 4-25　按 K 值设计导杆机构

2．按给定的连杆位置设计四杆机构

图 4-26(a)所示为一加热炉门启闭机构，加热时炉门位于 E_1 位置，炉口关闭；取料时，炉门位于 E_2 位置，如图中虚线位置所示。在这个实际问题中，可以把炉门固连在一个铰链四杆机构的连杆上，于是问题可以描述为：已知连杆的两个铰链点 B、C，连杆 BC 的长度 L_{BC} 及其两个位置 B_1C_1 和 B_2C_2，要求确定连架杆与机架组成的固定铰链中心 A 和 D 的位置，并求出其余三杆的长度 L_{AB}、L_{CD} 和 L_{AD}。

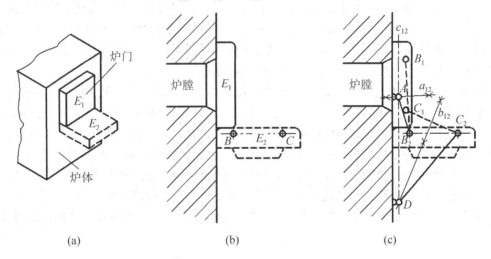

(a)　　　　　　　　　　(b)　　　　　　　　　　(c)

图 4-26　按给定连杆两位置设计四杆机构

对于实现预定连杆位置的设计问题，应用图解法是比较方便的。对于实现预定连杆两位置 B_1C_1 和 B_2C_2，其作图方法为：分别作 B_1B_2 和 C_1C_2 连线的中垂线 a_{12} 和 b_{12}，则以 a_{12} 上的任意点 A 和 b_{12} 上的任一点 D 作为固定铰链中心，机构 AB_1C_1D 即可实现要求的预定连杆两个位置。显然，此时有无穷多个解。因此在实际设计中还要考虑其他辅助条件，如受力条件、各杆尺寸所允许的范围及其他结构上的要求等。在本炉门的设计中，要求 A、D 两固定铰链点必须安装在加热炉前壁，即在 c_{12} 上，根据这个附加条件可确定 A 和 D，并作出所求的四杆机构 AB_2C_2D。

若已知条件给定 *BC* 的三个位置,其设计过程与上面的情况基本相同。但由于连杆有三个确定位置,通过 B_1、B_2、B_3(或 C_1、C_2、C_3)三点的圆只有一个,因此,固定铰链中心 *A*、*D* 的位置只有一个确定的答案(图 4-27)。

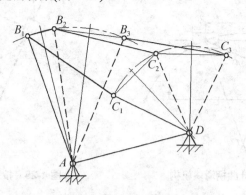

图 4-27 按给定连杆三位置设计四杆机构

4.5.2 实验法设计四杆机构

由于连杆机构不易实现精确的运动规律,因此,对于运动要求比较复杂的四杆机构的设计,特别是对于按照给定轨迹设计四杆机构的问题,用实验法设计有时显得更为简便易行。

四杆机构运动时,其连杆做平面运动,连杆平面上任一点的轨迹通常为封闭曲线,这些曲线称为连杆曲线。而平面连杆曲线是高阶曲线,所以设计四杆机构使其连杆上某点实现给定的任意轨迹是十分复杂的。随着连杆上点的位置和各构件相对尺寸的不同,它们的形状各异。为了便于设计,工程上常常利用事先编就的图谱,从图谱中的某一曲线直接查出该四杆机构各杆的尺寸。这种实验方法称为图谱法。

图 4-28 为一描述连杆曲线的仪器模型。设原动件 *AB* 的长度为单位长度,其余各构件相对构件 *AB* 的长度则可以调节。在连杆上固定一块多孔薄板,板上钻有一定数量的小孔,代表连杆平面上不同点的位置。当机构曲柄 *AB* 转动时,板上每个孔的运动轨迹就是一条连杆曲线,将连杆平面上各个点的连杆曲线记录下来(例如使用感光显影技术),便得到一组连杆曲线。依次改变 *BC*、*CD*、*AD* 相对 *AB* 的长度,就可得出许多组连杆曲线,将它们顺序整理编排成册,即成连杆曲线图谱。图 4-29 为"四连杆机构分析图谱"中的一张,图中每一连杆曲线由 72 根长度不等的短线构成,每一短线表示原动曲柄转过 5° 时连杆上该点的位移。

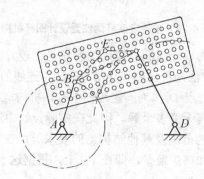

图 4-28 连杆曲线的绘制

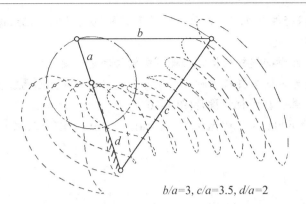

$b/a=3, c/a=3.5, d/a=2$

图 4-29 四连杆机构分析图谱中的连杆曲线

根据预期的运动轨迹进行设计时，先从图谱中查出形状与要求实现的轨迹相似的连杆曲线；再按照图上的文字说明，得出所求四杆机构各杆长度的比值；然后用缩放仪求出图谱中的连杆曲线和所要求的轨迹之间相差的倍数，并由此确定所求四杆机构各杆的长度；最后，根据连杆曲线上的小圆圈与铰链 B、C 的相对位置，即可确定描绘轨迹之点在连杆上的位置。

4.5.3 用解析法设计四杆机构

这种方法是以机构参数来表达各构件间的函数关系，以便按给定条件求解未知数。用解析法作平面机构运动设计的关键是建立机构位置矢量封闭方程式。常用的解析法有矢量法、复数矢量法及矩阵法等。解析法求解精度高，能解决较复杂的问题。

在用解析法设计连杆机构时，涉及大量的数值运算，这种烦琐的计算工作可由计算机来完成。计算机辅助连杆机构设计的基本过程为：①由设计者制定设计任务，选定连杆机构类型，建立设计的数学模型，选择算法并编制程序；②由计算机完成数值计算、结果输出(数据与图形)和结果分析。

目前已有连杆机构计算机辅助设计商业化软件，可以直接使用。

4.6 实验与实训

实验目的

(1) 了解平面连杆机构的应用。

(2) 巩固平面机构结构分析的知识。

(3) 培养创新意识和机构创新设计能力。

实验内容

实训 1 本章的案例中提出，4 根木条可以构成铰链四杆机构，现取出 4 根木条(10cm，15cm，20cm，24cm)，顺序用大头针连接，组成平面连杆机构。

(1) 测量 4 根杆件的长度并作记录，计算最短杆与最长杆长度之和与其余两杆长度之和的关系。

(2) 分别以 4 根杆件为机架，观察两个连架杆的运动情况，记录每次变换机架后，所得到的铰链四杆机构的类型。

(3) 当机构类型为曲柄摇杆机构时，观察机构传动角的变化；

(4) 当机构类型为曲柄摇杆机构时，观察并确定机构的死点位置。

实训 2 高位中悬窗启闭机构设计(图 4-30)。

窗扇外形尺寸为 600mm×400mm(图 4-30(a)，可按比例缩小或放大)，设计四杆机构，实现其启闭。

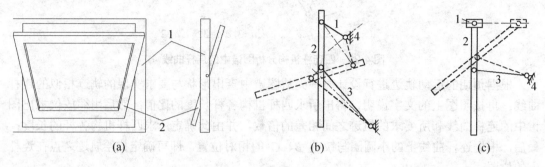

(a)　　　　　　　　　　　　　(b)　　　　　　　　　　　　　(c)

图 4-30　中悬窗

1—窗框；2—窗扇

实训要求

(1) 窗扇可自窗框平面开启>60°。

(2) 操纵窗扇启闭的平面连杆机构应能支持窗扇的重量，有一个原动件。

(3) 连杆机构必须具有良好的传动性能(即较大的传动角)。

(4) 窗扇处于关闭位置时，连杆机构的所有部分不能延伸至窗槛外侧，延伸至室内的部分亦应尽可能小。

设计内容

(1) 确定机构运动方案，绘制机构简图。

(2) 进行机构运动设计，确定各构件运动尺寸。

(3) 利用模型(或实训 1 中的木条)搭接出实物机构，并进行运动效果的评价。

参考方案

(1) 图 4-30(b)采用铰链四杆机构，引导构件为连架杆 1；图 4-30(c)采用滑块机构，引导构件为滑块 1。

(2) 实用的开窗机构(尤其是高位天窗)，常将窗扇作为连架杆。

(3) 使用多杆机构(如六杆机构)可能能获得更好的效果。

实验总结

通过本章的实验和实训，读者应该能了解铰链四杆机构及其演化的方法；对平面四杆机构的一些基本知识(包括曲柄存在的条件、急回运动及行程速比系数、传动角及死点)有明确的概念；能按已知连杆位置、行程速比系数等要求设计平面四杆机构。

4.7　习　　题

一、填空题

(1) 在铰链四杆机构中，运动副全部是_____副。

(2) 在铰链四杆机构中，与机架相连的杆称为_____，其中做整周转动的杆称为_____，做往复摆动的杆称为_____，而不与机架相连的杆称为_____。

(3) 铰链四杆机构的杆长为 $a=60$mm，$b=200$mm，$c=100$mm，$d=90$mm。若以杆 c 为机架，则此四杆机构为_____。

(4) 机构的压力角越_____对传动越有利。机构处在死点时，其压力角等于_____。

(5) 对于原动件做匀速定轴转动，从动件相对机架做往复运动的连杆机构，是否有急回特性，取决于机构的_____角是否大于零。

(6) 平面连杆机构的行程速比系数 $K=1.25$ 是指工作与返回时间之比为_____。

二、选择题

(1) 铰链四杆机构存在曲柄的必要条件是最短杆与最长杆长度之和_____其他两杆之和。

    A．$\leqslant$　　　　　B．$\geqslant$　　　　　C．$>$

(2) 铰链四杆机构存在曲柄的必要条件是最短杆与最长杆长度之和小于或等于其他两杆之和，而充分条件是取_____为机架。

    A．最短杆或最短杆相邻边　　　　B．最长杆　　　　C．最短杆的对边

(3) 一曲柄摇杆机构，若曲柄与连杆处于共线位置，则当_____为原动件时，称为机构的死点位置。

    A．曲柄　　　B．连杆　　　C．摇杆

(4) 当极位夹角 θ_____时，机构具有急回特性。

    A．<0　　　　B．>0　　　　C．$=0$

(5) 当行程速度变化系数 K_____时，机构具有急回特性。

    A．<1　　　　B．>1　　　　C．$=1$

(6) 若以_____为目的，则机构的死点位置可以加以利用。

    A．夹紧和增力　　　　　　B．传动

(7) 判断一个平面连杆机构是否具有良好的传力性能，可以_____的大小为依据。

    A．传动角　　B．摆角　　C．极位夹角

三、判断题(错 F，对 T)

(1) 平面连杆机构中，至少有一个连杆。　　　　　　　　　　　　　　　( )

(2) 平面连杆机构中，最少需要三个构件。　　　　　　　　　　　　　( )

(3) 平面四杆机构中若有曲柄存在，则曲柄必为最短杆。 （　　）

(4) 双曲柄机构中，曲柄一定是最短杆。 （　　）

(5) 平面连杆机构可利用急回特性，缩短非生产时间，提高生产率。 （　　）

(6) 平面连杆机构中，极位夹角θ越大，K值越大，急回运动的性质也越显著。 （　　）

(7) 机构的压力角越大，传力越费劲，传动效率越低。 （　　）

(8) 平面连杆机构中，压力角的补角称为传动角。 （　　）

(9) 有死点的机构不能产生运动。 （　　）

(10) 在实际生产中，死点现象对工作都是不利的，必须加以克服。 （　　）

四、简答题

(1) 什么叫连杆、连架杆、连杆机构？

(2) 铰链四杆机构的基本类型有几种？是什么？

(3) 铰链四杆机构曲柄存在的条件是什么？

(4) 满足杆长条件的四杆机构，取不同构件为机架可以得到什么样的机构？

(5) 曲柄滑块、摇块、定块和导杆机构是不是四杆机构，为什么？

(6) 什么叫连杆机构的急回特性？它用什么来表达？

(7) 什么叫极位夹角？它与机构的急回特性有什么关系？

(8) 什么叫死点？它与机构的自由度$F \leq 0$有什么区别？

(9) 什么叫连杆机构的压力角、传动角？研究传动角的意义是什么？

(10) 曲柄摇杆机构最小传动角出现在什么位置？如何判定？

五、实作题

(1) 试根据图4-31中注明的尺寸判断各铰链四杆机构的类型。

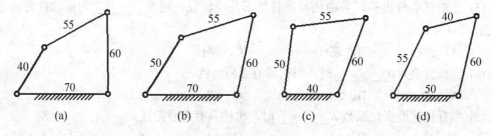

(a)　　　　　　　(b)　　　　　　　(c)　　　　　　　(d)

图4-31　铰链四杆机构

(2) 在铰链四杆机构中，各杆的长度分别为$a=28mm$，$b=52mm$，$c=50mm$，$d=72mm$，取杆d为机架时，试用图解法求：

① 该机构的极位夹角θ，摇杆c的最大摆角ψ；

② 求该机构的最小传动角γ_{min}；

③ 试讨论该机构在什么条件下具有死点位置，并绘图表示。

(3) 设计一曲柄摇杆机构。已知摇杆长度$l_3=100mm$，摆角$\psi=30°$，摇杆的行程速比系数$K=1.25$。试根据最小传动角$\gamma_{min} \geq 40°$的条件确定其余三杆的尺寸。

(4) 设计一偏置曲柄滑块机构。已知滑块的行程速比系数 $K=1.5$，滑块行程 $h=50\text{mm}$，偏距 $e=20\text{mm}$。试求曲柄柄长 l_{AB} 和连杆长 l_{BC}(作图比例 $\mu_1=2\ \text{mm}/\text{mm}$)。

(5) 设计一个夹紧装置的铰链四杆机构。已知连杆 BC 的长度 $l_{BC}=50\text{mm}$，连杆的两个位置如图 4-32 所示，要求达到夹紧位置 B_2C_2 时，机构处于死点位置，摇杆 C_2D 处于垂直位置。试设计该机构。

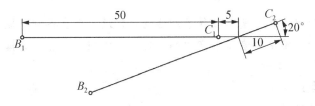

图 4-32　夹紧机构设计

第5章 凸轮机构

教学目标：

凸轮机构结构简单，容易实现较复杂的运动，广泛应用在各种机械、仪器和控制装置中。通过本章的学习，要求读者了解常用凸轮传动的类型、特点，掌握其工作原理和设计计算方法。

教学重点和难点：

- 凸轮机构的分类；
- 从动件的运动规律及特性；
- 按给定位移线图绘制移动从动件盘性凸轮。

案例导入：

图 5-1 所示为内燃机配气机构。凸轮 1 以等角速度回转，由于其具有变化的向径，当不同部位的轮廓与气阀上端平面接触时，可推动气阀 2 按一定的运动规律启闭气门。这是一个凸轮机构，通过本章学习读者将了解其组成、工作原理和设计方法。

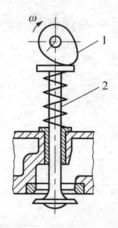

图 5-1　内燃机配气机构

5.1　凸轮机构的应用和分类

凸轮机构广泛应用于各种自动机械、自动控制装置和自动化生产线中。凸轮机构是由具有曲线轮廓或凹槽的机构，通过高副接触带动从动件实现预期运动规律的一种高副机构。

5.1.1　凸轮机构的应用

图 5-2 所示为偏心凸轮夹紧机构，该机构是一种快速动作的夹紧机构。力 **F** 作用在手

柄上使偏心轮 1 绕轴 O 转动，偏心轮的圆柱面压在垫板上，轴 O 向上移动，推动压板 2 夹紧工件 3。

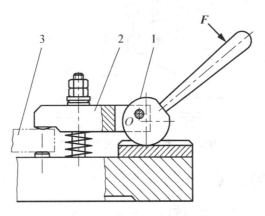

图 5-2　自动钻床夹紧机构

图 5-3 所示为某机床中的变速机构，图 5-3(a)通过转动手轮使圆柱凸轮 1 转动，圆柱凸轮通过滚子使从动件 2 摆动并通过拨叉 3 使三联滑移齿轮移动与不同齿轮啮合，达到变速的目的。图 5-3(b)所示为两轴上滑移齿轮变速机构，凸轮盘中开有凸轮槽，转动凸轮盘可通过两拨叉使两齿轮在各自的轴上分别有两个位置(为图中实线与虚线位置)。

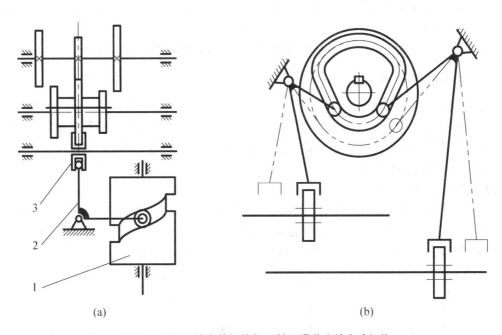

(a)　　　　　　　　　　　　　　　　(b)

图 5-3　圆柱凸轮变速机构与两轴上滑移齿轮变速机构

图 5-4 所示的凸轮 1 做周期左右移动时，从动件 2 做周期的上下移动。

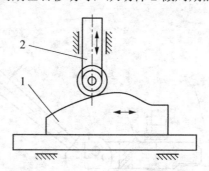

图 5-4　两轴上滑移齿轮变速机构

5.1.2　凸轮机构的分类

凸轮机构的类型很多，通常可按如下方法分类。

1. 按凸轮的形状分

1) 盘形凸轮

凸轮是具有变化向径的盘形构件，当它绕固定轴转动时，从动件在垂直于凸轮轴的平面内运动，如图 5-1、图 5-2、图 5-3(b)所示。盘形凸轮是凸轮的基本形式。

2) 移动凸轮

移动凸轮做直线往复移动，它可看成是轴心在无穷远处的盘形凸轮，如图 5-4 所示。

3) 圆柱凸轮

圆柱凸轮可看成是将移动凸轮卷绕在圆柱体上形成的，如图 5-3(a)所示。

2. 按从动件的形式分

1) 尖顶从动件凸轮机构

从动件与凸轮接触的一端为尖顶，如图 5-5(a)所示。尖顶从动件能与复杂的凸轮轮廓相接触，因而可实现复杂的运动规律。凸轮是点或线接触的高副机构，易磨损，故只适用于受力不大的低速凸轮机构中。

2) 滚子从动件凸轮机构

从动件上带有可自由转动的滚子，如图 5-5(b)所示。由于滚子和凸轮轮廓之间为滚动摩擦，比尖顶从动件耐磨损，故可承受较大的载荷。它是从动件中最常用的一种形式，但它的结构比较复杂，可实现的运动规律有局限性，而且滚子处有间隙，所以不适于高速传动。

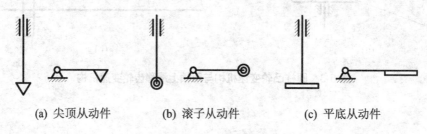

(a) 尖顶从动件　　　　(b) 滚子从动件　　　　(c) 平底从动件

图 5-5　从动件的形式

3) 平底从动件

从动件与凸轮接触的一端是平面，如图 5-5(c)所示。这种凸轮机构的传力性能好，当不考虑摩擦时，凸轮与从动件之间的作用力始终与从动件的平底相垂直(即压力角 $\alpha=0$)。当凸轮机构的回转速度较高时，接触面间易形成油膜，有利于润滑，故常用于高速凸轮机构中。但由于凸轮轮廓不能制成凹形，故运动规律受到一定限制。

以上三种从动件都可以相对机架做往复直线移动或往复摆动。为了使凸轮始终与从动件保持接触，可以利用重力、弹簧力或依靠凸轮上的凹槽来实现。

3．按从动件运动形式分

按从动件运动形式分有移动从动件和摆动从动件。图 5-1、图 5-4 所示的从动件做往复移动；图 5-2、图 5-3 所示的从动件做往复摆动。

4．空间凸轮机构

图 5-6 所示为几种空间凸轮机构的形式。图 5-6(a)和 5-6(b)为移动从动件的空间凸轮机构，图 5-6(a)中从动件的运动方向与凸轮转动轴线方向相同，图 5-6(b)中从动件的运动方向与凸轮转动轴线方向夹成一定角度 δ。图 5 6(c)、(d)和(e)为摆动从动件的空间凸轮机构，其中图 5-6(c)的圆柱凸轮从动件的摆角不能过大，图 5-6(d)和(e)的从动件可以有较大的摆角。

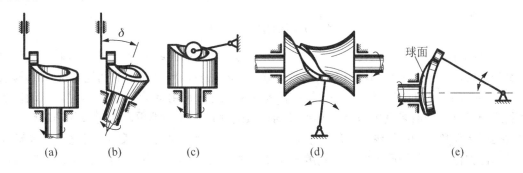

(a)　　　　(b)　　　　(c)　　　　(d)　　　　(e)

图 5-6　空间凸轮

5.1.3　凸轮机构的特点

凸轮机构的优点是：只需确定适当的凸轮轮廓就可使从动件得到预期的运动规律，结构简单、体积较小、易于设计，因此，广泛应用于各种机械、仪器和控制装置中。其缺点是：由于凸轮与从动件是高副接触，容易磨损，不宜用于大功率传动；又由于受凸轮尺寸限制，凸轮机构也不适用于要求从动件工作行程较大的场合。

5.2　凸轮机构从动件运动规律分析

设计凸轮机构时，首先应根据工作要求确定从动件的运动规律，然后按照这一运动规律设计凸轮轮廓线。

5.2.1 从动件的位移线图

图 5-7 为对心尖顶直动从动件盘形凸轮机构。凸轮轮廓是由 *ABCD* 所围成的凸形曲线和圆弧组成,其上的最小向径 r_0 称为凸轮的基圆半径,以 r_0 为半径所作的圆称作基圆。

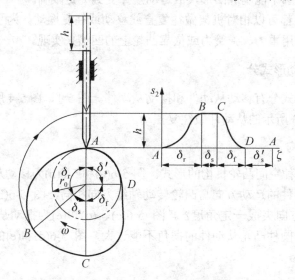

图 5-7 从动件的位移线图

当从动件的尖顶与凸轮轮廓上的 *A* 点(基圆与凸轮轮廓曲线的交点)相接触时,从动件处于上升的起始位置。当凸轮以等角速度 ω 顺时针转动时,向径渐增的凸轮轮廓 *AB* 与从动件尖顶接触,从动件以一定运动规律被凸轮推向上方,待由 *A* 点转到 *B* 点时,从动件上升到距凸轮回转中心最远的位置,从动件的这段运动过程称为推程,相对应的凸轮转角 δ_r 称为推程运动角。当凸轮继续回转,从动件尖顶与以 *O* 为中心的圆弧 *BC* 接触时,从动件在最远位置停留,此间凸轮转过的角度 δ_s 称为远休止角。当向径渐减的凸轮轮廓 *CD* 与从动件尖顶接触时,从动件以一定运动规律降回到初始位置,这一运动过程称为回程,所对应的凸轮转角 δ_f 称为回程运动角。随后当基圆 *DA* 弧与从动件尖顶接触时,从动件在距凸轮回转中心最近的位置停留不动,此间转过的角度 δ'_s 称为近休止角。凸轮连续回转,从动件将重复前面所述的升→停→降→停的运动循环,推杆在推程或回程中移动的距离 h 称为推杆的行程。

为了直观地表示出从动件的位移变化规律,可将上述从动件的运动规律画成曲线图,这一曲线图称为从动件的位移线图。直角坐标系的横坐标代表凸轮的转角 $\delta(t)$(或时间 t),纵坐标代表从动件的位移 s_2。这样可画出从动件位移 s_2 与凸轮转角 $\delta(t)$ 之间的关系曲线,即从动件的位移线图。位移线图 s_2-t 对时间 t 连续求导,可分别得到速度线图 v-t 和加速度线图 a-t。

在设计凸轮机构时,首先应按其在机械中所要完成的工作任务,选用从动件合适的运动规律,绘制出位移线图,并以此作为设计凸轮轮廓的依据。

5.2.2　从动件的常用运动规律

1. 等速运动规律

当凸轮等速回转时，从动件上升或下降的速度为一常数，这种运动规律称为等速运动规律。

图 5-8(a)给出的是从动件做等速运动时的位移、速度和加速度线图。由图可知，从动件在运动时，由于速度为常数，故其加速度为零。但在运动开始和终止的瞬时，速度有突变，理论上将产生无穷大的加速度和无穷大的惯性力，致使凸轮机构产生强烈的冲击，这种冲击称为刚性冲击。因此，等速运动规律只适用于低速轻载的场合，且不宜单独使用，在运动开始和终止段应当用其他运动规律过渡，以减轻刚性冲击。

2. 等加速等减速运动规律

等加速等减速运动规律是指从动件在一个行程中，前半行程做等加速运动，后半行程做等减速运动，通常前后半行程的加速度绝对值相等。采用此运动规律，可使凸轮机构的动力特性有一定的改善。

图 5-8(b)是从动件按等加速等减速运动规律运动的位移、速度和加速度线图。从运动线图可以看出，其速度曲线是连续的，但是在运动开始、终止和等加速等减速变换的瞬间，即图中 A、B、C 三点处，加速度有突变，不过这一突变为有限值，因而引起的冲击较小，称这种冲击为柔性冲击。等加速等减速运动规律适用于中、低速凸轮机构。

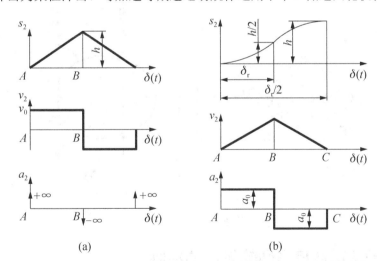

图 5-8　等速运动与等加速等减速运动

上述运动规律是多项式运动规律中常用的两种，工程上还常采用三角函数运动规律，如余弦加速度运动规律(又称简谐运动规律)和正弦加速度运动规律(又称摆线运动规律)。为适应现代机械对重载、高速的要求，还可选择其他类型的运动规律，或者将几种运动规律组合使用，以改善从动件的运动和动力特性。

5.3　凸轮轮廓曲线的设计

凸轮机构设计中，凸轮轮廓曲线设计是主要内容。其设计方法主要用解析法，而图解法直观、易行，适用于一般机械中要求不高的简单凸轮。本节只介绍用图解法绘制移动从动件盘形凸轮轮廓形的基本方法。

5.3.1　凸轮轮廓设计的反转法原理

用图解法绘制凸轮轮廓时，首先需要根据工作要求合理地选择从动件的运动规律，画出其位移线图，初步确定凸轮的基圆半径 r_0，然后绘制凸轮的轮廓。

由于凸轮工作时是转动的，而在绘制凸轮轮廓时，需要使凸轮与图纸相对静止，因此，凸轮轮廓设计采用了"反转法"原理。

根据相对运动关系，若给整个机构加上绕凸轮回转中心 O 的公共角速度 $-\omega$，机构各构件间的相对运动不变。而此时凸轮相对静止不动，原来固定不动的导路和从动件以角速度 $-\omega$ 绕 O 点转动，同时从动件按照给定的运动规律在导路中往复移动，如图 5-9 所示。由于从动件尖顶始终与凸轮轮廓相接触，所以，反转后尖顶的运动轨迹就是凸轮轮廓。下面介绍几种常用类型的盘形凸轮轮廓的绘制方法。

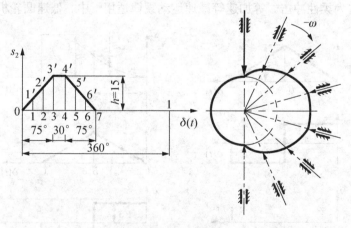

图 5-9　反转法原理

5.3.2　直动从动件盘形凸轮轮廓的绘制

1. 对心直动尖顶从动件盘形凸轮轮廓的绘制

图 5-10(a)为一对心直动尖顶从动件盘形凸轮机构。已知凸轮的基圆半径为 r_0，设凸轮以等角速度 ω 逆时针转动。要求按照给定的从动件位移线图(图 5-10(b))绘出凸轮轮廓。

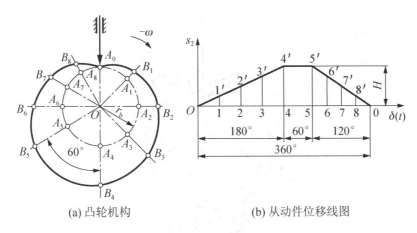

(a) 凸轮机构　　　　　　　(b) 从动件位移线图

图 5-10　对心直动尖顶从动件盘形凸轮机构

作图步骤:

(1) 选定合适的比例尺,以 r_0 为半径作基圆,此基圆与导路的交点 A_0 即是从动件尖顶的起始位置。另外以同　长度比例尺和适当的角度比例尺作出从动件的位移线图 s_2-δ。

(2) 将位移线图的推程运动角和回程运动角等分。

(3) 自 OA_0 沿 $-\omega$(顺时针)方向依次取角度 45°、45°、45°、45°、60°、30°、30°、30°、30° 与图 5-10(b)中的各分点相对应,这些角度在基圆上得到点 A_1,A_2,A_3,…,A_8。

(4) 过点 A_1,A_2,A_3,…,A_8 作射线,这些射线 OA_1,OA_2,OA_3,…,OA_8 便是反转后从动件导路的各个位置。

(5) 量出图 5-10(b)中相应的各个位移量 s_2,截取 $A_1B_1=11'$,$A_2B_2=22'$,$A_3B_3=33'$,…,$A_8B_8=88'$,得反转后尖顶的一系列位置 B_1,B_2,B_3,…,B_8。

(6) 将 A_0,B_1,B_2,B_3,…,B_8 点连成光滑的曲线,便得到所要求的凸轮轮廓。

画图时,推程运动角和回程运动角的等分数要根据运动规律的复杂程度和精度要求来决定。运动规律复杂时,等分数往往要多一些。

2. 对心直动滚子从动件盘形凸轮轮廓的绘制

如果用滚子从动件凸轮机构来实现图 5-10(b)所示的从动件位移线图,则应按下述方法来设计盘形凸轮轮廓,如图 5-11 所示。凸轮轮廓的绘制方法分两步。

(1) 把滚子中心视为尖顶从动件的顶点,按图 5-10 方法先求得尖顶从动件盘形凸轮轮廓线,求出的凸轮轮廓线称为滚子从动件盘形凸轮的理论轮廓线。

(2) 以理论轮廓线上各点为圆心,以滚子半径为半径,画一系列圆,这些圆的内包络线便是滚子从动件盘形凸轮的实际轮廓线。

由作图过程可知,滚子从动件盘形凸轮的基圆半径 r_0 应当在理论轮廓上度量。同一理论轮廓线的凸轮,当滚子半径不同时就有不同的实际轮廓线,它们与相应的滚子配合均可实现相同的从动件运动规律。因此,凸轮制成后,不可随意改变滚子半径,否则从动件的运动规律将会改变。

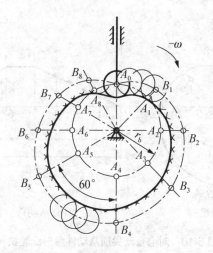

图 5-11 对心直动滚子从动件盘形凸轮

3. 对心直动平底从动件盘形凸轮轮廓的绘制

平底从动件的凸轮轮廓绘制方法如图 5-12 所示。首先将从动件的平底与导路中心的交点 A_0 看作尖顶从动件的尖顶，按照尖顶从动件凸轮绘制的方法，求出导路与基圆的交点 A_1，A_2，A_3，…，A_8 各点，过这些点根据从动件位移线图的对应行程画出一系列位置 B_1，B_2，B_3，…，B_8 各点，并由这一系列点画出代表平底的直线，得一直线族，即代表反转过程中从动件平底依次占据的位置。然后作这些平底的内包络线，即可得凸轮的实际轮廓线。由图 5-12 可以看出平底上与凸轮实际轮廓线相切的点是随机构位置而变化的，因此，为了保证在所有位置从动件平底都能与凸轮轮廓曲线相切，凸轮的所有轮廓线必须都是外凸的，并且平底左、右两侧的宽度应分别大于导路中心线至左、右最远切点的距离 L_{min} 和 L_{max}。

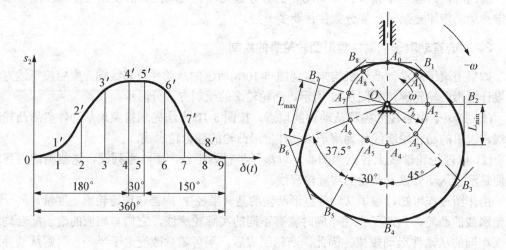

图 5-12 对心直动平底从动件盘形凸轮

5.4　凸轮机构设计时应注意的几个问题

在设计凸轮机构时，不仅要保证从动件实现预定的运动规律，还要求传力性能良好、结构紧凑，因此，在绘制凸轮时，应注意下面几个问题。

5.4.1　滚子半径的选择

增大滚子半径对减小凸轮与滚子间的接触应力有利，但是，滚子半径增大后对凸轮实际轮廓线有很大影响。图 5-13(a)所示为内凹的凸轮轮廓曲线，实际轮廓线的曲率半径 ρ_a 等于理论轮廓线曲率半径 ρ 与滚子半径 r_r 之和，即 $\rho_a = \rho + r_r$。这样，不论滚子半径大小如何，凸轮的实际廓线总是存在的。

图 5-13(b)所示为外凸的凸轮轮廓线，其实际轮廓线的半径 ρ_a 等于理论轮廓线曲率半径 ρ 与滚子半径 r_r 之差，即 $\rho_a = \rho - r_r$。当 $\rho > r_r$ 时，实际轮廓线为一平滑曲线；当 $\rho = r_r$ 时，$\rho_a = 0$，在凸轮实际轮廓线上将产生尖点，如图 5-13(c)所示。由于尖点的接触应力很大，极易磨损，会改变原定的运动规律，故应避免 $\rho = r_r$ 这种情况的出现。

当 $\rho < r_r$ 时，$\rho_a < 0$，实际轮廓线相交，如图 5-13(d)所示。图中黑影部分的轮廓线在实际加工时将被切去，因此，凸轮机构工作时，这部分运动规律无法实现，即出现运动失真，这是不允许的。

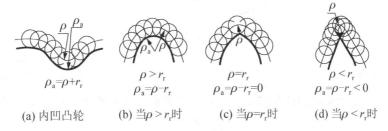

$$\rho_a = \rho + r_r \qquad \begin{array}{c}\rho > r_r \\ \rho_a = \rho - r_r\end{array} \qquad \begin{array}{c}\rho = r_r \\ \rho_a = \rho - r_r = 0\end{array} \qquad \begin{array}{c}\rho < r_r \\ \rho_a = \rho - r_r < 0\end{array}$$

(a) 内凹凸轮　　(b) 当 $\rho > r_r$ 时　　(c) 当 $\rho = r_r$ 时　　(d) 当 $\rho < r_r$ 时

图 5-13　滚子半径的选择

为了使凸轮轮廓在任何位置都不变尖更不相交，滚子半径必须小于理论轮廓外凸部分的最小曲率半径 ρ_{min}(理论轮廓的内凹部分对滚子半径的选择没有影响)。如果 ρ_{min} 过小，则允许选择的滚子半径太小而不能满足安装和强度要求时，应当把凸轮基圆半径加大，重新设计凸轮轮廓线。

5.4.2　压力角

凸轮机构的压力角是指从动件运动方向与其受力方向所夹的锐角。

图 5-14 所示为尖顶直动从动件盘形凸轮机构在推程的一个瞬时位置。若不考虑摩擦的影响，则凸轮对从动件的作用力 F_n 沿法线 n-n 方向，从动件运动方向与 n-n 方向之间的夹角 α 即为压力角。力 F_n 可以分解为沿从动件运动方向的有效分力 $F_1 = F_n \cos \alpha$ 和使从动件压紧导路的有害分力 $F_2 = F_n \sin \alpha$。

压力角 α 越大，则有害分力 F_2 就越大，机构的效率越低。当 α 增大到一定程度，F_2

所引起的摩擦力大于有效分力 F_1，凸轮机构将发生自锁，因此，应对压力角 α 加以限制。凸轮轮廓曲线上各点的压力角是变化的，设计时应使最大压力角不超过许用值，即 $\alpha_{max} \leqslant [\alpha]$。一般设计中，许用压力角 $[\alpha]$ 的推荐值如下。

直动从动件推程中：$[\alpha] = 30° \sim 35°$；

摆动从动件推程中：$[\alpha] = 40° \sim 45°$；

从动件在回程中一般不承受工作载荷，只是在重力或弹簧力等作用下返回，所以，回程发生自锁的可能性很小，因此不论是直动从动件还是摆动从动件凸轮机构，其回程的许用压力角均可取 $[\alpha] = 70° \sim 80°$。如果 α_{max} 超过许用值，则应考虑修改设计，通常采用加大凸轮基圆半径的方法，使 α_{max} 减小。

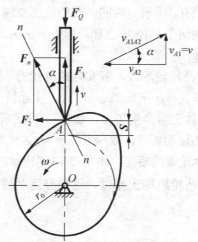

图 5-14　凸轮机构受力分析

5.4.3　基圆半径

由图 5-14 可知，从动件的位移 s 与 A 点处凸轮向径 r 和基圆半径 r_0 的关系为

$$r = r_0 + s$$

从动件位移 s 根据工作需要应事先给定。如果凸轮的基圆半径 r_0 增大，r 也增大，凸轮机构的尺寸相应增大。因此，为使凸轮机构紧凑，r_0 应尽可能取小一些。但是，根据凸轮机构的运动规律分析，凸轮上 A 点的速度为 $v_{A2} = \omega(r_0 + s)$，方向垂直于 OA。而从动件上 A 点的速度 v 沿 OA 方向。由图 5-14 中的速度多边形可以求出从动件上 A 点的速度 $v = v_{A1}$，即：

$$v = v_{A1} = v_{A2} \tan \alpha = \omega(r_0 + s) \tan \alpha$$

$$r_0 = \frac{v}{\omega \tan \alpha} - s \tag{5-1}$$

由式(5-1)可知，当给定运动规律后，v、ω 和 s 均为确定值，如果要减小凸轮的基圆半径 r_0，就要增大从动件的压力角 α，基圆半径过小，则压力角将超过许用值，使得机构效率太低，甚至发生自锁。为此，只能在保证最大压力角不超过许用值的条件下，缩小凸轮机构尺寸。基圆半径推荐为

$$r_0 = (0.8 \sim 1)d + r_r$$

式中，d 为凸轮轴直径；r_r 为滚子半径。

5.5 实验与实训

实验目的

(1) 掌握运用反转法原理求解凸轮轮廓线的方法;

(2) 掌握基圆半径的确定方法;

(3) 掌握理论轮廓线与实际轮廓线的应用。

实验内容

已知偏心距为 $e=10\text{mm}$，基圆半径为 r_0，凸轮以等角速度 ω 顺时针转动，从动件运动规律如图 5-15 所示。用图解法设计偏置直动滚子从动件盘形凸轮。试分析：若改变基圆半径为 r_0 或滚子半径后，对盘形凸轮轮廓线有何影响。

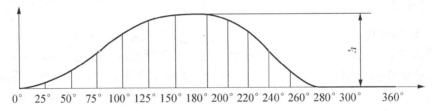

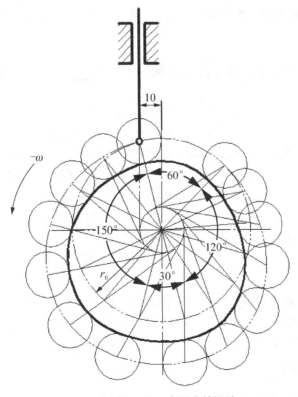

图 5-15 盘形凸轮设计

实训要求

用作图法完成偏置直动平底从动件盘形凸轮轮廓曲线的设计,并写出作图步骤。

实验总结

由本实训设计过程可知,进行凸轮轮廓曲线的设计,关键要掌握两点:首先是反转法原理,其次是从动件的导路。

另外,从动件类型不同,一定要分清理论轮廓线和实际轮廓线,并了解它们之间的关系。

5.6 习 题

一、填空题

(1) 凸轮机构由_____、_____和_____3个基本构件组成。

(2) 平底从动件凸轮机构的传力性能好,当不考虑摩擦时,凸轮与从动件之间的作用力始终与从动件的平底相_____。当凸轮机构的回转速度较高时,接触面间易形成_____,有利于_____。但由于凸轮轮廓不能制成_____,故运动规律受到一定限制。

(3) 在设计凸轮机构时,首先应按其在机械中所要完成的工作任务,选用从动件合适的_____,绘制出_____,并以此作为设计凸轮轮廓的依据。

(4) 凸轮机构的压力角是指从动件运动_____与其受_____方向所夹的_____角。

二、选择题

(1) 当凸轮等速回转时,从动件上升或下降的速度为_____,这种运动规律称为等速运动规律。

    A. 等加速   B. 等减速

    C. 一常数   D. 前一半等加速,后一半等减速

(2) 设无内凹曲线的盘形凸轮的实际轮廓线的曲率半径为 ρ_a,理论轮廓线曲率半径为 ρ,滚子半径为 r_r,实际设计时,应当保证_____,以免改变从动件原定的运动规律。

    A. $\rho > r_r$ B. $\rho = r_r$

    C. $\rho < r_r$ D. ρ 和 r_r 可取随意值

(3) 凸轮机构中从动件的运动规律取决于_____。

    A. 凸轮的转速   B. 凸轮的廓线

    C. 基圆半径大小   D. 压力角大小

(4) 如果 $\alpha_{max} > [\alpha]$,通常采用_____的方法,使 $\alpha_{max} < [\alpha]$。

    A. 加大基圆半径 r_0 B. 减小基圆半径 r_0

    C. 加大滚子半径 r_r D. 减小滚子半径 r_r

三、判断题(错 F,对 T)

(1) 基圆半径越小凸轮机构越紧凑,凸轮压力角就越小。   (   )

(2) 基圆半径越小凸轮机构越紧凑，凸轮传力性能越好，运转越灵活。 （   ）

(3) 凸轮机构是高副机构，接触应力大，一般用于传力不大的场合。 （   ）

(4) 滚子从动件盘形凸轮的实际轮廓线是理论轮廓线的等距线。因此，其实际轮廓线上各点的向径就等于理论轮廓线上各点的向径减去滚子的半径。 （   ）

(5) 两个凸轮机构，只要其凸轮盘的形状和尺寸一样，则两个从动件的运动规律必然一样。 （   ）

四、简答题

(1) 滚子从动件凸轮机构的实际轮廓线能否由理论轮廓线上各点的向径减去滚子的半径来求得？为什么？

(2) 试分析滚子半径的大小对凸轮实际轮廓线的影响。

(3) 凸轮基圆半径的选择与哪些因素有关？

(4) 凸轮机构的种类有哪些？在选择凸轮机构时应考虑哪些因素？

(5) 从动件的常用运动规律有哪几种？它们各有何特点？各适用于什么场合？

(6) 在用反转法设计盘形凸轮的轮廓线时应注意哪些问题？直动从动件盘形凸轮机构和摆动从动件盘形凸轮机构的设计方法各有何特点？

(7) 何谓凸轮的理论轮廓线？何谓凸轮的实际轮廓线？两者有何区别和联系？

(8) 何谓凸轮机构的压力角？压力角的大小与凸轮的尺寸有何关系？压力角的大小对凸轮机构的作用力和传动力有何影响？为什么回程时许用压力角可取大些？若发现压力角超过许用值，可采取何措施减小推程压力角？

(9) 何谓运动失真？应如何避免运动失真现象？

五、实作题

(1) 图 5-16 所示为一对心滚子移动从动盘形凸轮机构，凸轮轮廓线由 4 段圆弧和 4 段直线光滑连接而成，用作图法求：

① 绘出凸轮的理论轮廓线；

② 绘出凸轮的基圆；

③ 标出从动件的行程 h；

④ 标出最大压力角出现的位置并画出该压力角。

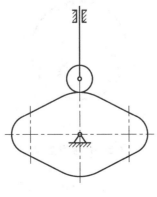

图 5-16　实作题(1)

(2) 在图 5-17 中所示的从动件运动规律图中，各段运动规律未表示完全，请根据给定部分补足其余部分(用示意图表示即可)。

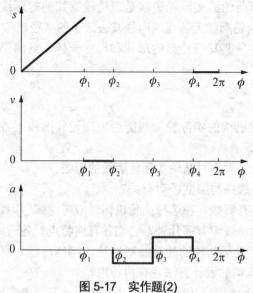

图 5-17　实作题(2)

(3) 在图 5-18 中所示的对心滚子直动从动件盘形凸轮机构中，已知凸轮为一半径 $R=30mm$ 的偏心圆盘，凸轮回转中心 O 到圆盘中心 A 的距离 $OA=15mm$，滚子半径 $r_r=10mm$。试用图解法作出：

① 凸轮的理论轮廓线；

② 凸轮的基圆；

③ 图示位置的压力角 α；

④ 从动件的位移曲线 $s\text{-}\phi$；

⑤ 最大位移 h。

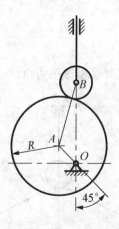

图 5-18　实作题(3)

第6章　间歇运动机构

教学目标：

工农业生产中所用的自动机、半自动机上常用到将主动件的连续运动改变为从动件的周期性运动的间歇机构。本章主要介绍最常用的棘轮机构、槽轮机构，并简要介绍不完全齿轮机构、凸轮间歇运动机构、空间间歇运动机构。

通过本章的学习，要求读者了解这些常用间歇机构的类型、特点，了解其工作原理和必要的设计计算方法，以便在工程实际中能够分析选用。

教学重点和难点：

● 棘轮机构的特点及运动规律；
● 棘轮机构的主要参数和几何尺寸；
● 槽轮机构的特点及运动规律；
● 槽轮机构的主要参数和几何尺寸。

案例导入：

当主动件连续运动时，从动件出现周期性停歇状态的机构称为间歇运动机构。间歇运动机构在自动化机械中获得广泛应用，例如第一章图 1-1 自动组装机工作台的运动，由槽轮机构完成了间歇运动。间歇运动机构在自动机床的进给机构、刀架的转位机构、包装机的送进机构和电影放映机构等机构中也获得了广泛应用。通过本章的学习，读者将能够较正确地选用间歇运动机构。

6.1　棘　轮　机　构

6.1.1　棘轮机构的组成和工作原理

棘轮机构主要由棘轮、棘爪、摇杆和机架组成，如图 6-1 所示。棘轮 2 与轴相连接，驱动棘爪 3 与摇杆 1 组成转动副。摇杆空套在轴 4 上做往复摆动。当摇杆逆时针摆动时，使驱动棘爪 3 插入棘轮 2 的齿槽中，推动棘轮沿逆时针方向转过一定角度；当摇杆顺时针方向摆动时，驱动棘爪在棘轮的齿上滑过，此时，弹簧 6 迫使止回棘爪 5 插入棘轮的齿槽，阻止棘轮反转。因此，当摇杆做连续往复摆动时，棘轮单向间歇转动。

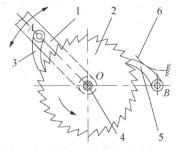

图 6-1　棘轮机构

1—摇杆；2—棘轮；3—棘爪；4—轴；5—止回棘爪；6—弹簧

6.1.2 棘轮机构的类型和应用

棘轮机构的类型较多,分类方法也各不相同。按棘爪与轮齿的啮合方式可分为外啮合方式和内啮合方式两种;按结构形式可分为齿式和摩擦式两种;按运动形式可分为单动式、双动式和双向式三种。下面介绍几种常见的棘轮机构。

1. 单动式棘轮机构

图 6-1 所示的棘轮机构为单动式棘轮机构,其特点是当主动件往、复摆动一次,棘轮只能单向间歇转动一次。

2. 双动式棘轮机构

图 6-2(a)为直头双动式棘爪,图 6-2(b)为钩头双动式棘爪。其特点是当主动件往复摆动时都能驱使棘轮向同一方向转动,但每次停歇的时间较短,棘轮每次的转角也较小。

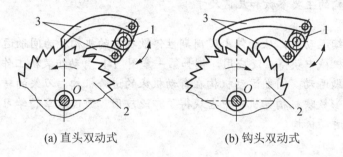

(a) 直头双动式   (b) 钩头双动式

图 6-2 双动式棘轮机构

3. 可变向棘轮机构

图 6-3(a)为一种可变向棘轮机构,其棘轮轮齿为方形,通过改变棘爪的位置,棘轮可做变向的间歇运动。摇杆 1 往复摆动,当棘爪 3 处于图的实线位置时,棘轮 2 沿逆时针方向做间歇运动,当棘爪翻转到图的点画线位置时,棘轮将沿顺时针方向做间歇运动。

图 6-3(b)为另一种可变向棘轮机构。摇杆 1 往复摆动,当棘爪 3 在图示位置时,棘轮 2 沿逆时针方向做间歇运动。若将棘爪连同定位销提起并绕自身轴线转 180° 后,再插入棘轮齿中,棘轮将做顺时针方向间歇运动;若将棘爪连同定位销提起绕自身轴线转 90° 后(此处无定位销孔),再插入棘轮齿中,棘爪将被架在壳体顶部的平面上,使棘轮与棘爪分开,此时,当棘爪往复摆动时,棘轮静止不动。牛头刨床工作台的进给机构使用的就是这种机构。

4. 摩擦式棘轮机构

图 6-4(a)为外啮合摩擦式棘轮机构,图 6-4(b)为内啮合摩擦式棘轮机构。这种机构用摩擦轮代替棘轮,偏心摩擦块代替棘爪,通过摩擦力来传递运动,传动平稳无噪声,传动

件转角可实现无级改变。其缺点是有时会出现打滑现象，因而不适合于有传动精度和传递
转矩要求的场合。

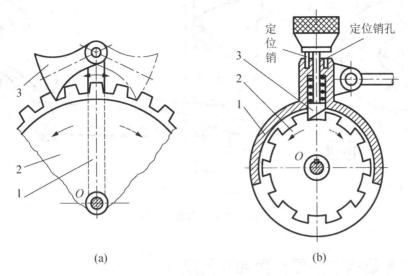

(a)　　　　　　　　　　　　　(b)

图 6-3　可变向棘轮机构

1—摇杆；2—棘轮；3—棘爪

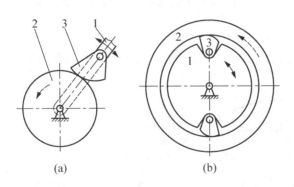

(a)　　　　　　　　　　　(b)

图 6-4　摩擦式棘轮机构

棘轮机构结构简单、制造方便、运动可靠，棘轮轴每次转过的角度的大小可以在较大
的范围内调节，广泛应用于各种自动机械和仪表中。其缺点是在运动开始和终止时都会产
生冲击，而且运动精度较差，所以不宜用于高速机械和具有很大质量的轴上。棘轮机构除
用于实现间歇运动外，也可用于防止机构逆转的停止器中，图 6-5(a)所示的这种棘轮停止
器广泛用于卷扬机、提升机等运输机设备中。图 6-5(b)所示为牛头刨床进给机构中使用的
可变向棘轮机构。

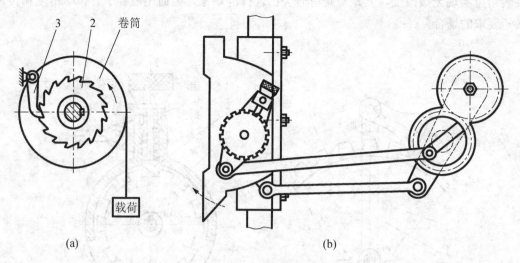

图 6-5 提升机棘轮停止器

6.1.3 棘轮机构的主要参数和几何尺寸

1. 棘轮齿面倾斜角 α

棘轮齿面与径向线所夹角 α 称为齿面倾斜角，如图 6-6 所示。棘爪轴心 O_1 与轮齿顶点 A 的连线 O_1A 与过 A 点的齿面法线 n-n 的夹角 φ 称为棘爪轴心位置角。应使

$$\varphi > \rho \tag{6-1}$$

式中，ρ 为齿与爪间的摩擦角，一般可取 $\rho = 8.5° \sim 11.3°$，通常取 $\varphi = 20°$。

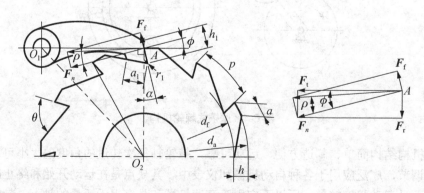

图 6-6 棘爪受力分析

2. 棘轮、棘爪的几何尺寸

棘轮和棘爪的几何尺寸计算公式见表 6-1。

表6-1　棘轮机构几何尺寸的计算公式

名　称	符　号	计　算　公　式	备　注
模　数	m	$m=d/z$ 由强度计算或类比法确定，并选用标准值	标准模数：1，1.5，2，3，3.5，4，5，6，8，10，12，14，16 等
齿　数	z	通常在 12～60 范围内选用	
顶圆直径	d_a	$d_a=mz$	
齿　高	h	$h=0.75m$	
根圆直径	d_f	$d_f=d-2h$	
齿　距	p	$p=\pi d/z=\pi m$	
齿顶厚	a	$a=m$	
齿槽夹角	θ	$\theta=60°$ 或 $55°$	根据铣刀的角度而定
棘爪工作高度	h_1	当 $m\leqslant2.5$ 时，$h_1=h+(2\sim3)$；$m=3\sim5$ 时，$h_1=(1.2\sim1.7)m$	
棘爪尖顶圆角半径	r_1	$r_1=2$	
棘爪底平面长度	a_1	$a_1=(0.8\sim1)m$	
齿　宽	b	$b=\psi_m m$ 式中，ψ_m 为齿宽系数，铸铁 $\psi_m=1.5\sim6.0$；铸钢 $\psi_m=1.5\sim4.0$；锻钢 $\psi_m=1\sim2$	

6.2　槽　轮　机　构

6.2.1　槽轮机构的工作原理

在图 6-7 中，槽轮机构由带有圆销的主动拨盘 1、圆销 3、具有径向槽的槽轮 2 和机架组成。当拨盘沿逆时针方向做匀速连续转动时，槽轮的内凹锁住弧 $2\phi_2$ 被拨盘上的外凸圆弧 $2\phi_1$ 卡住，槽轮静止不动。当销 3 开始进入槽轮的径向槽时，锁住弧被松开，圆销驱动槽轮转动。当圆销开始脱出径向槽时，槽轮的另一内凹锁住弧又被拨盘上的外凸圆弧卡住，致使槽轮静止不动。直到圆销再次进入下一个径向槽时，再驱动槽轮转动。如此重复循环，使槽轮实现单向间歇转动。图 6-7 是具有 4 个径向槽的槽轮机构，当拨盘转动一周时，槽轮只转过 1/4 周。同理，对于六槽槽轮机构，当拨盘转动一周时，槽轮只转过 1/6 周，依此类推。

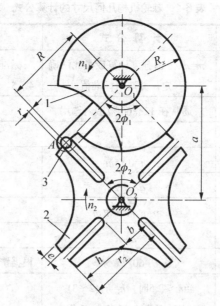

图 6-7　槽轮机构

1—主动拨盘；2—从动槽轮；3—圆销

　　槽轮机构结构简单、工作可靠、机械效率高，在进入和脱离接触时运动比较平稳，能准确控制转动角度。但槽轮的转角不可调节，故只能用于定转角的间歇运动机构中，如自动机床、电影机械、包装机械等。图 6-8(a)为转塔车床刀架转位装置，图 6-8(b)为电影放映机构中用于卷片的槽轮机构。

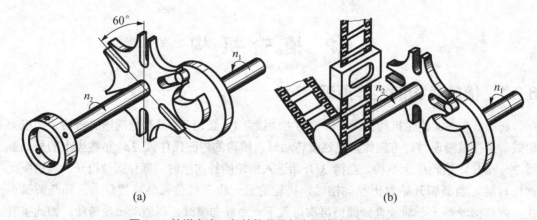

(a)　　　　　　　　　　　　　　　　　　　(b)

图 6-8　转塔车床刀架转位装置与电影放映机构卷片机构

6.2.2　槽轮机构的主要参数和几何尺寸计算

1. 槽轮机构的主要参数

　　槽轮机构的主要参数为槽轮的槽数 z 和拨盘上的圆柱销数 K，如图 6-7 所示。为了使槽轮开始和终止转动的瞬时角速度为零，避免圆柱销与槽轮发生冲击，应使圆柱销进入或退出径向槽时，槽的中心线 O_2A 垂直于圆柱销中心的回转半径 O_1A。设 z 为槽轮上均匀分布的径向槽数，当槽轮 2 转过 $2\varphi_2$ 弧度时，拨盘 1 的转角 $2\varphi_1$ 为

$$2\varphi_1 = \pi - 2\varphi_2 = \pi - \frac{2\pi}{z}$$

在一个运动循环内，槽轮的运动时间 t_2 与拨盘 1 转一周的运动时间 t_1 之比称为运动系数 τ。当拨盘 1 匀速转动时，τ 可用 $2\varphi_1$ 与 2π 之比表示，即

$$\tau = \frac{t_2}{t_1} = \frac{2\varphi_1}{2\pi} = \frac{\pi - \frac{2\pi}{z}}{2\pi} = \frac{1}{2} - \frac{1}{z} = \frac{z-2}{2z} \tag{6-2}$$

由式(6-2)可知：

(1) 对于间歇运动机构，运动系数 τ 必须大于零，故槽轮的槽数 z 应等于或大于 3；

(2) 单圆柱销槽轮机构的 τ 值总是小于 0.5，即槽轮的运动时间总是小于静止时间；

(3) 如要求槽轮每次转动的时间大于停歇的时间，即 $\tau > 0.5$，则可在拨盘上安装多个圆柱销。设均匀分布的圆柱销数目为 K，则在一个运动循环内，槽轮的运动时间为只有一个圆柱销时的 K 倍，即

$$\tau = \frac{K(z-2)}{2z} < 1 \tag{6-3}$$

$\tau = 1$ 表示槽轮做连续转动，故 τ 应小于 1，即

$$K < \frac{2z}{z-2} \tag{6-4}$$

由式(6-4)可知：当 $z=3$ 时，K 可取 1～5；当 $z=4$ 或 5 时，K 可取 1～3；当 $z \geqslant 6$，K 可取 1～2。

由于当 $z=3$ 时，槽轮在工作过程中角速度变化大；当中心距一定时，z 越多槽轮的尺寸越大，转动时的惯性力矩也越大；且由式(6-2)可知，当 $z>9$ 时，随槽数 z 的增加，τ 的变化不大，故通常取 $z=4$～8。

2．槽轮机构几何尺寸的计算

槽轮机构的基本尺寸计算公式见表 6-2。

表 6-2　外啮合槽轮机构几何尺寸的计算公式

名　　称	符　号	计 算 公 式	备　　注
圆柱销的回转半径/mm	R	$R = a\sin\dfrac{\pi}{z}$	a 为中心距，z 为槽数
圆柱销半径/mm	r	$r \approx \dfrac{1}{6}R$	
槽 顶 高/mm	r_2	$r_2 = a\cos\dfrac{\pi}{z}$	

续表

名　称	符　号	计算公式	备　注
槽底高/mm	b	$b < a - (R+r)$ 一般取 $b = a - (R+r) - (3\sim5)$	
槽　深/mm	h	$h = R - b$	
锁住弧半径/mm	R_x	$R_x = K_z a$ 其中 K_z 的数值从下表中选取 z ＿ 3 ＿ 4 ＿ 5 ＿ 6 ＿ 8 K_z ＿ 1.4 ＿ 0.7 ＿ 0.48 ＿ 0.34 ＿ 0.2	
锁住弧张开角/(°)	γ	$\gamma = \dfrac{2\pi}{K} - 2\phi_1 = 2\pi\left(\dfrac{1}{K} + \dfrac{1}{z} - \dfrac{1}{2}\right)$	
槽顶侧壁厚/mm	e	$e > 3\sim5\mathrm{mm}$	

6.3　其他间歇运动机构

6.3.1　不完全齿轮机构

　　不完全齿轮机构是由普通渐开线齿轮机构演化而成的一种间歇运动机构。图 6.9(a)所示为外啮合不完全齿轮机构,其主动轮转 1 周时,从动轮 2 转 1/6 周,从动轮 2 每周停歇 6 次;当主动轮 1 上的锁住弧 S_1 与从动轮 2 上的锁住弧 S_2 相互配合时,从动轮便停歇。图 6-9(b)所示为内啮合不完全齿轮机构。图 6-9(c)所示为不完全齿轮齿条机构,此时,轮 2 的转动变为齿条的往复直线移动。

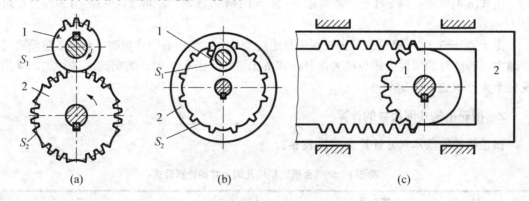

(a)　　　　　　　　　(b)　　　　　　　　　(c)

图 6-9　不完全齿轮机构

6.3.2　凸轮间歇运动机构

　　常用的凸轮间歇运动机构有如下 4 种形式。

1. 圆柱凸轮分度机构

　　圆柱凸轮分度机构如图 6-10(a)所示,圆柱凸轮 1 带有沟槽或凸脊,从动盘 3 上装有若干圆柱销 2，从动盘 3 的轴线与凸轮 1 的轴线形成 90°的交错角。主动凸轮 1 通过螺旋沟槽推动圆柱销 2，从而带动从动盘 3 做间歇运动。当凸轮转过沟槽曲面所对应的角度 α 时，从动盘转过相邻两销所夹的中心角 $2\pi/z$，其中 z 为柱销数目，一般 $z>6$，甚至高达 60。当凸轮继续转过剩余角度 $(2\pi-\alpha)$ 时，从动件静止不动。这样，当主动凸轮连续或周期性转动时，从动盘做间歇转动。该机构可传递交错轴间的分度运动，凸轮沟槽曲面由从动盘的运动规律决定。该机构动力性能好，可传递较大的力矩。

2．蜗杆凸轮间歇机构

蜗杆凸轮间歇机构如图 6-10(b)所示，主动凸轮 1 上有一条凸脊如同蜗杆，故称其为蜗杆凸轮，凸脊曲面由从动件运动规律决定。从动盘 3 上均匀地安装着圆柱销 2，一般常用滚动轴承代替，并可采取预紧的方法消除间隙。凸轮 1 通过圆柱销 2(即滚动轴承)来带动从动盘做间歇转动。这种机构可以通过改变凸轮与从动盘中心距的方法调整圆柱销与凸轮凸脊的配合间隙，借以补偿磨损。该机构动力性能好，可用于高速分度，圆柱销数目一般大于 6。

3．螺旋凸缘凸轮间歇机构

螺旋凸缘凸轮间歇机构如图 6-10(c)所示，主动圆盘凸轮 1 以螺旋凸缘带动从动件 3 上的滚子 2，使 3 做间歇转动。在 θ 角范围内，凸轮 1 的螺旋凸缘驱动滚子 2 运动，在 θ 角外的其他部分则限制滚子运动，以保证从动轮停歇不动。螺旋凸缘凸轮设计取决于从动圆盘的运动要求。

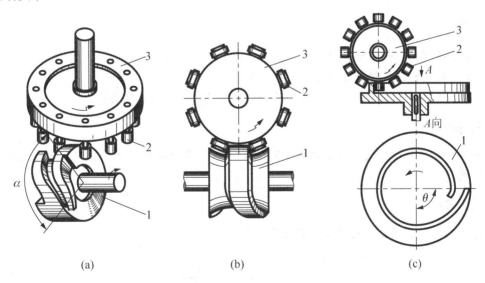

(a)　　　　　　　　　(b)　　　　　　　　　(c)

图 6-10 凸轮间歇运动机构

4．空间槽轮运动机构

图 6-11 所示为空间槽轮机构。主动销轮 1 的轴线垂直槽轮 3 的轴线并通过槽轮球形中心。主动销轮 1 的球形转臂上固定有圆柱销 2，圆柱销 2 的轴线也垂直于槽轮 3 的轴线并通过槽轮球形中心。主动销匀速转动时，通过圆柱销 2 驱动槽轮 3 做间歇转动。槽轮的槽

数不应小于 3，槽数越多动力性能越好，当槽数大于 7 时，槽轮的角速度与角加速度的变化很小。主动销轮上的圆柱销只能有一个。这种机构空间机构简单、运动平稳、动停时间相同，但制造困难。

图 6-11 空间槽轮运动机构

6.4 实　　训

实训目的

(1) 了解槽轮机构运动系数的含义。

(2) 了解槽轮机构槽数 z 的选择及其应用。

(3) 了解圆销出入口时，销中心和销轮中心及槽轮中心的几何关系。

实训内容

自动机的 5 工位槽轮机构每次停歇时间(即加工所需时间)为 20s，试设计实现此运动要求的机构。

实训总结

通过实训了解间歇机构设计中应注意：运动的冲击与锁止。

6.5 习　　题

一、填空题

(1) 典型的_____机构是以棘爪所在杆为主动件做_____而使从动件_____做单向_____转动的机构。

(2) 典型的_____机构是一个圆销的销轮单向连续运动，带动一个至少有_____均布径向直槽的_____做单向_____转动的机构。

二、判断题(错 F，对 T)

(1) 棘轮机构、槽轮机构和凸轮机构一样都能实现从动件的往复运动。　　　(　　)

(2) 棘轮机构工作时，只能朝着一个方向间歇地转动。　　　　　　　　　(　　)

(3) 槽轮机构因运转中有较大动载荷，特别是槽数少时更为严重。所以，不宜用于高速转位的场合。　　　　　　　　　　　　　　　　　　　　　　　(　　)

三、选择题

自行车后轮轴中用的是_____。

　　A．槽轮机构　　B．棘轮机构　　　　C．不完全齿轮机构　　D．凸轮间歇运动机构

四、简答题

(1) 棘轮机构和槽轮机构可实现怎样的运动转换？

(2) 棘轮机构和槽轮机构各有何特点？分别适用于哪些场合？

(3) 在牛头刨床的进给机构中，设进给螺旋的导程为 5mm，而与螺旋固定连接的棘轮有 28 个齿，问该牛头刨床的最小进给量是多少？

五、实作题

(1) 何谓槽轮机构的运动系数 τ？为什么必须 $0 < \tau < 1$，有何意义？说明 z 为何不能小于 3？

(2) 在图 6-8 所示的单销四槽的槽轮机构中，已知拨盘 1 转 1 圈，槽轮停歇时间为 15s，求主动盘 1 的转速 n_1 及槽轮在一周期内的运动时间。

第7章 连 接

教学目标：

连接可以提高被连接件的刚性、紧密性和疲劳强度，因此在机械设备中得到广泛应用。本章的内容包括螺纹连接和键、销连接，通过学习，读者将主要了解和学习螺纹连接和键、销连接的基本类型的选择和应用场合，并且能够进行基本的计算。本章对螺旋传动作了简单介绍。

教学重点和难点：

- 螺纹连接的基本类型、应用、预紧与防松；
- 螺纹连接结构设计中应注意的事项；
- 螺纹连接的强度计算；
- 平键连接的类型及特点；
- 正确选择平键连接的尺寸并对其强度进行校核计算。

案例导入：

图 7-1 所示为一机械手的手部结构，1 为液压缸缸体，3 为液压缸缸盖，当液压缸里充满液压油时，在油压的作用下推动活塞杆 4 运动，实现手指 5 的松开和夹紧动作。液压缸缸体和缸盖之间的紧密连接由螺钉连接 2 来实现，通过本章的学习，读者便可设计出该连接。

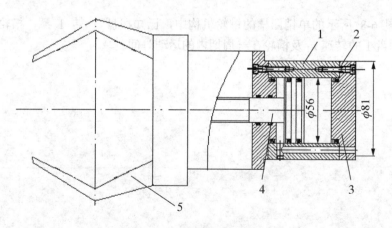

图 7-1 机械手手部结构

为了满足结构制造、安装、维修和运输等方面的要求，在机械中广泛采用各种连接。所谓连接，就是指被连接件与连接件间的组合。起连接作用的零件，如键、销、铆钉、螺栓、螺母等称为连接件，被连接起来的零件，如轴、齿轮、箱盖和箱座等称为被连接件。但有的连接中也可以通过过盈连接来实现。连接的类型可以按以下两种方式进行划分。

(1) 按组成连接件工作中相对位置是否变动，分为静连接和动连接。静连接如变速箱中箱盖与箱座的连接；动连接如变速箱中滑移齿轮与轴的连接。

(2) 按拆开有无损伤，分为可拆连接和不可拆连接，可拆连接如键、销、螺纹连接等；不可拆连接如焊接、粘接等。

7.1　螺　纹　连　接

螺纹连接结构简单、拆装方便、工作可靠、互换性好、成本低廉，得到了广泛的应用。螺纹零件组成的螺旋副可以传递运动和动力，称为螺旋传动，在本章中将对其进行简单介绍。

7.1.1　螺纹的形成和主要参数

1. 螺纹的形成

螺旋线的形成原理如图 7-2 所示，将一底边 ab 长为 πd 的直角三角形 abc 绕在直径为 d 的圆柱体上，则三角形的斜边 ac 在圆柱体上便形成一条螺旋线。

当取平面图形为三角形、矩形、梯形和锯齿形等时，使其保持与圆柱体轴线的共面状态，沿螺旋线运动，则该平面图形在圆柱体上所划过的形体称为螺纹。

螺纹按牙型可分为三角形、矩形、梯形和锯齿形等(图 7-3)，三角形螺纹常用作连接螺纹，其他几种螺纹用作传动螺纹。

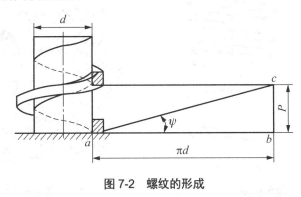

图 7-2　螺纹的形成

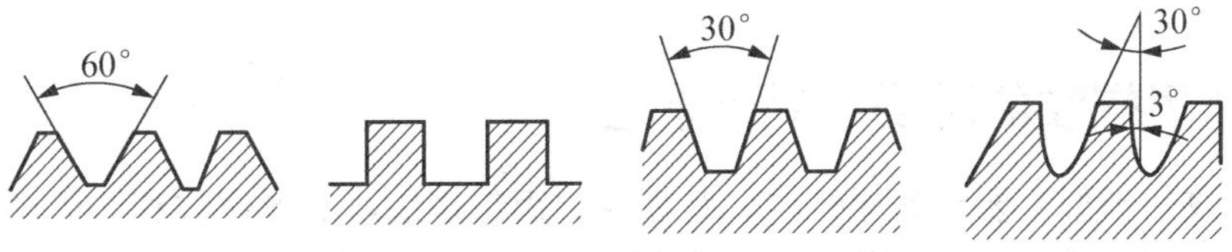

| (a) 三角形螺纹 | (b) 矩形螺纹 | (c) 梯形螺纹 | (d) 锯齿形螺纹 |

图 7-3　螺纹的牙型

螺纹有左、右旋之分，常用的是右旋螺纹，如图 7-4 所示。

2. 螺纹的主要参数

圆柱普通螺纹的主要参数如图 7-5 所示。

(1) 大径 d。螺纹最大直径，即螺纹的公称直径。

(2) 小径 d_1。螺纹最小直径,即外螺纹危险剖面的直径。

(3) 中径 d_2。螺纹牙厚和牙槽宽度相等处的假想圆柱体的直径,用于几何尺寸的计算。

(4) 线数 n。螺杆上的螺旋线数目。沿一条螺旋线形成的螺纹叫单线螺纹;沿两条以上等距螺旋线形成的螺纹称为多线螺纹。单线螺纹自锁性好,常用于连接;多线螺纹传动效率高,多用于传动。

(5) 螺距 p。相邻两牙在中径线上对应点间的轴向距离。

(6) 导程 p_h。螺纹上任一点沿同一条螺纹线转一周所移动的轴向距离。单线螺纹、多线螺纹 $p_h = np$。

(7) 螺纹升角 φ。螺旋线的切线与垂直于螺纹轴线平面间的夹角,由图7-2可得

$$\tan \varphi = \frac{p}{\pi d_2} \tag{7-1}$$

(8) 牙型角 α。轴向截面内螺纹牙形相邻两侧边的夹角。

(9) 牙型半角 β。牙型侧边与螺纹轴线垂线间的夹角。对称牙型,$\beta = \dfrac{\alpha}{2}$。

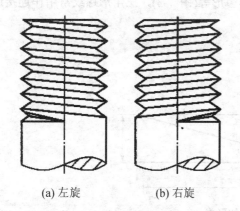

(a) 左旋　　　　　(b) 右旋

图7-4　螺纹的旋向

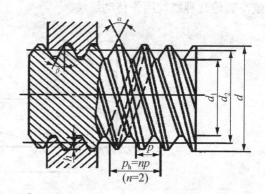

图7-5　圆柱螺纹的主要几何参数

7.1.2　常用螺纹的种类、特点和应用

常用螺纹的类型主要有普通螺纹、管螺纹、矩形螺纹、梯形螺纹和锯齿形螺纹。前两种主要用于连接,后3种主要用于传动。除矩形螺纹外,都已经标准化。

1. 普通螺纹

普通螺纹(图7-6)牙型为等边三角形,牙型角 $\alpha=60°$,同一公称直径按螺距大小分为粗牙和细牙,一般连接多采用粗牙。细牙螺纹螺距小,常用于薄壁零件或受冲击振动和受变载荷的连接,也可作为微调装置调整螺纹用。

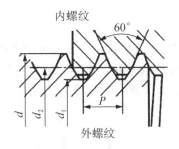

图 7-6　普通螺纹

2．管螺纹

管螺纹(图 7-7)分为圆柱管螺纹和圆锥管螺纹两种，其公称直径是管子的内径，牙型角有 55°、60° 两种。牙顶有较大圆角，螺纹配合后没有径向间隙，能保证紧密旋合，防止泄漏。适用于管路连接。

3．矩形螺纹

矩形螺纹(图 7-8)牙型为正方形，牙型角 $\alpha=0°$。其传动效率较其他螺纹高，但牙根强度低，螺旋副磨损后，间隙难以修复和补偿，传动精度降低。目前已逐渐被梯形螺纹所替代。

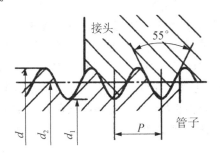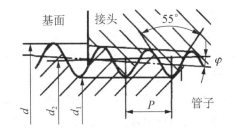

图 7-7　管螺纹

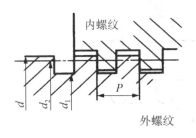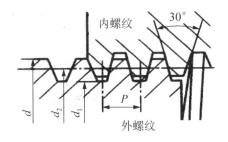

图 7-8　矩形螺纹　　　　　图 7-9　梯形螺纹

4．梯形螺纹

梯形螺纹(图 7-9)牙型为等腰梯形，牙型角 $\alpha=30°$。与矩形螺纹相比，梯形螺纹传动效率略低，但工艺性好、牙根强度高、对中性好，梯形螺纹是最常用的传动螺纹。

5. 锯齿形螺纹

锯齿形螺纹(图 7-10)牙型为不等腰梯形，工作面的牙侧角为 3°，非工作面的牙侧角为 30°。这种螺纹兼有矩形螺纹传动效率高、梯形螺纹牙根强度高的特点，但只能用于单向受力的螺纹连接或螺旋传动中，如螺旋压力机等。

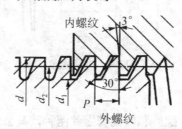

图 7-10　锯齿形螺纹

7.1.3　螺纹连接的类型、特点和应用

螺纹连接的种类很多，基本类型有螺栓连接、双头螺柱连接、螺钉连接和紧定螺钉连接等。

1. 螺栓连接

用螺栓穿过被连接件的孔，在螺栓的另一端拧上螺母，把被连接件连接在一起，如图 7-11(a)所示。采用这种方法连接的被连接件上的通孔和螺杆间留有间隙，通孔加工简便、成本低、装拆方便，应用最为广泛。主要用于被连接件不太厚并能从两端装拆的场合。

当螺栓承受横向载荷时，可选用铰制孔用螺栓连接，如图 7-11(b)所示。其通孔与螺栓杆多采用基孔制过渡配合，如(H7/m6、H7/n6)。这种连接既能承受横向载荷，又能精确固定被连接件的相对位置，起定位作用，对孔的加工精度要求较高。

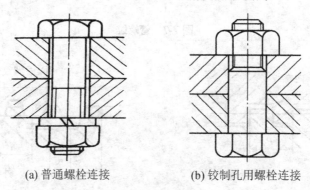

(a) 普通螺栓连接　　　　　　　(b) 铰制孔用螺栓连接

图 7-11　螺栓连接

2. 双头螺柱连接

如图 7-12(a)所示，螺柱两端均有螺纹，一端拧紧在被连接件螺纹孔中，另一端穿过另一被连接件的通孔，套上垫圈，与螺母旋合，这种连接适用于被连接件之一太厚不宜制成通孔，且需要经常拆装时的场合。

3. 螺钉连接

如图 7-12(b)所示，这种连接的特点是螺栓(或螺钉)穿过被连接件的孔后，直接拧入另一被连接件的螺纹孔中，在结构上比双头螺柱连接简单、紧凑，其用途和双头螺柱连接相似，但若经常拆装时，易使被连接件螺纹孔遭磨损失效，故多用于不需要经常拆装的场合。螺纹拧入深度取决于被连接件的材料。

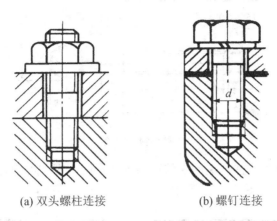

(a) 双头螺柱连接　　　　　　　(b) 螺钉连接

图 7-12　双头螺柱、螺钉连接

4. 紧定螺钉连接

紧定螺钉连接是利用拧入零件螺纹孔中的螺钉末端顶住另一零件的表面(图 7-13(a))或顶入相应的凹坑中(图 7-13(b))，以固定两个零件的相对位置，并可传递不大的力或转矩。

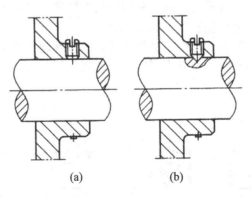

(a)　　　　　　　(b)

图 7-13　紧定螺钉连接

5. 标准螺纹连接件

螺纹连接件品种很多，其结构形式和尺寸都已标准化，使用时可查阅相关手册。本节仅介绍几种常用的连接件。

(1) 螺栓。图 7-14 所示为最常用的六角头螺栓，该螺栓有粗牙和细牙两种，常用的为普通粗牙螺栓。

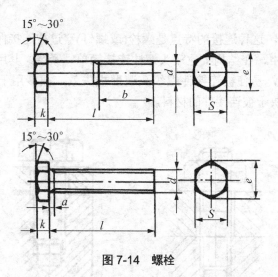

图 7-14　螺栓

(2) 双头螺柱。双头螺柱两端的螺纹可相同或不同，螺柱可带退刀槽或制成腰杆，也可制成全螺纹的螺柱，如图 7-15 所示。

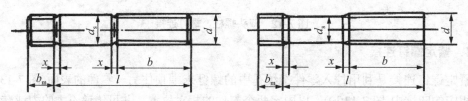

图 7-15　双头螺柱

(3) 六角螺母。根据螺母厚度不同，分为标准型和薄型的两种。薄型螺母常用于受剪力的螺栓上或空间尺寸受限制的场合，如图 7-16 所示。

(4) 垫圈。垫圈常放在螺母和被连接件之间，平垫圈起保护支撑表面的作用；弹簧垫圈用于摩擦防松；斜垫圈用于倾斜的支撑面上，如图 7-17 所示。

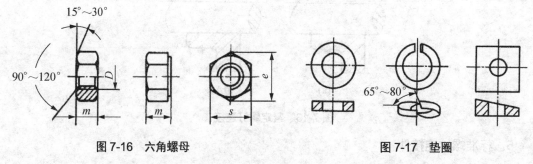

图 7-16　六角螺母　　　　　　　　　图 7-17　垫圈

(5) 螺钉。螺钉头部有六角头、圆柱头、半圆头、沉头等形状。头部起子槽有一字槽、十字槽和内六角孔等，如图 7-18 所示。

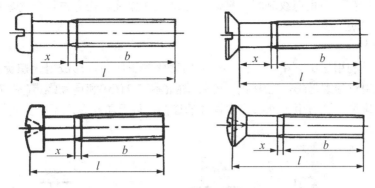

图 7-18　螺钉

(6) 紧定螺钉。紧定螺钉的末端形状，常用的有锥端、平端和圆柱端，如图 7-19 所示。平端用于高硬度表面或经常拆卸处(图 7-19(a))。圆柱端压入轴上的凹坑以紧定零件位置(图 7-19(b))；锥销于低硬度表面或不常拆卸处(图 7-19(c))。

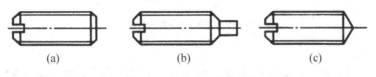

(a)　　　　　　　　(b)　　　　　　　　(c)

图 7-19　紧定螺钉

7.1.4　螺纹连接应用中注意的几个问题

1. 螺纹连接的预紧

通常螺纹连接在装配时须预先拧紧，以增强连接的可靠性、紧密性和刚度，防止受载后被连接件间出现缝隙或发生相对滑移。预紧螺栓所受拉力称为预紧力。预紧力要适度，通常采用测力矩扳手(图 7-20(a))或定力矩扳手(图 7-20(b))来控制；对于重要的连接，可采用测量螺栓伸长法。

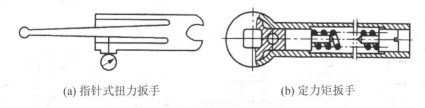

(a) 指针式扭力扳手　　　　　　　(b) 定力矩扳手

图 7-20　螺纹连接的预紧

2. 螺纹连接的防松

通常在静载和温度变化不大时，普通螺纹连接能够满足自锁条件，不会自动松脱。但是在受冲击、振动或温度变化较大时，会使预紧力减小而引起连接松动，所以，在设计螺纹连接时，必须采取有效的防松措施。

防松的目的在于防止螺纹副相对转动。按其工作原理防松方法可分为摩擦防松、机械防松和不可拆防松三类。

1) 摩擦防松

摩擦防松是利用螺旋副中产生的不随外力变化的正压力,形成阻止螺旋副相对转动的摩擦力,常采用对顶螺母(图 7-21(a))、弹簧垫圈(图 7-21(b))和自锁螺母(图 7-21(c))来达到防松的目的。这种方法适用于外部静止构件的连接,以及防松要求不严格的场合。

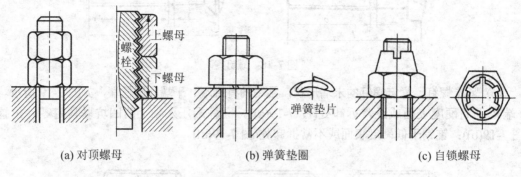

| (a) 对顶螺母 | (b) 弹簧垫圈 | (c) 自锁螺母 |

图 7-21 摩擦防松

2) 机械防松

机械防松是利用各种止动件机械地限制螺旋副相对转动的方法。图 7-22 分别是利用开口销与六角开槽螺母、止动垫圈防松、串连钢丝防松的示意图。这种防松方法可靠,但装拆麻烦,适用于机械内部运动构件的联结,以及防松要求较高的场合。

3) 不可拆防松

不可拆防松是在螺旋副拧紧后用端铆、冲点、焊接、胶粘等措施,使螺纹连结不可拆卸的方法。这种方法简单可靠,适用于装配后不再拆卸的联结。

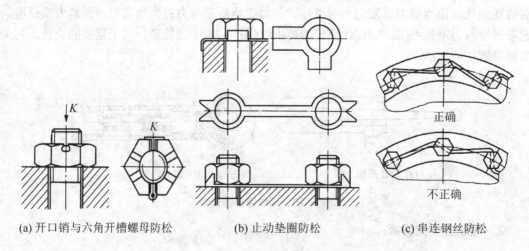

| (a) 开口销与六角开槽螺母防松 | (b) 止动垫圈防松 | (c) 串连钢丝防松 |

图 7-22 机械防松

7.1.5　螺纹连接的强度计算

螺纹连接包括螺栓连接、双头螺柱连接和螺钉连接等类型。下面以螺栓连接为例，讨论其强度计算方法。

对于单个螺栓连接而言，其受力形式有轴向力和横向力两种。受拉螺栓的螺栓杆和螺纹可能发生塑性变形或断裂，主要失效形式是拉断，因而其设计准则是保证螺栓的静力或抗疲劳拉伸强度；而在横向力作用下，当采用铰制孔用螺栓时，螺栓杆和孔壁的贴合面上可能发生压溃或螺栓杆被剪断等，因而其设计准则是保证连接的抗挤压强度和螺栓的抗剪切强度。

螺栓大多是成组使用的。在计算螺栓强度时，首先要求出螺栓组中受力最大螺栓所受的力，然后再按照单个螺栓进行强度计算。螺栓连接的设计计算就是依据其设计准则来确定螺纹小径 d_1，再根据有关标准来选定标准螺栓。这种方法同样适用于双头螺柱和螺钉连接的强度计算。

1．松螺栓连接的强度计算

松螺栓连接时，螺母不需要拧紧，所以，螺栓不受预紧力的作用，只是在工作时才受轴向载荷。图 7-23 所示的吊钩螺栓连接为典型的松螺栓连接，设轴向载荷为 F，其螺栓的强度条件为：

$$\sigma = \frac{F}{\frac{1}{4}d_1^2} \leqslant [\sigma] \tag{7-2}$$

或：
$$d_1 \geqslant \sqrt{\frac{4F}{\pi[\sigma]}} \tag{7-3}$$

式中：F——工作拉力，单位 N；

$\quad\quad d_1$——螺栓的小径，单位 mm；

$\quad\quad [\sigma]$——螺栓材料的许用应力，单位 MPa。

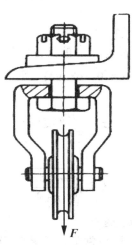

图 7-23　松螺栓连接

2. 紧螺栓连接的强度计算

紧螺栓连接在装配时就已拧紧,承受工作载荷之前,螺栓与被连接件已受到预紧力的作用。按所受工作载荷的方向紧螺栓连接分为受横向载荷的紧螺栓连接和受轴向载荷的紧螺栓连接两种。

1) 仅受预紧力的紧螺栓连接

当普通螺栓连接承受横向载荷时(图7-24),装配时必须拧紧螺母,利用被连接件接合面之间的压力产生的摩擦力来抵抗横向力。这时,螺栓仅承受预紧力作用,预紧力的大小应能保证接合面所产生的最大摩擦力不小于横向外载荷 F。

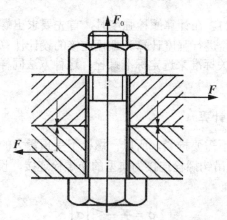

图 7-24 承受横向载荷的普通螺栓连接

假设螺栓数目为 z,各螺栓所需的预紧力均为 F_0,则平衡条件为:

$$fF_0zm \geqslant KF$$

或:

$$F_0 \geqslant \frac{KF}{fzm} \tag{7-4}$$

式中: f ——接合面的摩擦系数,钢或铸铁的无润滑表面 $f = 0.10 \sim 0.16$;

m ——接合面数;

K ——可靠性系数,$K = 1.1 \sim 1.3$。

在拧紧螺母时,螺栓一方面受预紧力 F_0 的拉伸作用,另一方面受螺纹拧紧力矩 T 的扭转作用,对于常用的钢制普通螺栓($d = 10 \sim 68mm$),可取 $\tau \approx 0.5\sigma$,根据第四强度理论求出螺栓预紧状态下的计算应力为:

$$\sigma = \frac{1.3F_0}{\frac{\pi}{4}d_1^2} \leqslant [\sigma] \tag{7-5}$$

或:

$$d_1 \geqslant \sqrt{\frac{4 \times 1.3F_0}{\pi[\sigma]}} \tag{7-6}$$

2) 受预紧力和工作拉力的紧螺栓连接

这种受力形式在紧螺栓连接中比较常见,尤其常用于对紧密性要求较高的压力容器中,如汽缸、液压缸中的凸缘连接。

在图 7-25 所示的紧螺栓连接中，工作载荷作用前(图 7-25(a))，螺栓只受预紧力 F_0 的拉伸作用，其伸长量为 λ_0，被连接件则受 F_0 压缩作用，其压缩量为 λ_m；工作载荷 F 作用时(图 7-25(b))，螺栓所受的拉力由 F_0 增至 F_2 而继续伸长，其伸长量为 $\Delta\lambda$，总伸长量为 $\lambda_0 + \Delta\lambda$；被连接件有放松的趋势，所受压力由 F_0 减至 F_1，F_1 称为残余预紧力，其压缩量减少 $\Delta\lambda$，总压缩量为 $\lambda'_m = \lambda_m - \Delta\lambda$。可用线图表示螺栓和被连接件的受力与变形的关系，如图 7-26 所示。

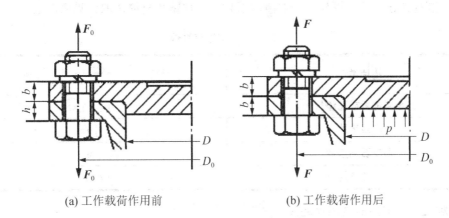

(a) 工作载荷作用前　　　　　　　(b) 工作载荷作用后

图 7-25　受轴向载荷的螺栓连接

由图 7-26 可以看出，螺栓的总拉力 F_2 与残余预紧力 F_1、工作拉力 F 的关系为：

$$F_2 = F_1 + F \tag{7-7}$$

为了保证连接的紧密性，残余预紧力 F_1 应大于零，对于一般连接，工作载荷稳定时取 $F_1 = 0.2 \sim 0.6F$，不稳定时取 $F_1 = 0.6 \sim 1.0F$；对于有密封性要求时取 $F_1 = 1.5 \sim 1.8F$；对于地脚螺栓连接取 $F_1 > F$。

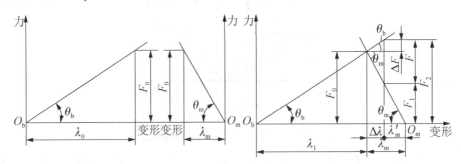

图 7-26　螺栓和被连接件的受力与变形的关系

计算强度时，可根据连接的受载情况，先求出螺栓的工作拉力 F，再根据连接的工作要求选取 F_1，计算总拉力 F_2，进行强度计算。螺栓的强度校核与设计计算公式为：

$$\sigma = \frac{1.3F_2}{\frac{\pi}{4}d_1^2} \leqslant [\sigma] \tag{7-8}$$

$$d_1 \geqslant \sqrt{\frac{4 \times 1.3F_2}{\pi[\sigma]}} \tag{7-9}$$

根据螺栓受工作载荷 F 的伸长增量与被连接件压缩变形减少量的关系，可以推出预紧力和残余预紧力的关系为：

$$F_0 = F_1 + \left(1 - \frac{C_L}{C_L + C_F}\right)F \tag{7-10}$$

式中，C_L、C_F 分别为螺栓和被连接件的刚度，$\dfrac{C_L}{C_L + C_F}$ 称为螺栓的相对刚度系数。设计时，对于刚性被连接件，螺栓的相对刚度系数可根据垫片材料选取，见表 7-1。

表 7-1 相对刚度系数

垫片类型	$\dfrac{C_L}{C_L + C_F}$
金属垫片或无垫片	0.2～0.3
皮革垫片	0.7
铜皮石棉垫片	0.8
橡胶垫片	0.9

3) 承受工作剪力的紧螺栓连接

这种连接是利用铰制孔用螺栓来承受载荷的，如图 7-27 所示，螺栓杆与孔壁之间无间隙，接触表面受挤压，在接合面处，螺栓杆则受剪切力，因此，要分别按挤压及剪切强度条件进行计算。

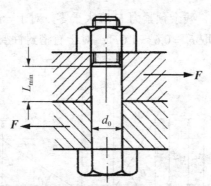

图 7-27 承受工作剪力的紧螺栓连接

此种连接所受预紧力很小，进行强度计算时可忽略不计。螺栓杆与孔壁的挤压强度条件为：

$$\sigma_p = \frac{F}{d_0 L_{min}} \leqslant [\sigma_p] \tag{7-11}$$

螺栓杆的剪切强度条件为：

$$\tau = \frac{F}{\frac{\pi}{4}d_0^2} \leqslant [\tau] \tag{7-12}$$

式中：F ——螺栓所受的工作剪力，单位 N；

　　　d_0 ——螺栓受剪面直径，单位 mm；

　　　$L_{\min}$ ——螺栓杆与孔壁挤压面的最小高度，单位 mm；

　　　$[\sigma_p]$ ——螺栓或孔壁较弱材料的许用挤压应力，单位 MPa；

　　　$[\tau]$ ——螺栓许用剪应力，单位 MPa。

3. 螺纹连接件的性能等级及许用应力

1) 螺纹连接件的性能等级

国家标准规定螺纹连接件按材料的力学性能分等级。螺栓、螺柱、螺钉的性能等级分为 10 级，从 3.6 级到 12.9 级，小数点前的数字代表材料的抗拉强度极限(σ_B)的 1/100，小数点后的数字与小数点前的数字的乘积代表材料的屈服极限(σ_s)的 1/10。选用时，螺母的性能等级不能低于与其相配的螺栓的性能等级。螺纹材料的性能等级见表 7-2、表 7-3。

表 7-2　螺栓、螺柱和螺钉的性能等级

性能等级	3.6	4.6	4.8	5.6	5.8	6.8	8.8	9.8	10.9	12.9
抗拉强度极限 σ_B/MPa	300	400		500		600	800	900	1000	1200
屈服极限 σ_s/MPa	180	240	320	300	400	480	640	720	900	1080
推荐材料	低碳钢	低碳钢或中碳钢					低碳合金钢、中碳钢、淬火并回火		中碳钢，低、中碳合金钢，合金钢，淬火并回火	合金钢，淬火并回火

表 7-3　螺母的性能等级

性能等级	4	5	6	8	9	10	12
配对螺栓的性能等级	3.6、4.6、4.8	3.6、4.6、4.8、5.6、5.8	6.8	8.8	8.8、9.8	10.9	12.9
推荐材料	易切削钢、低碳钢		低碳钢或中碳钢	中碳钢		中碳钢，低、中碳合金钢，淬火并回火	

2) 螺纹连接件的许用应力

螺纹连接件的许用拉应力按式(7-13)确定：

$$[\sigma] = \frac{\sigma_s}{S} \tag{7-13}$$

螺纹连接件的许用剪应力按式(7-14)确定：

$$[\tau] = \frac{\sigma_s}{S_\tau} \tag{7-14}$$

螺纹连接件的许用挤压应力按式(7-15)确定：

钢材料：

$$[\sigma_p] = \frac{\sigma_s}{S_p} \qquad\qquad\qquad (7\text{-}15)$$

铸铁材料：

$$[\sigma_p] = \frac{\sigma_B}{S_p} \qquad\qquad\qquad (7\text{-}16)$$

式中：σ_s、σ_B——螺纹连接件材料的屈服极限和强度极限，常用铸铁连接件的 σ_B 可取 200~250MPa；

S、S_τ、S_p——安全系数，见表 7-4。

表 7-4　螺纹连接的安全系数

连接类型			载荷类型		安全系数		
松螺栓连接			静载荷 变载荷		1.2~1.7		
紧螺栓连接	受轴向及横向载荷的普通螺栓连接	不控制预紧力			M6~M16	M16~M30	M30~M60
			静载荷	碳钢	5~4	4~2.5	2.5~2
				合金钢	5.7~5	5~3.4	3.4~3
			变载荷	碳钢	12.5~8.5	8.5	8.5~12.5
				合金钢	10~6.8	6.8	6.8~10
		控制预紧力	静载荷		1.2~1.5		
			变载荷		1.2~1.5		
	铰制孔用螺栓连接		静载荷		钢：$S_\tau = 2.5$，$S_p = 1.25$；铸铁：$S_p = 2.0 \sim 2.5$		
			变载荷		钢：$S_\tau = 3.5 \sim 5$，$S_p = 1.5$；铸铁：$S_p = 2.5 \sim 3.0$		

7.1.6　螺栓组连接的结构设计

螺栓组连接结构设计的主要目的在于合理地确定连接接合面的几何形状和螺栓的布置形式(图 2-28)，力求各螺栓和连接接合面间受力均匀，便于加工和装配。设计时通常综合考虑以下几个方面。

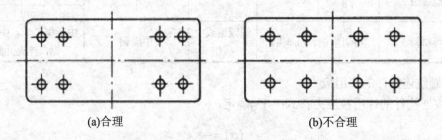

(a)合理　　　　　　　　　　　　(b)不合理

图 7-28　接合面受弯矩或扭矩时螺栓的布局

1. 连接接合面的几何形状

连接接合面通常设计成轴对称的简单几何形状，如圆形、环形、矩形、三角形等，这样不但便于加工制造，而且便于对称布置螺栓，使螺栓组的对称中心和连接接合面的形心重合，从而保证连接接合面受力比较均匀。

2．螺栓的数目和布置

螺栓的布置应使各螺栓受力合理，分布在同一圆周上的螺栓应取 3、4、6、8、12 等易于分布的数目，以便于钻孔和画线。对于铰制孔用螺栓连接，不要在平行于工作载荷的方向上成排地布置 8 个以上的螺栓，以免受载过于不均。当螺栓连接承受弯矩或扭矩时，应使螺栓的位置尽量远离翻转轴线，在图 7-28 所示的两种结构中，(a)图较为合理。

当螺栓连接承受转矩时，螺栓应尽量远离螺栓组形心，以减小螺栓的受力。

为了减少所用螺栓的规格和提高连接的结构工艺性，对于同一螺栓组，通常采用相同的螺栓材料、直径和长度。

3．合理的间距、边距

布置螺栓时，各螺栓轴线间以及螺栓轴线和机体壁间的最小距离，应根据扳手所需活动空间的大小来决定。扳手空间应使扳手的最小转角不小于 60°。对于压力容器等紧密性要求较高的重要连接，螺栓的间距 t_0 不得大于表 7-5 所推荐的数值。

表 7-5　螺栓间距 t_0

	工作压力/MPa					
	≤1.6	>1.6～4	>4～10	>10～16	>16～20	>20～30
	t_0 / mm					
	$7d$	$5～6d$	$4～5d$	$4d$	$3～5d$	$3d$

注：表中 d 为螺纹公称直径。

例 7-1　图 7-29 所示为一汽缸螺栓组连接，已知汽缸内的工作压力为 $p=1\text{MPa}$，汽缸内径 $D_2=250\text{mm}$，螺栓分布圆直径 $D_1=350\text{mm}$，螺栓间距 $t\leqslant120\text{mm}$。试确定螺栓数目和螺栓公称直径。

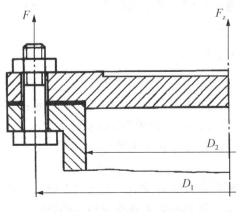

图 7-29　汽缸螺栓组连接

解：

(1) 载荷分析。螺栓组受轴向载荷，且要求紧密性。螺栓组所受轴向载荷为：

$$F_z = p\frac{D_2^2\pi}{4} = 1 \times \frac{250^2 \times \pi}{4} = 49\,087(\text{N})$$

(2) 螺栓材料及强度。选择 45 钢，性能等级 6.8 级，由表 7-2 查得：

$$\sigma_B = 600\text{MPa}, \qquad \sigma_s = 480\text{MPa}$$

(3) 螺栓数目

$$z = \frac{\pi D_1}{t} = \frac{\pi \times 350}{120} = 9.16$$

取 $z = 10$。

(4) 单个螺栓受力。

工作载荷：
$$F = \frac{F_z}{z} = \frac{49\,087}{10} = 4908.7(\text{N})$$

残余预紧力可取：
$$F_1 = 1.8F = 1.8 \times 4908.7 = 8835.66(\text{N})$$

单个螺栓所受总拉力：$F_2 = F + F_1 = 4908.7 + 8835.66 = 13\,744.36(\text{N})$

(5) 求螺栓直径。

按装配时控制预紧力，由表 7-4 查得 $S = 1.5$，则

$$[\sigma] = \frac{\sigma_s}{S} = \frac{480}{1.5} = 320(\text{MPa})$$

$$d_1 \geqslant \sqrt{\frac{4 \times 1.3F_2}{\pi[\sigma]}} = \sqrt{\frac{4 \times 1.3 \times 13\,744.36}{\pi \times 320}} = 8.43(\text{mm})$$

由标准查得公称直径应取为 M12，其 $d_1 = 10.106\text{mm}$。

7.1.7 螺旋传动

螺旋传动也是螺纹连接组成，用于将回转运动转变为直线运动，同时传递运动和动力。属于动连接，主要是梯形螺纹组成的螺旋副，可以承受双向工作载荷；锯齿形螺纹组成的螺旋副只能单方向工作。

1．螺旋传动的类型与应用

根据螺杆和螺母的相对运动关系，螺旋传动的常用运动形式主要有以下两种：螺母移动，螺杆转动(多用于机床的进给机构中)，如图 7-30(a)所示；螺母固定，螺杆转动并移动(多用于螺旋起重器或螺旋压力机中)，如图 7-30(b)所示。

螺旋传动按用途不同，可分为以下三种类型。

1) 传力螺旋

它以传递动力为主，要求以较小的转矩产生较大的推力，用以克服工作阻力，如各种起重或加压装置的螺旋。这种传力螺旋主要承受很大的轴向力，一般为间歇性工作，每次的工作时间较短，工作速度也不高，通常需有自锁能力。

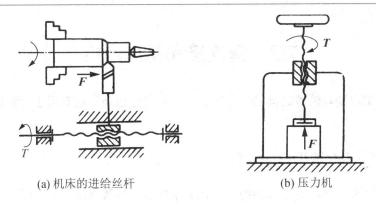

(a) 机床的进给丝杆　　　　　　　(b) 压力机

图 7-30　螺旋传动的运动形式

2) 传导螺旋

它以传递运动为主，有时也承受较大的轴向力，如机床进给机构的螺旋等。传导螺旋需要在较长的时间内连续工作，工作速度较高，因此要求具有较高的传动精度。

3) 调整螺旋

它用以调整、固定零件的相对位置，如机床、仪器及测试装置中的微调机构的螺旋。调整螺旋不经常转动，一般在空载下调整。

螺旋传动按其螺旋副的摩擦性质不同，又可分为滑动螺旋(滑动摩擦)、滚动螺旋(滚动摩擦)和静压螺旋(流体摩擦)。滑动螺旋结构简单、便于制造、易于自锁，但其主要缺点是摩擦阻力大、传动效率低(一般为 30%～40%)、磨损快、传动精度低等。滚动螺旋和静压螺旋的摩擦阻力小、传动效率高(一般为 90%以上)，但结构复杂，特别是静压螺旋还需要供油系统，因此，只有在高精度、高效率的重要传动中才宜采用，如数控、精密机床、测试装置或自动控制系统中的螺旋传动等。

2. 螺旋传动的材料

螺旋传动机构中螺杆材料要有足够的强度和耐磨性。螺母材料除要有足够的强度外，还要求与螺杆材料配合时摩擦系数小和耐磨。螺旋传动常用的材料见表 7-6。

表 7-6　螺旋传动常用的材料

螺 旋 副	材料牌号	应用范围
螺杆	Q235、Q275、45、50	材料不经热处理，适用于经常运动、受力不大、转速较低的传动
	40Cr、65Mn、T12、40WMn、20CrMnAl	材料需经热处理，以提高耐磨性，适用于重载、转速较高的重要传动
	9Mn2V、CrWMn、38CrMoAl	材料需经热处理，以提高其尺寸的稳定性，适用于精密传导螺旋传动
螺母	ZCuSn10Pl、ZCuSn5Pb5Zn5(铸锡青铜)	材料耐磨性好，适用于一般传动
	ZCuAl9Fe4Ni4Mn2(铸铝青铜) ZCuZn25Al6Fe3Mn3(铸铝黄铜)	材料耐磨性好、强度高，适用于重载、低速的运动。对于尺寸较大或高速传动，螺母可采用钢或铸铁制造，内孔浇铸青铜或巴氏合金

7.2 键连接和花键连接

键连接可实现轴与轮毂之间的轴向定位，同时传递扭矩；还有用于对沿轴向移动的零件起导向作用。

7.2.1 键连接的类型和应用

键是一种标准零件，键连接结构简单、工作可靠、拆装方便，应用广泛。按其结构特点和工作原理，键连接可分为平键连接、半圆键连接和楔键连接等。

1. 平键连接

图 7-31 为平键连接的结构形式。键的两侧面是工作面并与键槽两侧面配合，配合面相互挤压，以传递转矩，键的上表面与轮毂槽底面之间留有间隙。

平键连接具有结构简单、工作可靠、装拆方便、对中性好等优点，因此，得到广泛应用。平键连接不能承受轴向力，对轴上零件不能起到轴向固定的作用。

根据用途的不同，平键又可分为普通平键、导向平键和滑键。

1) 普通平键

普通平键用于轴与轮毂间的静连接，按键的端部形状分为圆头(A 型)、平头(B 型)和单圆头(C 型)三种(图 7-31)。图中圆头平键的轴槽用指状铣刀加工，键在槽中固定良好，但键槽端部应力集中较大。平头平键的轴槽用盘状铣刀加工，轴的应力集中较小。但对于尺寸较大的键，要用紧定螺钉拧紧，以防松动。单圆头平键用于轴端与轮毂的连接。

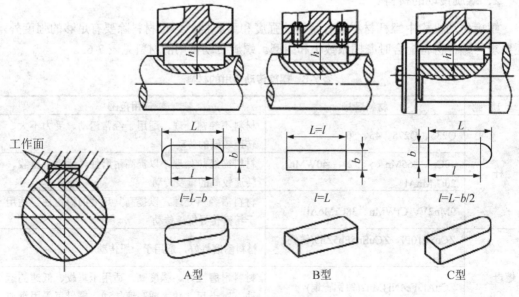

图 7-31 普通平键连接

2) 导向平键和滑键

当零件需作轴向移动时,可采用导向平键或滑键(图 7-32)。导向平键较长,需用螺钉固定在轴槽中,为便于装拆,常在键上制出起键螺纹孔,以便拆卸时拧入螺钉使键退出键槽。当轴上零件滑移距离较大时,为避免导向平键过长,宜采用滑键。滑键固定在轮毂上并随轮毂一起在轴槽中做轴向滑动。

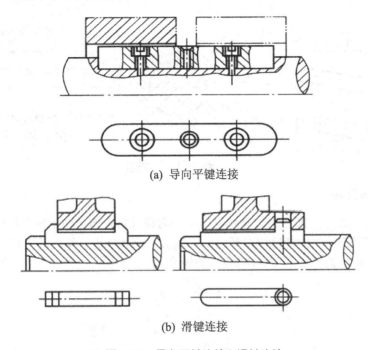

(a) 导向平键连接

(b) 滑键连接

图 7-32　导向平键连接和滑键连接

2. 半圆键连接

半圆键的两侧面是工作面(图 7-33),半圆键能在轴槽中摆动,可适应轮毂键槽的倾斜,对中性好,装卸方便;但轴上键槽较深,对轴的强度削弱较大。半圆键主要用于轻载和锥形轴端的连接。

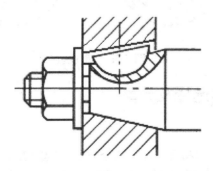

图 7-33　半圆键连接

3. 楔键连接

楔键的上下两面是工作面(图 7-34),上表面和轮毂键槽底面均有 1∶100 的斜度,装配时,靠两斜面楔紧产生的摩擦力传递转矩,并可承受单方向的轴向力。由于楔键打入时造成轴与轮毂偏心,因此,楔键仅用于定心精度不高、载荷平稳和低速的场合。

楔键分为普通楔键和钩头楔键两种,普通楔键有钩头和平头两种形式。钩头楔键便于拆卸,安装在轴端时,应注意加防护罩。

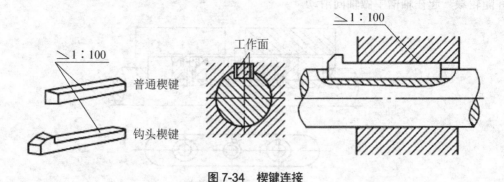

图 7-34　楔键连接

4．切向键连接

切向键连接如图 7-35 所示。切向键是由一对楔键拼合而成的,组合后其上下表面为工作面,且相互平行。切向键连接对轴的削弱较大,可传递大转矩,故常用于重载、对中性和精度要求不高、轴径较大($d > 100$mm) 的场合。

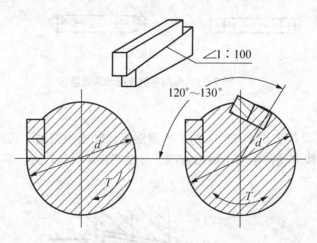

图 7-35　切向键连接

7.2.2　平键连接的选择及计算

1．键的选择

键的选择包括类型选择和尺寸选择两个方面。键的类型应根据键连接的结构特点、使用要求和工作条件来选择;键的截面尺寸根据轴径 d 从标准中查出,键的长度 L 可参照轮毂长度从标准中选取,键长略短于轮毂长。必要时应进行键的强度校核。普通平键和普通楔键的主要尺寸见表 7-7。

表 7-7 普通平键和普通楔键的主要尺寸

轴的直径 d	6~8	>8~10	>10~12	>12~17	>17~22	>22~30	>30~38	>38~44
键宽 b×键高 h	2×2	3×3	4×4	5×5	6×6	8×7	10×8	12×8
轴的直径 d	>44~50	>50~58	>58~65	>65~75	>75~85	>85~95	>95~110	>110~130
键宽 b×键高 h	14×9	16×10	18×11	20×12	22×14	25×14	28×16	32×18
键的长度系列 L	6，8，10，12，14，16，18，20，22，25，28，32，36，40，45，50，56，63，70，80，90，100，110，125，140，180，200，220，250，…							

2．平键连接强度计算

平键连接的主要失效形式为轮毂或键的工作面被压溃(静连接)，工作面过度磨损(动连接)，个别情况会出现键的剪断。因此，通常只作连接的挤压强度或耐磨性计算。即：

静连接：挤压强度计算

$$\sigma_{\mathrm{p}} = \frac{2T}{dkl} \leqslant [\sigma_{\mathrm{p}}] \tag{7-17}$$

动连接：耐磨性计算

$$p = \frac{2T}{dkl} \leqslant [p] \tag{7-18}$$

式中：T——传递的转矩，单位 N·mm；

d——轴的直径，单位 mm；

l——键的工作长度，单位 mm；

k——键与轮毂键槽的接触高度，单位 mm；

$[\sigma_{\mathrm{p}}]$——许用挤压应力，单位 MPa，见表 7-8；

$[p]$——许用压强，单位 MPa，见表 7-8。

若平键强度不够时，可采用两个键呈 180° 布置，考虑载荷分配不均，其强度按 1.5 个键校核。

表 7-8 键连接的许用挤压应力和许用压强   /MPa

项 目	轴或轮毂的材料	载荷性质		
		静 载 荷	轻微冲击	冲 击
许用挤压应力 $[\sigma_{\mathrm{p}}]$	钢	120~150	100~120	60~90
	铸 铁	70~80	50~60	30~45
许用压强 $[p]$	钢	50	40	30

例 7-2 直径为 45mm 的钢制轴上，装有一铸铁轮毂，采用键连接，轮毂宽度为 80mm，传递的转矩为 180N·mm，载荷有轻微冲击。试设计此键连接。

解：

(1) 选择键连接的类型和尺寸。为保证对中性好，选用 A 型普通平键连接。

根据轴径 45mm，从表 7-7 查得键的截面尺寸为：宽度 $b = 14$mm，高度 $h = 9$mm。由轮毂宽度并参考键的长度系列，取键长 $L = 70$mm。

(2) 校核键连接的强度。轴的材料为钢,但轮毂的材料为铸铁,应取较弱材料的许用挤压应力。查表 7-8 得,$[\sigma_p] = 50 \sim 60\text{MPa}$。键的工作长度 $l = L - b = 70 - 14 = 56\text{mm}$,键与轮毂键槽的接触高度 $k = 0.5h = 4.5\text{mm}$。由式(7-19)得:

$$\sigma_p = \frac{2T \times 10^3}{kld} = \frac{2 \times 180 \times 10^3}{4.5 \times 54 \times 45} = 32.92\text{MPa} \leqslant [\sigma_p]$$

所以所选键可用。

7.2.3 花键连接

花键连接是由轴和轮毂孔沿周向均布的许多键齿构成的连接(图 7-36),键齿的两侧面为工作面。花键连接可用于静连接或动连接。

花键连接的优点是齿数多、受力均匀、承载能力高、定心和导向性能好、对轴的削弱少、应力集中小等。缺点是需用专用设备加工,成本较高。花键连接常用于重载、高速场合。

花键连接按齿形不同,可分为矩形花键和渐开线花键两种。

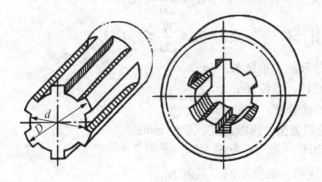

图 7-36　内、外花键

1. 矩形花键

矩形花键的齿廓为直线,容易制造,应用广泛。按键数和键高的不同,矩形花键分为轻中两个系列:轻系列用于较轻载荷的静连接;中系列用于中等载荷的连接。

矩形花键采用小径定心(图 7-37),其定心精度高且稳定性好,得到广泛应用。

2. 渐开线花键

渐开线花键的齿廓为渐开线,受载时齿面上有径向力,起自动定心作用,使各齿均匀承载,根部强度高。渐开线花键可以用制造齿轮的方法来加工,工艺性好,加工精度高。因此,渐开线花键连接常用于传递载荷较大、轴径较大、大批量及重要的场合。

渐开线花键的定心方式为齿形定心(图 7-38),主要参数为模数 m、齿数 z、分度圆压力角 α 等。

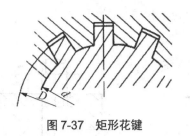

图 7-37 矩形花键

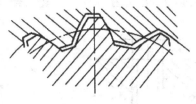

图 7-38 渐开线花键

7.3 销连接及应用

销在机器中可以起定位和连接的作用。用来固定零件之间相对位置的销,称为定位销(图 7-39),它是组合加工和装配时的重要辅助零件。用来连接的销称为连接销(图 7-40),可传递不大的载荷。

常用的销有圆柱销、圆锥销、开口销等,各种销均已标准化。圆柱销靠过盈配合固定在销孔中,经多次拆装会降低其定位精度和可靠性。圆锥销具有 1:50 的锥度,安装方便,定位精度高,可多次装拆而不影响定位精度。开口销如图 7-41 所示,装配时,将尾部分开,以防脱出。开口销除与销轴配用外,还常用于螺纹连接的防松装置中。

定位销通常不受载荷或只受很小的载荷,故不作强度校核计算,其直径可按结构确定,数目一般不少于两个。销装入每一被连接件内的长度约为销直径的 1~2 倍。销的材料为 34、45 钢(开口销为低碳钢),许用剪应力 $[\tau]=80\text{MPa}$,许用挤压应力 $[\sigma_p]$ 可以查表 7-8。

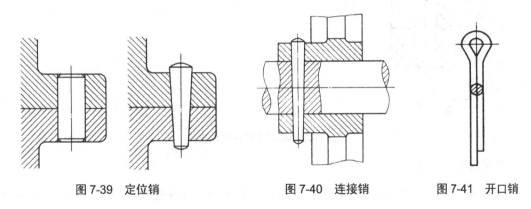

图 7-39 定位销　　　　图 7-40 连接销　　　　图 7-41 开口销

7.4 实验与实训

实验目的

(1) 掌握螺纹连接的设计方法。

(2) 掌握各种连接的特点,正确绘制各种连接方式。

实验内容

实训 1 设液压缸内的油压为 5MPa,设计图 7-1 所示的螺纹连接。

实训2 指出图 7-42 中的错误结构,并画出正确的结构图。

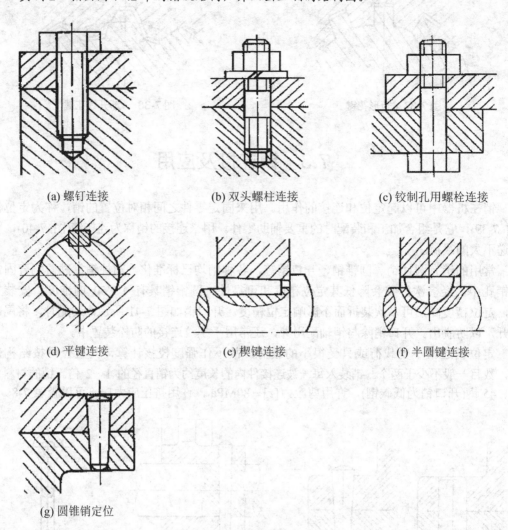

(a) 螺钉连接　　　　　　(b) 双头螺柱连接　　　　　(c) 铰制孔用螺栓连接

(d) 平键连接　　　　　　(e) 楔键连接　　　　　　(f) 半圆键连接

(g) 圆锥销定位

图 7-42　实训 2 相关结构图

实验总结

通过本章实验,学员应该掌握螺纹连接的设计方法、各种连接的特点,正确绘制各种连接方式。

7.5　习　　题

一、选择题

(1) 在常用的螺旋传动中,传动效率最高的螺纹是_____。

    A. 三角形螺纹　　　　　　　　　　B. 梯形螺纹

    C. 锯齿形螺纹　　　　　　　　　　D. 矩形螺纹

(2) 当两个被连接件不太厚时，宜采用_____。

    A．双头螺柱连接　　　　　　　B．螺栓连接

    C．螺钉连接　　　　　　　　　D．矩形螺纹

(3) 当两个被连接件之一太厚，不宜成通孔，且需要经常拆装时，往往采用_____。

    A．螺栓连接　　　　　　　　　B．螺钉连接

    C．双头螺柱连接　　　　　　　D．紧定螺钉连接

(4) 在拧紧螺栓连接时，控制拧紧力矩有很多方法，例如_____。

    A．增加拧紧力　　　　　　　　B．增加扳手力臂

    C．使用测力矩扳手或定力矩扳手

(5) 螺纹连接防松的根本问题在于_____。

    A．增加螺纹连接能力　　　　　B．增加螺纹连接的横向力

    C．防止螺纹副的相对转动　　　D．增加螺纹连接的刚度

(6) 螺纹连接预紧的目的之一是_____。

    A．增加连接的可靠性和紧密性　B．增加被连接件的刚性

    C．减小螺栓的刚性

(7) 普通平键连接的主要用途是使轴与轮毂之间_____。

    A．沿轴向固定并传递轴向力　　B．沿轴向可做相对滑动并具有导向作用

    C．沿周向固定并传递转矩　　　D．安装与拆卸方便

(8) 键的剖面尺寸通常是根据_____按标准选择的。

    A．传递转矩的大小　　　　　　B．传递功率的大小

    C．轮毂的长度　　　　　　　　D．轴的直径

(9) 平键连接时，其工作面为_____。

    A．键两侧面　　B．键的底面　　　C．键的顶面

(10) 楔键和_____两者的接触面都具有 1∶100 的斜度。

    A．轴上键槽的底面　　　　　　B．轮毂上键槽的底面

    C．键槽的侧面

二、简答题

(1) 为什么螺纹连接大多数要预紧？什么叫螺纹连接的预紧力？

(2) 螺纹连接为什么要防松？防松的根本问题是什么？

(3) 防松的基本原理有哪几种？具体的防松方法和装置各有哪些？

(4) 半圆键连接与普通平键连接相比，有什么优缺点？它适用于什么场合？

(5) 销有哪几种类型？各用于何种场合？

三、实作题

(1) 图 7-43 中，两根梁用 8 个 4.6 级普通螺栓与两块钢盖板相连接，梁受到的拉力 F=28kN，摩擦系数 f=0.2，控制预紧力，试确定所需螺栓的直径。

(2) 图 7-44 中，一蜗杆减速箱体 1 与箱盖 2 用 8 个粗牙普通螺纹双头螺柱连接。作用

在箱盖上的外载荷 $F_\Sigma = 50\text{kN}$，方向向上，与双头螺柱轴线平行。各螺柱担负的外载荷相同。双头螺柱用 35 号钢制造，试确定其直径 d (不控制预紧力)。

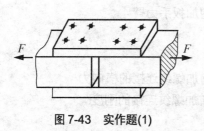

图 7-43　实作题(1)

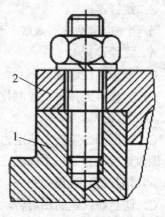

图 7-44　实作题(2)

第8章 挠性传动

教学目标：

机械传动中常常利用中间挠性元件，如带、链、绳等，依靠摩擦或啮合来实现两个或多个传动轮之间的运动和动力传递，这类传动统称为挠性传动。通过本章的学习读者可以了解带传动、链传动的基本类型及应用，并能分析与设计。

教学重点和难点：

- 了解带传动、链传动的类型、特点和应用场合；
- 熟悉普通V带和滚子链的结构及其标准；
- 通过带传动工作情况分析掌握普通V带传动的工作原理、受力情况、弹性滑动和打滑的概念及区别、传动的失效形式及设计准则；
- 通过链传动工作情况分析掌握滚子链传动的工作原理及运动特点；
- 了解V带传动、滚子链传动的参数选择及设计方法和步骤。

案例导入：

电机与减速装置之间的带传动、自行车的链传动等是我们最常见的传动装置，为什么要这样使用？反之会出现什么问题？通过本章的学习，我们会解决这些问题，并且能对带传动、链传动进行分析及设计。

8.1 带 传 动

带传动是利用张紧在带轮上的带，在两轴(或多轴)间传递运动或动力(图8-1)。环形传动带采用易弯曲的挠性材料制成。带传动按工作原理可分为摩擦传动和啮合传动两大类，较常见的是摩擦带传动。

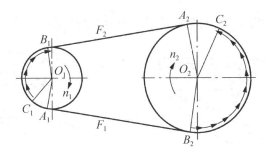

图 8-1 带传动的工作原理

8.1.1 带传动的组成及应用

本节介绍带传动的组成和类型，重点介绍普通V带传动。

1. 带传动的组成

带传动是由主动轮、从动轮和中间挠性元件带组成(图 8-1)。由于带的初拉力在带轮上产生一定的正压力,工作时主动轮依靠摩擦力带动带,带又靠摩擦力带动从动轮,从而实现主、从动轴之间的运动和动力的传递。

工程上一般需要的是减速运动,因此,通常小带轮为主动轮,而大带轮为从动轮。

2. 带传动的类型

根据带的截面形状不同(图 8-2),带传动可分为平带、V 带、多楔带和圆形带传动等。

   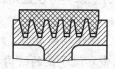

(a) 平带传动　　　　(b) V带传动　　　　(c) 多楔带传动　　　(d) 圆形带传动

图 8-2　不同截面的摩擦带传动

平带传动靠带的环形内表面与带轮外表面压紧产生摩擦力。平带传动结构简单,带的挠性好,带轮容易制造,大多用于传动中心距较大的场合。

V 带传动靠带的两侧面与轮槽侧面压紧产生摩擦力。与平带传动比较,当带对带轮的压力相同时,V 带传动的摩擦力大,故能传递较大功率,结构也较紧凑,且 V 带无接头,传动较平稳。V 带又分为普通 V 带、窄 V 带、宽 V 带、大楔角 V 带等多种类型,其中普通 V 带和窄 V 带应用最广。

多楔带(又称复合 V 带)传动靠带和带轮间的楔面之间产生的摩擦力工作,兼有平带和 V 带的优点,适宜于要求结构紧凑且传递功率较大的场合,特别适用要求 V 带根数较多或带轮轴线垂直于地面的传动。

圆带传动靠带与轮槽压紧产生摩擦力。它用于低速小功率传动,如缝纫机、磁带盘的传动等。

3. V 带的结构和标准

V 带分为帘布结构和线绳结构两种类型,如图 8-3 所示。

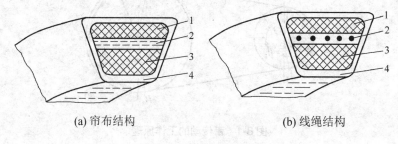

(a) 帘布结构　　　　　　　　　　　　(b) 线绳结构

图 8-3　普通 V 带结构

V 带为梯形截面无端头橡胶带,由以下 4 部分组成:顶胶 1,当 V 带弯曲在带轮上时,顶胶被伸长,由胶料制成;抗拉体 2,承受载荷的主体,材料为化学纤维织物;底胶

3，当 V 带弯曲在带轮上时，底胶被缩短，由胶料制成；包布层 4，由胶帆布制成。

帘布结构与线绳结构的区别在于抗拉体，帘布结构由胶帘布制造，便于生产；线绳结构由胶线绳制造，柔韧性好，抗弯强度高，寿命长。

V 带的横截面为梯形，当带弯曲时，带中长度和宽度均不变的一层称为中性层，其宽度 b_p 称为节宽。V 带截面高度 h 和节宽 b_p 的比值称为相对高度。楔角 φ 为 40°，相对高度约为 0.7 的称为普通 V 带，相对高度约为 0.9 的称为窄 V 带。普通 V 带有 Y、Z、A、B、C、D、E 型七种型号，最常用的是 A、B 型。窄 V 带有 SPZ、SPA、SPB、SPC 四种型号，除具有普通 V 带的特点外，窄 V 带能承受较大的张紧力，允许速度和曲挠次数高，传递功率大，节能，常用于大功率、结构紧凑的传动。

V 带是标准件，其截面尺寸和长度已标准化，各型号的截面尺寸见表 8-1。

表 8-1　V 带的截面尺寸

截型		节宽 b_p/mm	顶宽 b/mm	高度 h/mm	截面面积 A/mm²	单位长度质量 q/(kg/m)	楔角 φ
普通 V 带	窄 V 带						
Y		5.3	6.0	4.0	18	0.023	
Z	SPZ	8.5	10.0	6.0	47	0.060	
				8.0	57	0.072	
A	SPA	11.0	13.0	8.0	81	0.105	
				10.0	94	0.112	40°
B	SPB	14.0	17.0	11.0	138	0.170	
				14.0	167	0.192	
C	SPC	19.0	22.0	14.0	230	0.300	
				18.0	278	0.370	
D		27.0	32.0	19.0	476	0.630	
E		32.0	38.0	23.0	692	0.970	

V 带的两侧面是工作面，利用楔形增压原理能产生更大的传动力。如图 8-4 所示，若带对带轮的压紧力均为 F_Q，对于平带传动，带与轮缘表面间的极限摩擦力 $F_\mu = \mu F_N = \mu F_Q$；而对于 V 带，其极限摩擦力为 $F_{\mu V} = 2\mu F_N = \mu F_Q / \sin\dfrac{\varphi}{2}$。

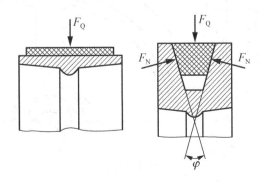

图 8-4　平带传动与 V 带传动的比较

令 $\mu_V = \mu / \sin\dfrac{\varphi}{2}$，则

$$F_{\mu V} = \mu_V F_Q$$

式中：F_N——带轮给予带的反力；

　　　μ——摩擦系数；

　　　μ_V——楔面摩擦的当量摩擦系数。

按标准一般取 $\varphi \approx 40°$，则 $F_{\mu V} \approx 3F_\mu$，因此 V 带传递功率的能力比平带大得多。在传递相同的功率时，若采用 V 带传动将得到比较紧凑的结构。

4．V 带轮的结构及尺寸

V 带轮由 3 部分组成：轮缘，用以安装传动带的部分；轮毂，与轴接触配合的部分；轮辐或腹板，用以连接轮缘和轮毂的部分。

带轮按结构不同分为实心式、腹板式、孔板式和轮辐式，如图 8-5 所示。

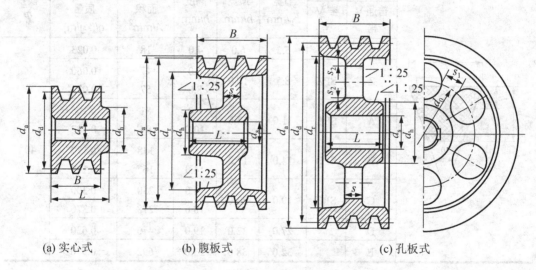

(a) 实心式　　　　　(b) 腹板式　　　　　(c) 孔板式

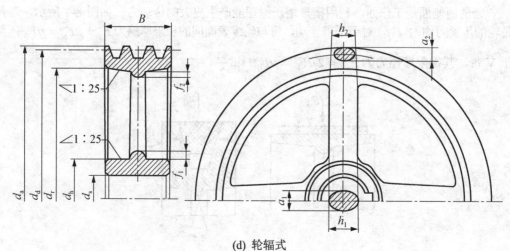

(d) 轮辐式

图 8-5　V 带轮结构

图中，
$$d_h = (1.8 \sim 2)d_s, \quad d_r = d_a - 2(h_a + h_f + \delta)$$
$$h_1 = 290(P/(nz_a))^{1/3}, \quad h_2 = 0.8h_1, \quad d_0 = (d_h + d_f)/2$$
$$s = (0.2 \sim 0.3)B, \quad L = (1.5 \sim 2)d_s$$
$$s_1 \geqslant 1.5s, \quad s_2 \geqslant 0.5s, \quad a_1 = 0.4h_1, \quad a_2 = 0.8a_1, \quad f_1 = f_2 = 0.2h_1$$

h_a、h_f、δ 见表 8-2；P 为传递的功率，单位 kW；n 为转速，单位为 r/min；z_a 为辐条数。

V 带安装在带轮上，带的节宽 b_p 与轮槽的基准宽度 b_d 重合并相等，其对应的带轮直径称为基准直径 d_d(见表 8-2)。

带轮基准直径较小时[$d_d \leqslant (2.5 \sim 3)$ d_s，d_s 为轴径]，常用实心式结构；当 $d_d \leqslant 300$mm 时，可采用辐板式结构，且当 $d_1 - d_h \geqslant 100$mm 时，为了便于吊装和减轻质量可在腹板上开孔，称为孔板式；当 $d_d > 300$mm 时，一般采用轮辐式结构。

带速 $v \leqslant 30$m/s 的传动带，其带轮常用铸铁 HT150 制造，重要的也可用 HT200；高速时宜使用钢制带轮，速度可达 45 m/s；小功率可用铸铝或塑料。

V 带轮轮槽结构及尺寸见表 8-2。

表 8-2　V 带轮轮槽尺寸

槽型截面尺寸		型　号						
		Y	Z SPZ	A SPA	B SPB	C SPC	D	E
槽根高 h_{fmin}		4.7	7.0 9.0	8.7 11.0	10.8 14.0	14.3 19.0	19.9	23.4
槽顶高 h_{amin}		1.6	2.0	2.75	3.5	4.8	8.1	9.6
槽间距 e		8± 0.3	12± 0.3	15± 0.3	19± 0.4	25.5 ±0.5	37± 0.6	44.5 ±0.7
槽边宽 f_{min}		7±1	8±1	10^{+2}_{-1}	12.5^{+2}_{-1}	17^{+2}_{-1}	23^{+3}_{-1}	29^{+4}_{-1}
基准宽度 b_d		5.3	8.5	11	14	19	27	32
轮缘厚度 δ_{min}		5	5.5	6	7.5	10	12	15
轮宽 B		$B = (z-1)e + 2f$，z 为轮槽数						
外径 d_a		$d_a = d_d + 2h_a$						
槽角 ϕ	32°	基准直径 d_d	≤60						
	34°			≤80	≤118	≤190	≤315		
	36°		>60					≤475	≤600
	38°			>80	>118	>190	>315	>475	>600

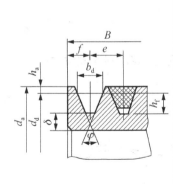

5. V 带传动的特点及应用

因为 V 带传动具有中间挠性件并靠摩擦力工作，所以具有以下优点：①能缓和载荷冲击；②运行平稳，无噪声；③过载时将引起带在带轮上打滑，因而可防止其他零件的损坏；④可增加带长以适应中心距较大的工作条件；⑤结构简单，制造和安装精度要求不像啮合传动那样严格，成本低廉。

带传动的缺点是：①有弹性滑动和打滑现象，使传动效率降低，不能保持准确的传动比；②需要较大的张紧力，增大了轴和轴承的受力；③传动尺寸大；④带的寿命较短。

鉴于上述优缺点，V 带传动主要适用于：①带速较高的场合，多用于原动机输出的第一级传动，带的工作速度一般为 5~30 m/s，最高可达 60 m/s；②中、小功率传动，通常不超过 50kW；③传动比一般不超过 7，最大可到 10；④传动比要求不十分准确的场合。

8.1.2　带传动的工作情况分析

1. 带传动的受力分析

1) 带传动的有效拉力

传动带的受力如图 8-6 所示。传动带以一定的张紧力套在两带轮上，当传动不工作时，带在带轮两边的拉力相等，均为初拉力 F_0（图 8-6(a)）；工作时带与带轮之间产生摩擦力 F_μ，进入主动轮一边的带被进一步拉紧，称为紧边，拉力由 F_0 增大到 F_1；进入从动轮一边的带则相应被放松，称为松边，拉力由 F_0 减小到 F_2（图 8-6(b)）。紧边拉力 F_1 和松边拉力 F_2 之差称为有效拉力 F，此力也等于带和带轮整个接触面上的摩擦力的总和 $\sum F_\mu$，即

$$F = F_1 - F_2 = \sum F_\mu \tag{8-1}$$

若假设带的总长不变，紧边拉力的增量应等于松边拉力的减量，即

$$F_1 - F_0 = F_0 - F_2$$

所以
$$F_1 + F_2 = 2F_0 \tag{8-2}$$

若以 v 表示带的速度，单位为 m/s；P 表示传动功率，单位为 kW，则有效拉力：

$$F = F_1 - F_2 = \frac{1000P}{v} \tag{8-3}$$

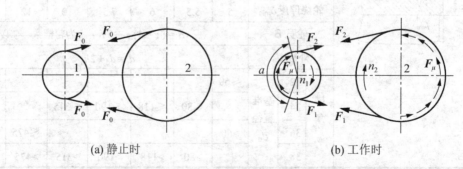

(a) 静止时　　　　　　　　　　　(b) 工作时

图 8-6　带传动的工作原理图

2) 最大有效拉力

由式(8-3)可知，当传递的功率增大时，有效拉力 F 也相应增大，即要求带和带轮接触面上有更大的摩擦力来维持传动。但是，当其他条件不变且张紧力 F_0 一定时，带传动的摩

擦力存在一极限值，就是带所能传递的最大有效拉力 F_{max}。当带传动的有效拉力超过这个极限值时，带就会在带轮上打滑。当带处于即将打滑的临界状态时，如忽略离心力，F_1 和 F_2 满足柔韧体摩擦的欧拉公式：

$$F_1 = F_2 e^{\mu\alpha} \tag{8-4}$$

式中：e——自然对数的底，e=2.718；

　　　α——带与带轮接触弧所对的中心角，称为包角，rad。

式(8-1)与式(8-4)联立，可解出带所能传递的最大有效拉力 F_{max} 为

$$F_{max} = F_1 - F_2 = F_1\left(1 - \frac{1}{e^{\mu\alpha}}\right) = F_2(e^{\mu\alpha} - 1) \tag{8-5}$$

将式(8-5)代入式(8-2)可得

$$F_{max} = 2F_0 \frac{e^{\mu\alpha} - 1}{e^{\mu\alpha} + 1} = 2F_0\left(1 - \frac{2}{e^{\mu\alpha} + 1}\right) \tag{8-6}$$

由此可见，带传动的最大有效拉力与初拉力、包角以及摩擦因子有关，且与 F_0 成正比。但 F_0 过大，将使带的工作寿命缩短，故带传动的传动能力受到限制。

3) 由离心力所产生的拉力

当带在带轮上做圆周运动时，将产生离心力。虽然离心力只产生在带做圆周运动的部分，但由此产生的离心拉力 F_c 却作用在带的全长上，离心拉力使带压在带轮上的力减少，降低带传动的工作能力。离心拉力 F_c(N)的大小为

$$F_c = qv^2 \tag{8-7}$$

式中：q——传动带每米长的质量，单位 kg / m，其数值见表 8-1；

　　　v——带速，单位 m/s。

4) 作用在轴上的压力

作用在轴上的压力等于松边和紧边拉力的向量和。由离心所产生的带拉力和离心力彼此平衡，所以并未作用在轴上。

如果不考虑带两边的拉力差，则作用在轴上的载荷 Q 可近似地由式(8-8)确定(图 8-7)。

$$Q = 2zF_0 \sin\frac{\alpha}{2} \tag{8-8}$$

式中：F_0——单根带的张力；

　　　z——带根数。

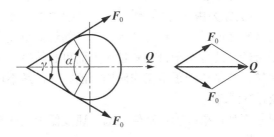

图 8-7　作用在带轮轴上的压力计算

2. 带的应力分析

带传动工作时，带中的应力有以下几种。

1) 拉应力

紧边拉应力：

松边拉应力：

$$\left.\begin{array}{l}\sigma_1 = \dfrac{F_1}{A} \\[2mm] \sigma_2 = \dfrac{F_2}{A}\end{array}\right\} \tag{8-9}$$

式中，A 为带的横截面面积，单位为 mm^2；F_1、F_2 的单位为 N；σ_1、σ_2 的单位为 MPa。

2) 弯曲应力

带绕在带轮上时要引起弯曲应力，带的弯曲应力为：

$$\sigma_b \approx 2E\frac{h'}{d_d} \approx E\frac{h}{d_d} \tag{8-10}$$

式中：h'——带的基准线至顶面的距离，mm；

h——带的高度，mm；

E——带的弹性模量，MPa；

d_d——带轮的基准直径，mm。

由式(8-10)可见，d_d 越小，带的弯曲应力越大。故带绕在小带轮上时的弯曲应力大于绕在大带轮上时的弯曲应力。为了避免弯曲应力过大，应控制小带轮的基准直径。

3) 离心应力

由于离心力的作用，带中产生的离心拉力在带的横截面上就要产生离心应力，该应力为

$$\sigma_c = \frac{qv^2}{A} \tag{8-11}$$

综上所述，带工作时可能产生的瞬时最大应力发生在带的紧边开始绕上小带轮处，此时的最大应力近似为：

$$\sigma_{max} \approx \sigma_1 + \sigma_b + \sigma_c \tag{8-12}$$

3. 带的弹性滑动、打滑和传动比

1) 带的弹性滑动

带是弹性体，其工作时，由于紧边和松边的拉力不同，所以产生的弹性变形也不同。

图 8-8 中，带自 A_1 点绕上主动轮，此时带和带轮表面的速度是相等的，但在带自 A_1 点转到 B_1 点的过程中，带的拉力由 F_1 降低到 F_2，带因弹性变形渐小而回缩，因此带的速度要滞后于带轮，带与带轮之间发生了相对滑动。同样的现象也发生在从动轮上，但情况相反，带的速度超前于带轮。这种由于带的弹性变形而引起的带与带轮之间的相对滑动，称为弹性滑动，又称丢转，是带传动正常工作时固有的特性，是不可避免的。选用弹性模量大的带材料可以降低弹性滑动。

带的弹性滑动会引起下列后果：①从动轮的圆周速度低于主动轮的圆周速度；②降低传动效率；③引起带的磨损；④使带温度升高。

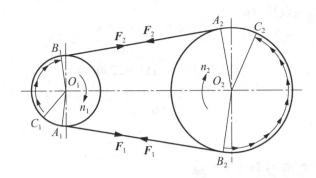

图 8-8 带的弹性滑动示意

2) 打滑

当带传动传递的有效拉力大于极限摩擦力时，带与带轮间将发生全面滑动，这种现象称为打滑。打滑将造成带的严重磨损并使从动轮转速急剧降低，致使传动失效。带在大轮上的包角一般大于小轮上的包角，所以打滑总是先从小轮上开始。

带的弹性滑动和打滑是两个完全不同的概念，打滑是因为过载引起的，因此打滑可以避免。而弹性滑动是由于带的弹性和拉力差引起的，是传动中不可避免的现象。

3) 传动比

由弹性滑动引起从动轮圆周速度的相对降低率称为滑动率，用 ε 表示。

$$\varepsilon = \frac{v_1 - v_2}{v_1} = 1 - \frac{n_2 d_{d2}}{n_1 d_{d1}}$$

传动比
$$i = \frac{n_1}{n_2} = \frac{d_{d2}}{d_{d1}(1 - \varepsilon)} \tag{8-13}$$

从动轮转速
$$n_2 = (1 - \varepsilon) n_1 \frac{d_{d1}}{d_{d2}} \tag{8-14}$$

带传动的滑动率 ε 通常为 0.01～0.02，在一般计算中可忽略不计。

例 8-1 V 带传动中小带轮直径 $d_{d1} = 160\text{mm}$，大带轮直径 $d_{d2} = 300\text{mm}$，小带轮转速 $n_1 = 960\text{r/min}$，V 带传动的滑动率 $\varepsilon = 0.02$，试求在计入滑动率和不计入滑动率的情况下，大带轮的转速相差多少？

解：

(1) 不计入滑动率时：

$$n_2 = n_1 \frac{d_{d1}}{d_{d2}} = 960 \times \frac{160}{300} = 512(\text{r/min})$$

(2) 计入滑动率时：

$$n_2 = (1 - \varepsilon) n_1 \frac{d_{d1}}{d_{d2}} = 960 \times \frac{160 \times (1 - 0.02)}{300} = 501.76(\text{r/min})$$

故在计入滑动率和不计入滑动率的情况下，大带轮的转速每分相差 11.24 转。

例 8-2 V 带传动所传递的功率 $P = 7.5\text{kW}$，带速 $v = 10\text{m/s}$，现测得张紧力 $F_0 = 1\,125\text{N}$，试求紧边拉力 F_1 和松边拉力 F_2。

解：V带传递的有效拉力：

$$F = F_1 - F_2 = \frac{1000P}{v} = \frac{1000 \times 7.5}{10} = 750(\text{N})$$

由已知条件可知：$\qquad F_1 + F_2 = 2F_0 = 2 \times 1125 = 2250(\text{N})$

以上两式解得：

$$F_1 = 1500\text{N}$$

$$F_2 = 750\text{N}$$

8.1.3　V带传动的设计和计算

1. 带传动的失效形式及设计准则

带传动的主要失效形式是打滑和带的疲劳破坏(如拉断、脱层、撕裂等)，因此带传动的设计准则是：在保证带不打滑的条件下，使其具有一定的疲劳强度和寿命，即满足以下强度条件：

$$\sigma_{\max} = \sigma_1 + \sigma_c + \sigma_{b1} \leqslant [\sigma]$$

或 $\qquad\qquad\qquad \sigma_1 \leqslant [\sigma] - \sigma_c - \sigma_{b1} \qquad\qquad\qquad (8\text{-}15)$

式中，$[\sigma]$ 为带的许用应力，$[\sigma]$ 值是特定条件下由实验确定的。

将由式(8-5)得到的带在不打滑时的最大有效圆周力 $F_{\max}$ 代入式(8-3)，并以 $F_1 = \sigma_1 A$ 和式(8-15)进行置换，便可得到单根 V 带既不打滑且具有足够疲劳强度时所允许传递的功率 $P(\text{kW})$ 为

$$P = \frac{([\sigma] - \sigma_c - \sigma_{b1})\left(1 - \dfrac{1}{e^{\mu a}}\right)Av}{1\,000} \qquad (8\text{-}16)$$

式(8-16)为计算各种摩擦带所能传递功率的基本公式。单根普通 V 带所能传递的额定功率可查表 8-3；单根窄 V 带所能传递的额定功率可参见《机械设计手册》，查窄 V 带对应额定功率表。

表 8-3　单根普通 V 带的额定功率 P_0 和功率增量 ΔP_0 ／kW

型号	小带轮的 n /(r/min)	小带轮基准直径 d_{d1}/mm					传动比 i					
		单根 V 带的额定功率 P_0					1.13～1.18	1.19～1.24	1.25～1.34	1.35～1.51	1.52～1.99	≥2.00
							额定功率增量 ΔP_0					
		75	90	100	112	125						
A	700	0.40	0.61	0.74	0.90	1.07	0.04	0.05	0.05	0.07	0.08	0.09
	800	0.45	0.68	0.83	1.00	1.19	0.04	0.05	0.06	0.08	0.09	0.10
	950	0.51	0.77	0.95	1.15	1.37	0.05	0.06	0.07	0.08	0.10	0.11
	1200	0.60	0.93	1.14	1.39	1.66	0.07	0.08	0.10	0.11	0.13	0.15
	1450	0.68	1.07	1.32	1.61	1.92	0.08	0.09	0.11	0.13	0.15	0.17
	1600	0.73	1.15	1.42	1.74	2.07	0.09	0.11	0.13	0.15	0.17	0.19
	2000	0.84	1.34	1.66	2.04	2.44	0.11	0.13	0.16	0.19	0.22	0.24

续表

型号	小带轮的 n /(r/min)	小带轮基准直径 d_{d1}/mm					传动比 i					
							1.13~1.18	1.19~1.24	1.25~1.34	1.35~1.51	1.52~1.99	≥2.00
		单根 V 带的额定功率 P_0					额定功率增量 ΔP_0					
B		125	140	160	180	200						
	400	0.84	1.05	1.32	1.59	1.85	0.06	0.07	0.08	0.10	0.11	0.13
	700	1.30	1.64	2.09	2.53	2.96	0.10	0.12	0.15	0.17	0.20	0.22
	800	1.44	1.82	2.32	2.81	3.30	0.11	0.14	0.17	0.20	0.23	0.25
	950	1.64	2.08	2.66	3.22	3.77	0.13	0.17	0.20	0.23	0.26	0.30
	1200	1.93	2.47	3.17	3.85	4.50	0.17	0.21	0.25	0.30	0.34	0.38
	1450	2.19	2.82	3.62	4.39	5.13	0.20	0.25	0.31	0.36	0.40	0.46
	1600	2.33	3.00	3.86	4.68	5.46	0.23	0.28	0.34	0.39	0.45	0.51
C		200	224	250	280	315						
	500	2.87	3.58	4.33	5.19	6.17	0.20	0.24	0.29	0.34	0.39	0.44
	600	3.30	4.12	5.00	6.00	7.14	0.24	0.29	0.35	0.41	0.47	0.53
	700	3.69	4.64	5.64	6.76	8.09	0.27	0.34	0.41	0.48	0.55	0.62
	800	4.07	5.12	6.23	7.52	8.92	0.31	0.39	0.47	0.55	0.63	0.71
	950	4.58	5.78	7.04	8.49	10.1	0.37	0.47	0.56	0.65	0.74	0.83
	1200	5.29	6.71	8.21	9.81	11.5	0.47	0.59	0.70	0.82	0.94	1.06
	1450	5.84	7.45	9.04	10.7	12.5	0.58	0.71	0.85	0.99	1.14	1.27

2．设计原始数据及设计内容

设计 V 带传动时给定的原始数据通常为：传递的功率 P_0，转速 n_1、n_2(或传动比 i)，传动位置要求和给定的工作条件等。

设计内容包括确定带的截型、长度、根数、传动中心距、带轮基准直径及结构尺寸等。

3．设计方法和步骤

1) 确定计算功率

计算功率是根据传递的名义功率 P，考虑载荷性质和运转时间长短等因素的影响而确定的，即：

$$P_d = K_A P \tag{8-17}$$

式中：P 为传递的名义功率，单位为 kW；P_d 为计算功率，单位为 kW；K_A 为工作情况系数，见表 8-4。

表 8-4 工作情况系数 K_A

工 况		K_A					
载荷性质	工作机	空、轻载起动			重起动		
		每天工作小时数 h					
		<10	10~16	>16	<10	10~16	>16
载荷变动微小	液体搅拌机、通风机和鼓风机(≤7.5kW)、离心式水泵和压缩机、轻型输送机	1.0	1.1	1.2	1.1	1.2	1.3

续表

工 况		K_A					
载荷性质	工 作 机	空、轻载起动			重 起 动		
		每天工作小时数 h					
		<10	10~16	>16	<10	10~16	>16
载荷变动小	带式输送机(不均匀载荷)、通风机(>7.5kW)、旋转式水泵和压缩机、发电机、金属切削机床、印刷机、旋转筛、锯木机和木工机械	1.1	1.2	1.3	1.2	1.3	1.4
载荷变动较大	制砖机、斗式提升机、往复式水泵和压缩机、起重机、磨粉机、冲剪机床、橡胶机械、纺织机械、重型输送机	1.2	1.3	1.4	1.4	1.5	1.6
载荷变动很大	破碎机(旋转式、颚式等)、磨碎机(球磨、棒磨、管磨)	1.3	1.4	1.5	1.5	1.6	1.8

注：① 空、轻载起动：电动机(交流起动、三角形起动、直流并励)，四缸以上的内燃机，装有离心式离合器、液力联轴器的动力机。

② 反复起动、正反转频繁、工作条件恶劣等场合，K_A 乘以1.2。

2) 选定带型

根据计算功率 P_d 和小带轮转速 n_1，由图 8-9 初选普通 V 带的型号；在两种型号交界线附近时，可以对两种 V 带型号同时进行计算，最后择优选定。窄 V 带的型号选定方法与普通 V 带一样，可参见《机械设计手册》查窄 V 带的选型图。

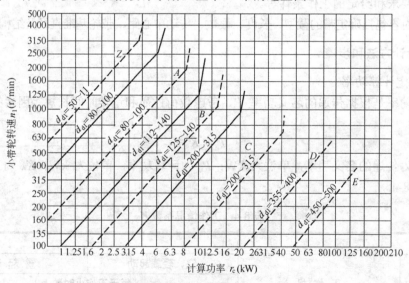

图 8-9 普通 V 带选型图

3) 确定带轮的基准直径 d_{d1} 和 d_{d2}

(1) 初选小带轮基准直径 d_{d1}。根据 V 带截型，参考表 8-5 选取小带轮基准直径，要求 $d_{d1} \geqslant d_{dmin}$，并取为标准值。

表 8-5 V 带轮的基准直径 d_d 系列值　　　　　　　　/mm

槽型	Y	Z SPZ	A SPA	B SPB	C SPC	D	E
d_{dmin}	20	50 63	75 90	125 140	200 224	355	500
d_d 的范围	20~125	50~630 63~630	75~800 90~800	125~1120 140~1120	200~2000 224~2000	355~ 2000	500~ 2500
d_d 的标准系列值	20 22.4 25 28 31.5 35.5 40 45 50 56 71 75 80 85 95 100 106 112 118 125 132 140 150 160 170 180 200 212 224 236 250 265 280 300 315 335 355 375 400 425 450 475 500 530 560 600 630 670 710 750 800 900 1000 1060 1120 1250 1400 1500 1600 1800 2000 2240 2500						

(2) 验算带的速度 v。根据式(8-18)计算带的速度：

$$v=\frac{\pi d_{d1}n_1}{60\times1000}\ (\text{m/s})\tag{8-18}$$

带的速度一般应在 5~25m/s 范围内，当传递功率一定时，提高带速，可减少带的根数；但带速过高，离心力过大，带的传动能力反而降低，并影响带的寿命。若带速不在此范围内，应增大或减小小带轮的基准直径。

(3) 确定大带轮的基准直径 d_{d2}。从动轮基准直径 d_{d2} 可由式 $d_{d2}=id_{d1}$ 计算，并同样按表 8-5 相近圆整为标准值。

4) 确定中心距 a 和带的基准长度 L_d

中心距是指两带轮轴心线的长度，用 a 表示。V 带中性层的周长称为带的基准长度 L_d，V 带的基准长度为标准值(见表 8-6)。

表 8-6 V 带的基准长度系列及长度系数 K_L

基准长度 L_d/mm	K_L										
	普通 V 带							窄 V 带			
	Y	Z	A	B	C	D	E	SPZ	SPA	SPB	SPC
450	1.00	0.89									
500	1.02	0.91									
560		0.94									
630		0.96	0.81					0.82			
710		0.99	0.82					0.84			
800		1.00	0.85					0.86	0.81		
900		1.03	0.87	0.81				0.88	0.83		
1000		1.06	0.89	0.84				0.90	0.85		
1120		1.08	0.91	0.86				0.93	0.87		
1250		1.11	0.93	0.88				0.94	0.89	0.82	
1400		1.14	0.96	0.90				0.96	0.91	0.84	
1600		1.16	0.99	0.93	0.84			1.00	0.93	0.86	
1800		1.18	1.01	0.95	0.85			1.01	0.95	0.88	
2000			1.03	0.98	0.88			1.02	0.96	0.90	0.81
2240			1.06	1.00	0.91			1.05	0.98	0.92	0.83
2500			1.09	1.03	0.93			1.07	1.00	0.94	0.86

注：各型号中长度系数为空格的表示无对应的基准长度，超出列表范围时可另查机械设计手册。

带传动的中心距不宜过大，否则载荷变化会引起带的抖动，使工作不稳定，而且结构不紧凑；中心距过小，在一定带速下，单位时间内带绕过带轮的次数增多，带的应力循环次数增加，会加速带的疲劳损坏。设计时可根据传动的结构需要初定中心距 a_0：

$$0.7(d_{d1} + d_{d2}) < a_0 < 2(d_{d1} + d_{d2}) \tag{8-19}$$

a_0 取定后，根据带传动的几何关系，按式(8-20)计算所需带的基准长度 L_d'：

$$L_d' \approx 2a_0 + \frac{\pi}{2}(d_{d2} + d_{d1}) + \frac{(d_{d2} - d_{d1})^2}{4a_0} \tag{8-20}$$

根据 L_d' 从表8-6中选取与之接近的 V 带的基准长度 L_d，再根据 L_d 来计算实际中心距：

$$a \approx a_0 + \frac{L_d - L_d'}{2} \tag{8-21}$$

为便于安装和调整中心距，需留出一定的中心距调整余量。中心距的变动范围为：

$$a_{min} = a - 0.015L_d$$
$$a_{max} = a + 0.03L_d$$

5) 验算小带轮的包角 α_1

$$\alpha_1 \approx 180° - \frac{d_{d2} - d_{d1}}{a} \times 57.5° \geqslant 120°(至少90°) \tag{8-22}$$

小带轮包角 α_1 过小，传动能力降低，易打滑。一般要求 $\alpha_1 \geqslant 120°$，若不满足，应适当增大中心距或减小传动比来增加小带轮包角 α_1。

6) 确定带的根数 z

$$z = \frac{P_d}{(P_0 + \Delta P_0)K_\alpha K_L} \tag{8-23}$$

式中：K_α——考虑包角不同时的影响系数，简称包角系数，查表8-7；

K_L——考虑带的长度不同时的影响系数，简称长度系数，查表8-6；

P_0——单根 V 带的基本额定功率，查表8-3；

ΔP_0——计入传动比的影响时，单根 V 带额定功率的增量，查表8-3。

带的根数不宜过多，通常 $z \leqslant 10$，否则应增大带的型号或小带轮直径，然后重新计算。

表8-7 包角系数 K_α

小带轮包角/(°)	K_α	小带轮包角/(°)	K_α
180	1	140	0.89
175	0.99	135	0.88
170	0.98	130	0.86
165	0.96	125	0.84
160	0.95	120	0.82
155	0.93	110	0.78
150	0.92	100	0.74
145	0.91	90	0.69

7) 确定带的初拉力 F_0

初拉力的大小是保证带传动正常工作的重要因素。初拉力过小，摩擦力小，容易发生打滑；初拉力过大，则带的寿命降低，轴和轴承受力大。保证传动正常工作的单根 V 带合适的初拉力为

$$F_0 = 500\frac{P_d}{zv}\left(\frac{2.5}{K_\alpha} - 1\right) + qv^2 \tag{8-24}$$

8) 计算带作用于轴上的力 Q

为了计算轴和选择轴承，需要确定带作用在带轮上的力(简称压轴力)Q，可按式(8-8)计算。

8.2　链　传　动

链传动是通过具有特殊齿形的主动链轮、从动链轮和一条闭合的中间挠性链条啮合来传递运动和动力，其简图如 8-10 所示。

按用途不同，链可分为以下二类：①传动链，在各种机械传动装置中用于传递运动和动力；②起重链，主要在起重机械中用于提升重物；③曳引链，在运输机械中用于移动重物。

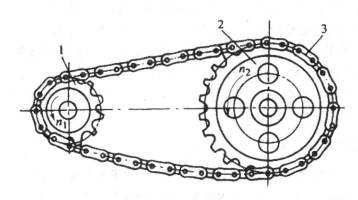

图 8-10　链传动简图

8.2.1　链传动的组成及应用

1. 链传动的组成

链传动是由主动链轮 1、从动链轮 2 和中间挠性元件链条 3 组成，如图 8-10 所示。由于链条的张紧力，机械工作时通过链轮与链条的啮合实现主、从动轴之间运动和动力的传递。

在一般工程中，小链轮为主动轮，而大链轮为从动轮。

2. 链传动的类型

传动链分为短节距精密滚子链(简称滚子链)、短节距精密套筒链(简称套筒链)、齿形链和成形链等，如图 8-11 所示。

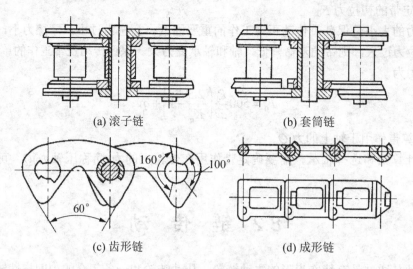

(a) 滚子链　　　　　　　　　　　　(b) 套筒链

(c) 齿形链　　　　　　　　　　　　(d) 成形链

图 8-11　传动链的类型

套筒链的结构与滚子链基本相同，但少一个滚子，故易磨损，只用于低速($v < 2$ m/s)传动。

齿形链是由一组带有两个齿的链板左右交错并列铰接而成(图 8-11(c))。齿形链板的两外侧为直边，其夹角为 60° 或 70°。齿楔角为 60° 的齿形链传动较易制造，应用较广。工作时链齿外侧边与链轮轮齿相啮合来实现传动。齿形链传动平稳，承受冲击载荷的能力强，允许速度可高达 40m/s，且噪声小，故又称无声链，但其结构复杂、质量大、价格高，多用于高速或精度要求高的场合，如汽车、磨床等。

成形链结构简单、拆装方便，常用于 $v < 3$ m/s 的一般传动及农业机械中。

以下主要介绍滚子链传动。

3．滚子链的结构和标准

滚子链由内链板 1、外链板 2、销轴 3、套筒 4 及滚子 5 组成，如图 8-12 所示。

滚子链的销轴与外链板、套筒与内链板分别用过盈配合连接；滚子与套筒、套筒与销轴之间为间隙配合，构成了铰链连接，使链条成为中间挠性件。当内外链板相对挠曲时，套筒可绕销轴自由转动，滚子活套在套筒上以减轻链轮齿廓的磨损。

内外链板均制成∞字形，以使它的各个横剖面强度接近，同时也减轻了链条的质量和运动时的惯性力。

滚子链已标准化(GB/T 1243—2006)，分为 A，B 两个系列。A 系列用于重载高速和重要场合的传动，应用广泛。B 系列用于一般传动。每个系列均有不同链号，表 8-8 列出了A 系列滚子链的主要参数。

(1) 节距 p。相邻两销轴之间的距离为链的节距，节距大小等于链号乘以 25.4/16mm。它是链的基本特性参数，节距越大，链的各部分尺寸相应越大，承载能力也越大，但质量也随之增加。

(2) 排距 p_t。传动链有单排、双排、多排之分，多排链承载能力与排数成正比，对应有排距，如图 8-13 所示。

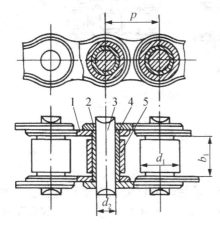

图 8-12 滚子链

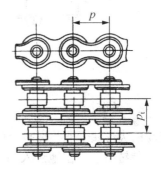

图 8-13 双排链

(3) 链节数 L_p。整条链所具有的链节总数，通常链节数最好为偶数。

(4) 链条长度 L。$L = pL_p/1000$，单位为 m。

表 8-8 A 系列滚子链的主要参数(摘自 GB/T l243—2006)

链号	节距 p /mm	排距 p_t /mm	滚子外径 d_1 /mm	销轴直径 d_2 / mm	内节内宽 b_1 /mm	抗拉强度(单排) F_{Qlim} /N
08A	12.70	14.38	7.95	3.98	7.85	13 900
10A	15.875	18.11	10.16	5.09	9.40	21 800
12A	19.05	22.78	11.91	5.96	12.57	31 300
16A	25.40	29.29	15.88	7.94	15.75	55 600
20A	31.75	35.76	19.05	9.54	18.90	87 000
24A	38.10	45.44	22.23	11.11	25.22	125 000
28A	44.45	48.87	25.40	12.71	25.22	170 000
32A	50.80	58.55	28.58	14.29	31.55	223 000
40A	63.50	71.55	39.68	19.85	37.85	347 000

注：① 使用过渡链节时，其极限拉伸载荷按表列数值 80%计算。

② 链号中的数乘以(25.4/16)即为节距值(mm)，其中的 A 表示 A 系列。

滚子链有 3 种接头形式，如图 8-14 所示。当链节数为偶数，且节距较大时，接头处可用开口销固定(图 8-14(a))，节距较小时，接头处可用弹簧锁片固定(图 8-14(b))；当链节数为奇数时，接头处必须采用过渡链节连接(图 8-14(c))。由于过渡链节的链板要承受弯曲应力，其强度仅为正常链节的 80%左右，所以要尽量避免采用奇数链节的链。但在重载、冲击、经常反转时，也有采用全部由类似过渡链节构成的弯板滚子链，因其柔韧性较好，能起到减轻振动、冲击的作用。

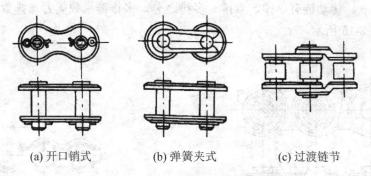

(a) 开口销式　　　　(b) 弹簧夹式　　　　(c) 过渡链节

图 8-14　滚子链的接头形式

4．滚子链链轮

链轮的齿形属于非共轭啮合传动，有较大的灵活性，应保证在链条与链轮良好啮合的情况下，使链节能自由地进入和退出啮合，并便于加工。GB/T 1243—2006 规定了齿形，其端面齿形如图 8-15 所示，轴向齿廓如图 8-16 所示。

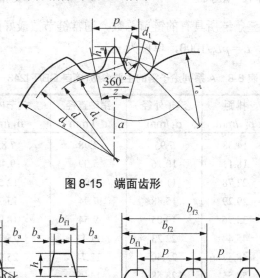

图 8-15　端面齿形

图 8-16　轴向齿廓

A 型　　　B 型

目前最流行的齿形为三弧一直线齿形。当选用这种齿形，并用相应的标准刀具加工时，链轮齿形在零件图上不画出，只需注明链轮的基本参数和主要尺寸，如齿数 z、节距 p、配用链条滚子外径 d_i、分度圆直径 d、齿顶圆直径 d_a 及齿根圆直径 d_f，并注明"齿形按 3R GB/T l243—2006 制造"。滚子链链轮及齿槽的主要参数和计算公式参见机械设计手册。

常用链轮的结构如图 8-17 所示。小直径的链轮可制成整体式；中等尺寸的链轮可制成腹板式或孔板式；大直径的链轮常采用齿圈可以更换的组合式，齿圈可以焊接或用螺栓连接在轮芯上。

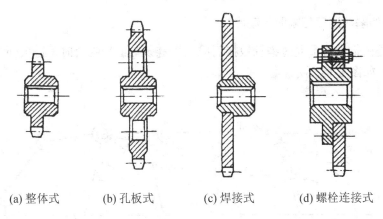

| (a) 整体式 | (b) 孔板式 | (c) 焊接式 | (d) 螺栓连接式 |

图 8-17　链轮的结构

链轮材料应能保证轮齿具有足够的耐磨性和强度。关于链轮与链条材料的牌号、热处理、齿面硬度及应用范围参见机械设计手册。

5. 链传动的特点及应用

靠中间挠性件啮合工作的链传动兼有带传动与啮合传动的特点，其优点是：①无弹性滑动和打滑现象，故能保持准确的平均传动比；②传动尺寸较为紧凑；③不需要很大的张紧力，故作用在轴上的压力较小；④传动效率高；⑤能吸振缓冲、结构简单、加工成本低、安装精度要求低，适合较大中心距的传动；⑥能在温度较高、湿度较大、油污较重等恶劣环境中工作。

链传动的缺点是：①仅适用于平行轴传动；②瞬时传动比不恒定，传动平稳性差，工作时有冲击和噪声，动载荷较大；③无过载保护作用，不宜在载荷变化大、高速和急速反转中应用；④安装精度和制造费用比带传动高。

鉴于上述优缺点，链传动主要适用于：中心距较大、平均传动比要求准确的场合；环境恶劣的开式传动、低速重载的传动及润滑良好的高速传动。通常滚子链传动的传动比 $i \leqslant 6$，推荐 $i = 2 \sim 3.5$，最大可达 15；链速 $v \leqslant 15 \text{m} / \text{s}$，最高可达 40m / s；传动链传递的功率 $P \leqslant 100\text{kW}$，最高可达 4000kW；最大中心距 $a_{\max} = 8 \text{ m}$；开式传动的效率 $\eta = 0.90 \sim 0.93$，闭式传动的效率 $\eta = 0.97 \sim 0.98$。故链传动广泛应用于农业、矿山、冶金、建筑、运输、起重机和石油等各种机械中。

8.2.2　链传动的工作情况分析

1. 链条的平均速度与平均传动比

设 z_1，z_2，n_1，n_2，R_1，R_2 分别为小轮、大轮的齿数、转速(r / min)和分度圆半径(m)，p 为链条节距(mm)，则

链条的平均速度
$$v = \frac{z_1 n_1 p}{60 \times 1000} = \frac{z_2 n_2 p}{60 \times 1000} \tag{8-25}$$

链传动的平均传动比
$$i = \frac{n_1}{n_2} = \frac{z_2}{z_1} \tag{8-26}$$

2. 链条的瞬时速度与瞬时传动比

因为链是由钢性链节通过销轴铰接而成，当链条与链轮啮合时，链条便呈一多边形分布在链轮上，如图 8-18 所示。

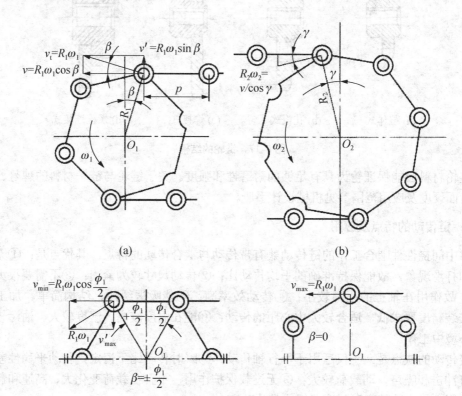

图 8-18 链传动运动分析

假设链的主动边在传动中总是处于水平位置，主动轮以等角速度 ω_1 转动，则绕进链轮上的链条的铰链销轴中心的圆周速度 $v_1 = R_1\omega_1$，可得

链条瞬间的水平速度 $\qquad v = v_1\cos\beta = R_1\omega_1\cos\beta$ (8-27)

铰链中心的铅垂速度 $\qquad v' = v_1\sin\beta = R_1\omega_1\sin\beta$ (8-28)

式中，β 为主动轮上的相位角，即链条铰链中心速度 v_1 与水平线的夹角，链轮每转一链节，其值在 $\pm\varphi_1/2$ 间变化($\varphi_1 = 360°/z_1$)。

由 $v = R_1\omega_1\cos\beta = R_2\omega_2\cos\gamma$ 可得

从动链轮的角速度 $\qquad \omega_2 = \dfrac{R_1\omega_1\cos\beta}{R_2\cos\gamma}$ (8-29)

链传动的瞬时传动比 $\qquad i = \dfrac{\omega_1}{\omega_2} = \dfrac{R_2\cos\gamma}{R_1\cos\beta}$ (8-30)

式中，γ 为从动轮上的相位角，即链条铰链中心速度 $R_2\omega_2$ 与水平线的夹角，链轮每转一链节，其值在 $\pm 180°/z_2$ 间变化。

3. 链的运动特性

由链条的瞬时速度和瞬时传动比分析可见，在链传动中，水平链速 v 和铅垂速度 v' 都随着 β_1 角的变化而变化，从而引起从动轮瞬时角速度 ω_2 和瞬时传动比 i 的变化，链条的运动忽快忽慢，忽上忽下，造成链传动的不平衡性及产生附加动载荷。这种在链传动中，由于链呈多边形运动，链条瞬时速度和传动比发生周期性波动，链条上下振动所造成的传动不平稳现象，是链传动固有的特性，是无法消除的，这种运动特性又称为链传动的多边形效应。

所以，链传动工作时，不可避免地要产生振动冲击和动载荷，因此，链传动不宜用在高速级；且当链速 v 一定时，采用较多链齿和较小链节距，对减少冲击、振动是有利的。

8.2.3　链传动的设计和计算

1. 链传动的失效形式、额定功率及设计准则

1) 链传动的主要失效形式

(1) 链的疲劳破坏。链在工作时受到变应力作用，经一定循环次数后，链板将会出现疲劳断裂，或者套筒、滚子表面将会出现疲劳点蚀，这是链传动在润滑良好、中等速度以下工作时首先出现的一种失效形式，也是决定链传动能力的主要因素。

(2) 链的冲击疲劳破坏。链在工作时，由于反复启动、制动、反转，尤其在高速状态时，由于多边形效应，而使滚子、套筒和销轴产生冲击疲劳破坏。

(3) 链条铰链的胶合。当链轮转速达到一定数值时，销轴与套筒的工作表面由于链节啮入时受到的冲击能量增大或摩擦产生的温度过高，造成销轴与套筒工作表面润滑油膜破裂而导致胶合破坏。

(4) 链条铰链的磨损。当链条在润滑条件恶劣的情况下工作时，铰链的销轴和套筒既承受压力又要产生相对转动，必然引起磨损，使节距 p 增大，从而引起跳齿、脱链及其他破坏。当按推荐方式润滑时，磨损大大降低，这种失效得以避免。

(5) 链条的静力拉断。在低速($v \leqslant 0.6\text{m/s}$)重载或瞬间尖峰载荷过大时，链条所受拉力超过了链条的静强度时，链条将被拉断。

2) 额定功率曲线

为了防止上述前 4 种失效形式的发生，对于各型号的滚子链，在不同转速下测定其额定功率，作为设计依据。图 8-19 为在标准实验条件下，A 系列常用滚子链的额定功率曲线及推荐的润滑方式。由此可查出相应链条在链速 $v > 0.6\text{ m/s}$ 情况下允许传递的额定功率。当实际工作条件与标准实验条件不符时，应加以修正。

测绘额定功率曲线的标准实验条件为：两轮轴心线在同一水平面上，两链轮保持共面，两链轮齿数 $z_1=z_2=19$，链节距 $L_p=100$，单排链传动，载荷平稳，按推荐的润滑方式润滑，工作寿命为 15 000 h，链条因磨损引起的相对伸长量不超过 3%。

润滑情况对链传动的额定功率有很大影响，设计时若不能采用推荐的润滑方式，则应将从图中查得的 P_0 值适当降低：$v \leqslant 1.5\text{m / s}$ 时，取图值的 50%；$1.5\text{m/s} < v \leqslant 7\text{m/s}$ 时，取图值的 15%～30%。

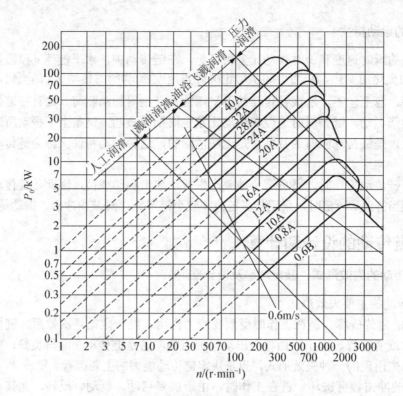

图 8-19 滚子链额定功率曲线

3) 设计准则

由上述失效形式可以得到链传动的设计准则:

设计准则 1 对于链速 $v > 0.6$ m/s 的中、高链传动,采用以抗疲劳破坏为主的防止多种失效形式的设计方法。

设计准则 2 对于链速 $v \leqslant 0.6$ m/s 的低速传动,采用以防止过载拉断为主要失效形式的静强度设计方法。

2. 设计原始数据及设计内容

在设计链传动时,通常已知的原始数据有:传动的功率 P、小链轮和大链轮的转速 n_1、n_2(或传动比 i)、原动机种类、载荷性质以及传动用途等。

设计内容包括:选择链轮齿数 z_1 和 z_2、确定链的节距 p、排数 m、链节数 L_p、中心距 a 及润滑方法等。

下面根据上述设计准则,分中、高速链传动和低速链传动两种情况,分别介绍其设计方法及设计步骤,并讨论主要参数的选择。

3. 设计方法和步骤

1) 中高速滚子链传动的设计计算及主要参数的选择

对于链速 $v > 0.6$ m/s 的中、高速链传动,按设计准则 1 进行,其设计步骤如下。

(1) 选择链轮齿数 z_1、z_2,验算传动比误差。小链轮的齿数 z_1 对链传动的平稳性和使用寿命有较大影响，设计时可根据传动比参考表 8-9 选择小链轮齿数 z_1，$z_2 = i z_1$ 并圆整，允许转速误差在 ±5% 以内。

表 8-9　小链轮齿数的推荐值

传动比 i	1～2	2.5～4	4.6～6	≥7
z_1	31～27	25～21	22～18	17

链轮齿数优选系列：17，19，21，23，25，38，57，76，95，114。通常链轮齿数最多限制为 $z_{max} = 120$。为使链传动的磨损均匀，两链轮的齿数应尽量选为与链节数互为质数的奇数。

(2) 初选中心距 a_0。在中心距不受其他条件限制时，一般可取 $a_0 = (30 \sim 50)p$，最大取 $a_{0max} = 80p$；有张紧装置或托板时，a_{0max} 可大于 $80p$；对于中心距不能调整的传动，$a_{0max} \approx 30p$。

(3) 确定链节数 L_p。首先按式(8-31)确定计算链节数 L_p'：

$$L_p' = \frac{2a_0}{p} + \frac{z_1 + z_2}{2} + \left(\frac{z_2 - z_1}{2\pi}\right)^2 \frac{p}{a_0} \tag{8-31}$$

计算链节数 L_p' 应圆整成整数且最好取偶数作为实际链节 L_p，以避免使用过渡链节。

(4) 计算单排链的额定功率 P_0。当实际工作情况与标准实验条件不同时，应对其额定功率进行修正。

$$P_0 \geqslant \frac{K_A P}{K_z K_L K_m} \tag{8-32}$$

式中：P——传递的功率，kW；

　　　K_A——工作情况系数，平稳载荷取 1.0～1.2，中等冲击取 1.2～1.4，严重冲击取 1.4～1.7；

　　　K_z——小链轮齿数系数，当链传动的工作区在额定功率曲线顶点的左侧时，其值可查表 8-10 的 K_z，当工作区在额定功率曲线顶点的右侧时，查表 8-10 中的 K_z'；

　　　K_L——链长系数，当工作区在额定功率曲线顶点的左侧时，查表 8-11 中的 K_L，当工作区在额定功率曲线顶点的右侧时，查表 8-11 中的 K_L'；

　　　K_m——排数系数，查表 8-12。

表 8-10　小链轮齿数系数

Z_1	9	11	13	15	17	19	21	23	25	27
K_z	0.446	0.554	0.664	0.775	0.887	1.00	1.11	1.23	1.34	1.46
K_z'	0.326	0.441	0.556	0.701	0.846	1.00	1.16	1.33	1.51	1.69

表 8-11　链长系数

链节数 L_P	50	60	70	80	90	100	110	120	130	140	150	180	200	220
K_L	0.835	0.87	0.92	0.945	0.97	1.00	1.03	1.055	1.07	1.10	1.135	1.175	1.215	1.265
K'_L	0.70	0.76	0.83	0.90	0.95	1.00	1.055	1.10	1.15	1.175	1.26	1.34	1.415	1.50

表 8-12　多排链排数系数

排数	1	2	3	4	5	6
K_m	1.0	1.7	2.5	3.3	4.0	4.6

(5) 选定链的型号,确定链的节距 p。允许采用的链条型号可根据额定功率 P_0 和小链轮转速 n_2 查图 8-19 选取,从而确定链的节距 p。

(6) 验算链速 v(m/s)。

$$v = \frac{n_1 z_1 p}{60 \times 1000} \tag{8-33}$$

链速一般不超过 12~15m/s,并根据小链轮齿数推荐值检查第一步的小链轮齿数是否选择合适。

(7) 计算链传动理论中心距 a,确定实际中心距 a'。

$$a = \frac{p}{4} \left[\left(L_p - \frac{z_2 + z_1}{2} \right) + \sqrt{ \left(L_p - \frac{z_1 + z_2}{2} \right)^2 - 8 \left(\frac{z_2 - z_1}{2\pi} \right)^2 } \right] \tag{8-34}$$

实际中心距 a' 应较理论中心距 a 小 $\Delta a = (0.01 \sim 0.02)a$。当中心距可调整时,$\Delta a$ 取大值;对于中心距不可调整和没有张紧装置的链传动,则应取较小的值。

(8) 计算带作用于轴上的力 Q。

$$Q \approx 1.2 K_A F \tag{8-35}$$

式中:K_A——工作情况系数;
　　　$F = 1000P/v$——有效拉力,N。

2) 低速链传动的静强度计算

对于链速 $v \leqslant 0.6$ m/s 的低速传动,按设计准则 2 进行,计算静强度安全系数

$$S = \frac{F_{Qlim}}{K_A F} \geqslant [S] \tag{8-36}$$

式中:F_{Qlim}——单排链抗拉强度,见表 8-8;
　　　$[S]$——许用安全系数,通常取 4~8。

8.3 实验与实训

实验目的

(1) 掌握挠性传动的特点及应用。

(2) 掌握挠性传动设计的方法和步骤。

实验内容

(1) 分析带传动的工作原理，解释弹性滑动、打滑，并说明两者的区别。

(2) 分析链传动的工作原理，解释多边形效应。

(3) 分析与比较带传动和链传动的特点及应用。

(4) 分析带传动与链传动的失效形式，解释相应的设计准则。

实验总结

(1) 带传动与链传动的制造和安装精度要求都不很高，都可以实现较远距离的传动。

(2) 带传动属于摩擦传动，传动带作为中间挠性件可缓冲吸振，有过载保护作用；另外，带传动本身需要有一定的转速才能充分发挥其传动能力，故在多级传动中，带传动一般置于高速级，所以带传动基本上放置在电动机与变速装置中间。

(3) 链传动属于啮合传动，不需要大的张紧力，对轴的压力小，传递相同功率条件下，链传动的结构与带传动相比较小。链传动瞬时速比是变化的，故链传动一般置于低速级，且适合于比较恶劣的工作条件，因此在自行车上比较适用。

8.4 习 题

一、填空题

(1) 普通 V 带按截面尺寸的大小可分为_____、_____、_____、_____、_____、_____、_____7 种型号，其中截面尺寸最大的是_____，最小的是_____。

(2) 在带传动中：打滑是_____避免的，而弹性滑动是_____避免；主动轮圆周速度 V_1 与从动轮圆周速度 V_2 的关系为_____；带的最大应力 σ_{max} 发生在_____，其值为 $\sigma_{max}=$_____。

(3) 带传动的设计依据是保证带_____及具有一定的_____。

(4) 为了避免使用_____，链条节数常取_____数。

(5) 为使链传动的磨损均匀，两链轮的齿数应尽量选取为_____数。

二、选择题

(1) V带传动主要依靠_____传递运动和动力。
  A. 紧边拉力   B. 松边拉力
  C. 带和带轮接触面间的摩擦力 D. 初拉力

(2) 带传动正常工作时不能保证准确的传动比是因为_____。
  A. 带的材料不符合虎克定律 B. 带容易变形和磨损
  C. 带在带轮上打滑   D. 带的弹性滑动

(3) 带传动工作时产生弹性滑动是因为_____。
  A. 带的初拉力不够   B. 带的紧边拉力和松边拉力不等
  C. 带绕过带轮时有离心力   D. 带和带轮间摩擦力不够

(4) 用( )提高带传动传递功率是不合适的。
  A. 适当增加初拉力   B. 增大轴间距
  C. 增加带轮表面粗糙度   D. 增大小带轮基准直径

(5) 与齿轮传动相比较,链传动的主要特点之一是_____。
  A. 适合于高速   B. 制造成本高
  C. 安装精度要求较低   D. 能过载保护

三、判断题(错 F,对 T)

(1) 一般情况下,带传动的打滑首先发生在小带轮上。   (   )

(2) 在带传动中,只要无限地增加初拉力,就可以无限地提高传动能力。 (   )

(3) 弹性滑动是由于过载造成的,是完全可以避免的。   (   )

(4) 在机械传动中,一般将带传动布置在高速级,而将链传动置于低速级。 (   )

(5) 链速一定时,链节距越大,链的承载能力越高,传动也越平稳。 (   )

四、简答题

(1) 为什么带传动通常把紧边放在下边,而链传动却相反?

(2) 为什么 V 带传动比平带传动的承载能力高?

(3) 影响带传动承载能力的主要因素有哪些?如何提高带传动的承载能力?

(4) 什么是弹性滑动?什么是打滑?试从产生原因、对传动的影响、能否避免几个方面,比较说明两者的区别。

(5) 带传动、链传动的失效形式有哪些?设计准则分别是什么?

(6) 链速一定时,链轮齿数 z 和链节距 p 对链传动有何影响?

五、实作题

(1) 已知 V 带传动的功率 P=7.5kW,小带轮直径 d_{d1}=140mm,转速 n_1=1 440r/min,求传动时带内的有效拉力 F。

(2) 已知 V 带传动的小带轮直径 d_{d1}=160mm,大带轮直径 d_{d2}=400mm,小带轮转速 n_1=960r/min,滑动率 ε=2%,试求由于弹性滑动引起的大带轮的转速损失。

(3) 试设计带式输送机的普通 V 带传动，用 Y 系列电动机驱动，功率 $P=10$kW，转速 $n_1=960$r/min，大带轮转速 $n_2=350$r/min，载荷有小的变动，两班制工作。

(4) 单排滚子链传动，已知链节距 $p=15.875$mm，小链轮齿数 $z_1=18$，大链轮齿数 $z_2=60$，中心距 $a=730$mm，小链轮转速 $n_1=730$r/min，载荷平稳，试计算：①链节数；②链所能传递的最大功率；③链的工作拉力。

(5) 设计一滚子链传动。电动机驱动，已知需传递的功率 $P=7$kW，主动轮的转速 $n_1=960$r/min，从动轮转速 $n_2=330$r/min，载荷平稳，按推荐方式润滑，两链轮位于同一水平面，中心距无严格要求。

第9章 齿轮传动

教学目标：

通过本章的学习，要求读者了解齿轮传动的类型、特点，掌握其啮合原理和设计计算方法。

教学重点和难点：

● 渐开线标准直齿圆柱齿轮的啮合原理；

● 渐开线标准直齿圆柱齿轮的几何尺寸计算和强度计算；

● 渐开线标准直齿圆柱齿轮的参数选择以及齿轮加工制造的方法、原理。

案例导入：

图 9-1 和图 9-2 是齿轮传动的两种典型应用实例。为什么在这些场合要应用齿轮传动？齿轮传动的传动原理和特点又是什么？如何设计齿轮传动？齿轮是如何制造出来的？有没有其他形式的应用？诸如此类的问题将在本章进行阐述。

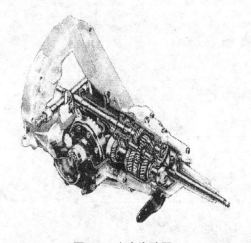

图 9-1 汽车变速器

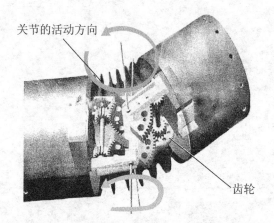

关节的活动方向

齿轮

图 9-2 机器人关节

9.1 概　述

齿轮传动是机械传动中最重要、应用最广泛的一种传动。齿轮传动设计主要涉及运动和强度两方面，这些内容将在本章中详细介绍。

9.1.1 齿轮传动的演化

实现两轴之间旋转运动和动力传递的最简单方法是采用一对滚动圆柱体，它们分为外接触(图 9-3(a))和内接触(图 9-3(b))两类，是依靠两滚动圆柱体接触表面间的摩擦力来传递运动与动力的。如所传递的转矩超过两个圆柱体接触表面之间的最大摩擦力，则两接触表面间会产生滑动。

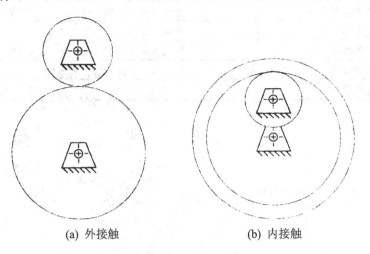

(a) 外接触　　　　　　　(b) 内接触

图 9-3　滚动接触圆柱体

日常所见的汽车或自行车沿路面行进就是这种机构的变形应用，轮胎是一个滚动圆柱体，路面为另一直径无穷大的滚动圆柱体。滚动圆柱体传动机构的主要缺点是传递力矩比较小，且存在滑动的可能性。如在机械式手表这类应用中，要求任意瞬时输入轴和输出轴的转动位置必须精确对应，那么就需要采用一些方法来阻止滑动。最简单的方法是在滚动圆柱体上增加一些啮合轮齿，将其转变为图 9-4 所示的齿轮，两个啮合齿轮组成的机构称为齿轮机构。通常将两个齿轮中比较小的称为小齿轮，另一个称为大齿轮。

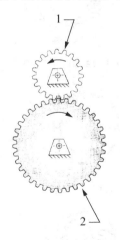

图 9-4　外啮合齿轮传动

9.1.2　齿轮传动的类型及应用

齿轮传动的分类方法很多，根据一对齿轮啮合过程中其瞬时传动比($i_{12} = \omega_1 / \omega_2$)是否为常数，可分为定传动比齿轮机构($i_{12} =$ 常数)和非圆齿轮机构($i_{12} \neq$ 常数)。表 9-1 为应用最广的齿轮传动分类，实际中常用的各类齿轮传动如图 9-5 所示。

表9-1　齿轮传动分类

按轴的布置方式分	平行轴传动、相交轴传动、交错轴传动
按齿轮齿向分	直齿、斜齿、人字齿、曲齿
按工作条件分	闭式传动、开式传动、半开式传动
按齿廓曲线分	渐开线齿、摆线齿、圆弧齿
按齿面硬度分	软齿面(≤350HBS)，硬齿面(>350HBS)

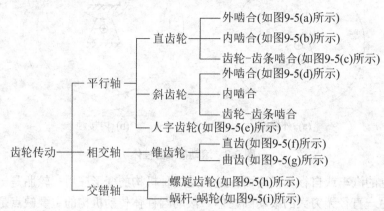

(a) 平行轴直齿轮外啮合

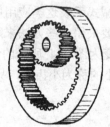

(b) 平行轴直齿轮内啮合

(c) 平行轴直齿轮齿轮-齿条啮合

(d) 平行轴斜齿轮外啮合

(e) 平行人字齿轮

(f) 相交轴直轴锥齿轮

(g) 相交轴曲齿锥齿轮

(h) 交错轴螺旋齿轮

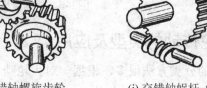

(i) 交错轴蜗杆-蜗轮

图9-5　齿轮传动的分类

因为齿轮传动属于共轭齿廓间的啮合传动，其主要优点是：①能保证恒定的瞬时传动比；②传递的载荷与速度范围广；③结构紧凑；④效率高；⑤工作可靠、寿命长；⑥可以传递空间任意两轴间的运动与动力。其主要缺点是：①对制造及安装精度要求较高；②需用专用机床制造，成本高；③不宜用于大中心距传动；④精度低时振动、噪声大。

由于齿轮传动具有上述优点，因而广泛应用于石油、化工、冶金、矿山以及航空航天等领域中。

下面将对直齿圆柱齿轮传动作详细分析，其他形式的齿轮传动读者可参阅相关资料。

9.1.3　渐开线齿廓的形成及特性

1. 渐开线的形成

由几何学可知，渐开线是通过在圆柱体上展开一条拉紧的细绳 BK 形成的，如图 9-6 所示，细绳 BK 称为渐开线的发生线，该圆柱体称为渐开线的基圆柱，基圆柱半径用 r_b 表示。

2. 渐开线的特性

根据渐开线的形成过程可知渐开线具有下列特性。

(1) 发生线在基圆上滚过的一段长度等于基圆上相应被滚过的圆弧长度，即 $\overline{BK} = \overset{\frown}{AB}$ 。

(2) 发生线总是与基圆柱相切，它也是相应点处渐开线的法线。

(3) 渐开线的曲率中心始终在发生线与基圆柱的切点处(如 B)，发生线的长度是渐开线的瞬时曲率半径(如 $\overline{BK}$ 是 K 点的曲率半径)。由图 9-6 可见，K 点越接近基圆，其曲率半径越小。

(4) 渐开线的形状取决于基圆的大小。基圆大小相同时，所形成的渐开线相同。基圆越大，渐开线越平直，当基圆半径为无穷大时，渐开线就变成一条与发生线垂直的直线，如图 9-7 所示。

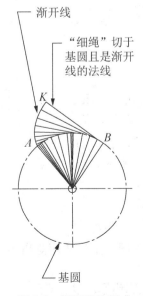

图 9-6　渐开线的形成

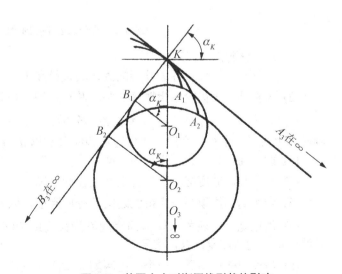

图 9-7　基圆大小对渐开线形状的影响

(5) 基圆内无渐开线。

3. 渐开线齿廓的压力角

渐开线上任一点法向压力的方向线与该点速度方向线所夹的锐角称为该点的压力角。图9-7中的 α_K 即为渐开线上 K 点的压力角，由图可知

$$\cos \alpha_K = \frac{\overline{OB}}{\overline{OK}} = \frac{r_b}{r_K} \tag{9-1}$$

故压力角 α_K 的大小随 K 点的位置而异，K 点距圆心 O 越远，其压力角越大。

4. 渐开线齿轮

渐开线齿轮是以同一基圆上两条反向渐开线作为齿廓的齿轮，图 9-8 为直齿圆柱齿轮的一部分。

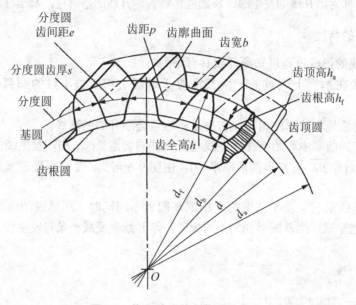

图9-8　渐开线齿轮各部分的名称

1) 各部分名称

(1) 齿顶圆。过齿轮各齿顶端的圆，其直径和半径分别以 d_a 和 r_a 表示。

(2) 齿根圆。过齿轮各齿槽底的圆，其直径和半径分别以 d_f 和 r_f 表示。

(3) 分度圆。为了便于计算齿轮各部分的几何尺寸，在齿轮轮齿的中部选择一个基准圆，其上直径、半径、齿厚、齿槽宽和齿距分别以 d、r、s、e 和 p 表示，且 $s=e$。

(4) 齿顶高。分度圆与齿顶圆之间的径向高度，以 h_a 表示。

(5) 齿根高。分度圆与齿根圆之间的径向高度，以 h_f 表示。

(6) 全齿高。齿顶圆与齿根圆之间的径向高度，以 h 表示，$h = h_a + h_f$。

(7) 齿槽宽。齿轮相邻两齿的空间称为齿槽或齿间，任意圆周上齿槽两侧齿廓间的弧长称为该圆的齿槽宽，以 e_r 表示。

(8) 齿厚。任意圆周上一个轮齿两侧齿廓间的弧长称为该圆齿厚，以 s_r 表示。

(9) 齿距。相邻两轮齿同侧齿面对应点间的弧长称为该圆的齿距，用 p_r 表示。显然，同一圆周上的齿距等于齿槽宽与齿厚之和，即 $p_r = e_r + s_r$，节圆齿距用 p_c 表示。

2) 基本参数

决定齿轮尺寸和齿形的基本参数有 5 个，即齿数 z、模数 m、压力角 α、齿顶高系数 h_a^*、顶隙系数 c^*。

(1) 齿数 z。齿轮整个圆周上轮齿的总数。

(2) 模数 m。齿轮分度圆的周长为 $\pi d = pz$，由此得到分度圆的直径为

$$d = \frac{pz}{\pi} \tag{9-2}$$

式(9-2)中含有无理数 π，不便于设计、制造和互换使用，为此，人为地将比值 p/π 规定为标准参数，该比值称为齿轮的模数，用 m 表示，单位为 mm。即

$$m = \frac{p}{\pi} \tag{9-3}$$

分度圆直径

$$d = mz \tag{9-4}$$

模数是齿轮几何尺寸计算的基础，模数愈大，齿轮的各部分尺寸愈大。齿轮模数已经标准化，表 9-2 中列出的是国家标准规定的标准模数系列的一部分。

表 9-2　常用的标准模数 m (GB/T 1357—2008)　　/mm

第一系列	1, 1.25, 1.5, 2, 2.5, 3, 4, 5, 6, 8, 10, 12, 16, 20, 25, 32, 40, 50
第二系列	1.75, 2.25, 2.75, 3.5, 4.5, 5.5, 7, 9, 14, 18, 22, 28, 36, 45

注：优先选用第一系列。

(3) 标准压力角 α。由于齿廓在不同的圆周上压力角不同，国家标准将分度圆上的压力角定为标准值，称为标准压力角。压力角的标准值是 14.5°、20°、25°，其中 20° 压力角最常用。由此可见，齿轮的分度圆是具有标准模数和标准压力角的圆。

(4) 齿顶高系数 h_a^*。齿轮的齿顶高是模数 m 与齿顶高系数 h_a^* 的乘积，即

$$h_a = h_a^* \cdot m \tag{9-5}$$

(5) 顶隙系数 c^*。齿轮的齿根高为

$$h_f = (h_a^* + c^*) \cdot m \tag{9-6}$$

式中，c^* 为顶隙系数。齿顶高系数 h_a^* 和顶隙系数 c^* 均为标准值，对于正常齿：h_a^*=1.0，c^*=0.25；对于短齿：h_a^*=0.8，c^*=0.3。

标准齿轮是指 m、α、h_a^*、c^* 均为标准值，且 $e = s$ 的齿轮。为了便于设计计算，将渐开线标准直齿圆柱齿轮传动的几何尺寸计算公式列于表 9-3 中。

表 9-3　外啮合标准直齿圆柱齿轮各部分尺寸的几何关系

名　称	代号	公　式	
		小　齿　轮	大　齿　轮
模　数	m	由强度条件或结构需求确定，选取标准值	
分度圆直径	d	$d_1=mz_1$	$d_2=mz_2$
齿顶高	h_a	$h_a=h_a^* m$	
齿根高	h_f	$h_f=(h_a^*+c^*)m$	
全齿高	h	$h=(2h_a^*+c^*)m$	
齿顶圆直径	d_a	$d_{a1}=d_1+2h_a=(z_1+2h_a^*)m$	$d_{a2}=d_2+2h_a=(z_2+2h_a^*)m$
齿根圆直径	d_f	$d_{f1}=d_1-2h_f=(z_1-2h_a^*-2c^*)m$	$d_{f2}=d_2-2h_f=(z_2-2h_a^*-2c^*)m$
基圆直径	d_b	$d_{b1}=d_1\cos\alpha$	$d_{b2}=d_2\cos\alpha$
齿　距	p	$p=\pi m$	
齿　厚	s	$s=p/2=\pi m/2$	
齿槽宽	e	$e=p/2=\pi m/2$	
中心距	a	$a=(d_1+d_2)/2=m(z_1+z_2)/2$	

9.2　渐开线圆柱齿轮传动

9.2.1　一对渐开线齿轮的啮合

保证瞬时传动比恒定、运转平稳是齿轮传动的优点之一，其原因是什么？下面进行详述。

1. 齿廓啮合基本定律

图 9-9 为两啮合齿轮的齿廓 C_1 和 C_2 在任意点 K 处的啮合情况。设两轮的角速度分别为 ω_1 和 ω_2，则齿廓 C_1 上 K 点的速度 $v_1=\omega_1\cdot\overline{O_1K}$，齿廓 C_2 上 K 点的速度 $v_2=\omega_2\cdot\overline{O_2K}$。

过 K 点作两齿廓的公法线 NN' 与连心线 O_1O_2 交于 P 点，为了保证两轮连续平稳地运动，两齿廓在啮合点 K 处的速度 v_1 与 v_2 在 NN' 上的分速度应相等。

过 O_2 作 NN' 的平行线与 O_1K 的延长线交于 Z 点，

由于　　　　　　　　　　$Ka\perp O_2K$，$Kb\perp KZ$，$ab\perp O_2Z$

则　　　　　　　　　　　$\triangle Kab\backsim\triangle KO_2Z$

$$\frac{v_1}{v_2}=\frac{\overline{KZ}}{\overline{O_2K}}\qquad\qquad\frac{\omega_1\cdot\overline{O_1K}}{\omega_2\cdot\overline{O_2K}}=\frac{\overline{KZ}}{\overline{O_2K}}$$

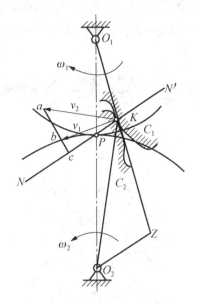

图 9-9　齿廓啮合基本定律

$$\frac{\omega_1}{\omega_2} = \frac{\overline{KZ}}{\overline{O_1K}}$$

又　　　　　　　　　　　$\triangle O_1O_2Z \backsim \triangle O_1PK$

则　　　　　　　　　　　$\dfrac{\overline{KZ}}{\overline{O_1K}} = \dfrac{\overline{O_2P}}{\overline{O_1P}}$

瞬时传动比为　　　　　　$i = \dfrac{\omega_1}{\omega_2} = \dfrac{\overline{O_2P}}{\overline{O_1P}}$　　　　　　　　(9-7)

　　由式(9-7)可知，要使两轮瞬时传动比(角速度比)恒定，则应使 $\overline{O_2P}$ / $\overline{O_1P}$ 为常数。因两轮的轮心 O_1、O_2 为定点，即 $\overline{O_1O_2}$ 为定长，欲满足上述要求，必须使 P 为一定点。因此，欲使齿轮传动得到恒定的传动比，齿廓形状必须满足的条件是：不论两齿轮在何处接触，过接触点所作两齿轮的公法线必须与两轮连心线相交于一定点。该定点 P 称为节点，分别以 O_1、O_2 为圆心，$\overline{O_1P}$、$\overline{O_2P}$ 为半径的两个圆称为各相关齿轮的节圆。两节圆在节点 P 处的线速度相等$(v_{p1} = v_{p2})$，故两齿轮啮合传动可视为两节圆作相切纯滚动。注意节圆是一对齿轮啮合后才存在的，所以单个齿轮没有节点，也不存在节圆。

　　凡满足齿廓啮合基本定律的齿廓称为共轭齿廓，除渐开线外还有摆线和圆弧等。由于渐开线齿轮容易制造、安装方便，故大多数齿轮均以渐开线作为齿廓曲线。

2．渐开线齿轮能保证恒定的传动比

　　图 9-10 为一对渐开线齿廓 C_1 和 C_2 在任意点 K 相互啮合的情况，过 K 点作这对齿廓的公法线 $\overline{N_1N_2}$，根据渐开线特性可知，此公法线必同时与两基圆相切，$\overline{N_1N_2}$ 即是两轮基

圆的一条内公切线。由于两基圆为定圆，在其同一方向的内公切线只有一条，故 $\overline{N_1N_2}$ 为一定线，它与连心线的交点 P 必为一定点，此点即为节点，所以两个以渐开线作为齿廓曲线的齿轮其传动比为一常数，即

$$i = \frac{\omega_1}{\omega_2} = \frac{\overline{O_2P}}{\overline{O_1P}} = \frac{\overline{O_2N_2}}{\overline{O_1N_1}} = \frac{r_{b2}}{r_{b1}} = 常数 \tag{9-8}$$

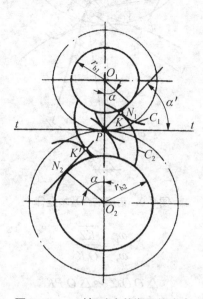

图 9-10　一对相啮合的渐开线齿廓

3. 渐开线齿轮传动的啮合线及啮合角

齿轮传动过程中，齿廓啮合点的轨迹称为啮合线。因为不论两渐开线齿廓在何点啮合，该啮合点必在 $\overline{N_1N_2}$ 线上，因此，$\overline{N_1N_2}$ 线称为渐开线齿轮传动的理论啮合线。

啮合线与两齿轮节圆的公切线 $t\text{-}t$ 的夹角 α' 称为啮合角。由于啮合线与两齿廓接触点的公法线重合，所以啮合角等于齿廓在节圆上的压力角。在齿轮传动过程中，两齿廓间的正压力始终沿着啮合线方向，故两轮间的传力方向不发生变化，这对保证齿轮传动的平稳性是有利的。

分度圆与节圆、压力角与啮合角的区别：①就单独一个齿轮而言，只有分度圆和压力角，而无节圆和啮合角；只有当一对齿轮互相啮合时，才有节圆和啮合角。②当一对标准齿轮啮合时，分度圆与节圆是否重合，压力角与啮合角是否相等，取决于两齿轮是否为标准安装。若是标准安装，则两圆重合、两角相等；否则两圆不重合、两角不相等。

4. 渐开线齿轮的正确啮合条件

渐开线齿廓能实现定传动比传动，并不意味着任意搭配的两个渐开线齿轮都能正确地啮合传动。因此，一对渐开线直齿圆柱齿轮正确啮合需满足的条件为：

(1) 两轮的模数相等且为标准值，即 $m_1 = m_2 = m$；

(2) 两轮分度圆上的压力角相等且为标准值，即 $\alpha_1 = \alpha_2 = \alpha$。

此时，一对齿轮的传动比又可写为

$$i = \frac{\omega_1}{\omega_2} = \frac{n_1}{n_2} = \frac{d_2}{d_1} = \frac{z_2}{z_1} \tag{9-9}$$

标准中心距是齿轮传动的重要尺寸，它是当两轮分度圆与节圆重合时两轮的中心距，用 a 表示，计算公式为

$$a = \frac{d_1 + d_2}{2} = \frac{m(z_1 + z_2)}{2} \tag{9-10}$$

9.2.2　渐开线圆柱齿轮传动的可分性与连续性

1. 渐开线圆柱齿轮传动的可分性

由式(9-8)可知，两渐开线齿轮啮合时，其传动比取决于两轮基圆半径之反比，而在渐开线齿轮的齿廓加工完成后，其基圆大小就已完全确定。所以，即使两轮的实际中心距与设计中心距略有偏差，式(9-8)仍然成立，不会影响两轮的传动比。渐开线齿廓传动的这一特性称为传动的可分性，它对渐开线齿轮的加工和装配都是十分有利的。

2. 渐开线圆柱齿轮传动的连续性

齿轮传动由一对轮齿的啮合过渡到另一对轮齿的啮合时，不但要满足定传动比传动，同时还要满足连续传动。

图 9-11 所示为一对渐开线直齿圆柱齿轮的啮合情况(主动轮 1 以角速度 ω_1 匀速转动)。一对轮齿的啮合过程为：主动轮 1 的齿根推动从动轮 2 的齿顶开始啮合，到主动轮 1 的齿顶推动从动轮 2 齿根退出啮合。由此可知，起始啮合点是轮 2 齿顶圆与理论啮合线 $\overline{N_1 N_2}$ 的交点 B_2，终止啮合点是轮 1 齿顶圆与 $\overline{N_1 N_2}$ 的交点 B_1，线段 $\overline{B_1 B_2}$ 是齿廓啮合点的实际轨迹，称为实际啮合线。

欲保证连续传动，必须使前一对轮齿尚未脱离啮合时，后一对轮齿及时进入啮合。即满足 $\overline{B_1 B_2} \geqslant p_b$。把 $\overline{B_1 B_2}$ 与基圆齿距 p_b 的比值定义为重合度，用 ε 表示，则连续传动的条件可表示为

$$\varepsilon = \frac{\overline{B_1 B_2}}{p_b} \geqslant 1 \tag{9-11}$$

考虑到制造和安装的误差，为了确保齿轮能够连续传动，应使重合度大于 1(标准齿轮传动满足这一条件，故不必检验)。

标准直齿圆柱齿轮的重合度可按式(9-12)近似计算

$$\varepsilon = 1.88 - 3.2\left(\frac{1}{z_1} \pm \frac{1}{z_2}\right) \tag{9-12}$$

式中，"+"用于外啮合，"−"用于内啮合。显然，ε 越大，同时参与啮合的齿对数越多，传动越平稳，每对轮齿分担的载荷也越小，齿轮的承载能力越高。在一般机械制造业中，$\varepsilon \geqslant 1.4$；在汽车与拖拉机行业中，$\varepsilon \geqslant 1.1 \sim 1.2$；在金属切削机床制造业中，$\varepsilon \geqslant 1.3$。

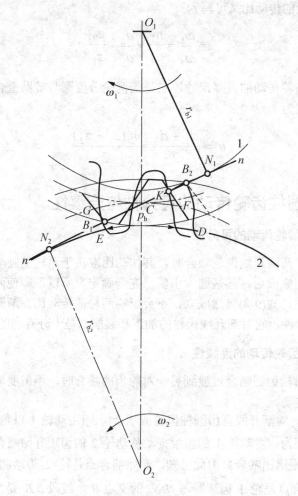

图 9-11　渐开线齿轮的啮合过程

9.3　渐开线齿轮轮齿的加工

9.3.1　轮齿的切削加工原理

　　齿轮轮齿的加工方法很多,有铸造法、锻造法、热轧法、粉末冶金、切削加工方法等,最常用的是切削加工方法。切削加工方法按加工原理可分为仿形法和展成法。仿形法切制齿轮的原理是在铣床上用与被切齿槽形状相同的刀具在轮坯上逐个切制齿槽两侧的渐开线齿廓,如图 9-12 所示。加工时,铣刀绕自身轴线旋转,同时轮坯沿其轴线方向直线移动。当铣完一个齿槽后,轮坯旋转 $360°/z$,接着铣下一个齿槽,如此反复,直到铣出全部齿槽。这种方法简单、成本低,但生产率低、加工精度不高,所以常用于修配、单件及小批量生产。

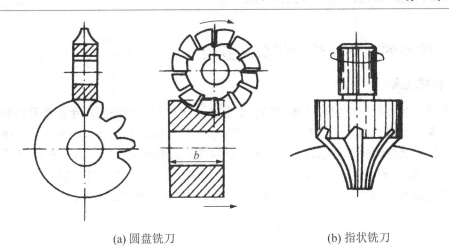

(a) 圆盘铣刀   (b) 指状铣刀

图 9-12　仿形法切制齿轮

　　展成法也称范成法，是当前齿轮加工中最常用的一种方法，插齿、滚齿、磨齿等均属于这种方法。展成法切制齿轮的原理是加工中保持刀具和轮坯之间按渐开线齿轮啮合的运动关系来切制轮齿，如图 9-13 所示。图 9-13(a)是用齿轮插刀加工轮齿，齿轮插刀可视为模数、压力角均与被切齿轮相同的具有刀刃的外齿轮。加工时，插刀沿轮坯轴线方向做往复直线运动的同时，插刀与轮坯作 $i = z_{坯} / z_{刀}$ 的范成运动，插刀向轮坯中心做径向进给运动，轮坯在与其回转轴线相垂直的平面沿径向做微让运动，以免刀刃擦伤切制好的齿廓。图 9-13(b)的齿条插刀切齿原理与齿轮插刀相似。用展成法加工齿轮时，不论被切齿轮的齿数为多少，只要刀具与被切齿轮满足正确啮合条件即可用同一把刀具来加工。展成法生产率高、加工精度高，但需要采用专用机床，故加工成本高，常用于批量生产中。

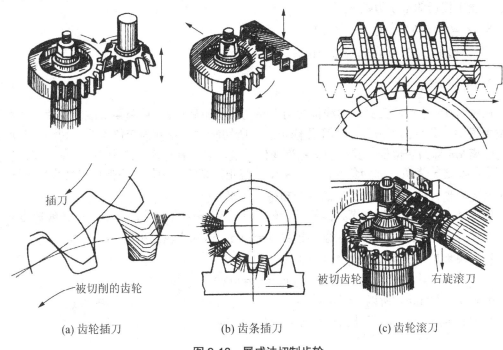

(a) 齿轮插刀   (b) 齿条插刀   (c) 齿轮滚刀

图 9-13　展成法切制齿轮

9.3.2 轮齿的根切、最少齿数和变位

1. 根切现象

当传动比和模数一定时，小齿轮的齿数越少，齿轮传动系统的尺寸和重量就越小，符合机器质量小的设计要求。但是，当用展成法加工齿轮时，若被切齿轮的齿数太少，则切削刀具的齿顶就会将轮齿根部切去一部分，这种现象称为根切现象，如图 9-14 所示。图中虚线表示轮齿的理论齿廓，实线表示根切后的齿廓。轮齿发生根切后，齿根厚度减薄，轮齿的抗弯曲能力下降，重合度减小，会影响传动的平稳性，故设计齿轮时必须设法避免。

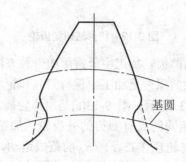

基圆

图 9-14　根切现象

2. 最少齿数

切制标准齿轮时，为了保证切齿过程中不发生根切，所设计齿轮的齿数 z 必须大于或等于不发生根切的最小齿数 z_{min}。

当 $\alpha=20°$，$h_a^*=1$ 时，$z_{min}=17$；

　　 $\alpha=20°$，$h_a^*=0.8$ 时，$z_{min}=14$。

3. 变位齿轮

在图 9-15 中，将刀具从虚线位置向下移动一段距离 xm，即移至实线的位置，就可避免发生根切。此种加工方法称为变位修正法，所切制的齿轮称为变位齿轮；切制刀具所移动的距离 xm 称为变位量，其中的 x 称为变位系数，当刀具远离轮坯中心时，x 为正，称为正变位；反之 x 为负，称为负变位。采用变位修正法切制的齿轮，不但可以使齿数 $z<z_{min}$ 而不发生根切，还可以提高齿轮的强度和传动的平稳性。

例 9-1　一对正常齿制渐开线标准齿轮与标准齿条啮合传动，已知：齿条线速度 v_2 与齿轮角速度 ω_1 之比为 60mm，齿条的模数 $m=5$mm；试求齿轮的齿数。

解　根据正常齿标准齿轮的啮合理论

$$v_2 = v_1 = r_1\omega_1$$

因 $v_2/\omega_1=60$mm，所以 $r_1=60$mm。

又因 $d_1=2r_1=mz_1$，所以 $z_1=2r_1/m=2×60/5=24$。

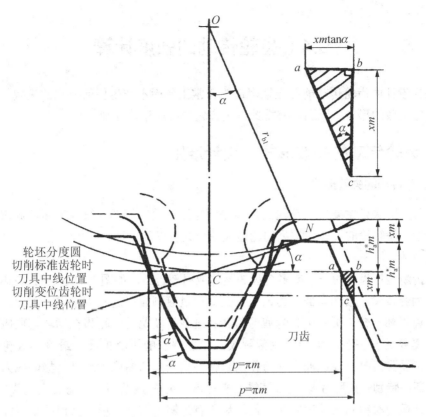

图 9-15 齿轮的变位

例 9-2 一对正常齿制标准安装的外啮合标准直齿圆柱齿轮传动，已知：主动轮齿数 $z_1 = 40$，从动轮齿数 $z_2 = 120$，模数 $m = 2$mm；试计算该齿轮传动的传动比 i、两轮的分度圆直径 d_1、d_2，齿顶圆直径 d_{a1}、d_{a2}，中心距 a、齿距 p 和节圆直径 d_1'、d_2'。

解

$$i = \frac{n_1}{n_2} = \frac{z_2}{z_1} = \frac{120}{40} = 3$$

由表 9-3 得

$$d_1 = mz_1 = 2 \times 40 = 80\text{(mm)}$$

$$d_2 = mz_2 = 2 \times 120 = 240\text{(mm)}$$

$$d_{a1} = (z_1 + 2h_a^*)m = (40 + 2 \times 1) \times 2 = 84\text{(mm)}$$

$$d_{a2} = (z_2 + 2h_a^*)m = (120 + 2 \times 1) \times 2 = 244\text{(mm)}$$

$$a = \frac{m}{2}(z_1 + z_2) = \frac{2}{2} \times (40 + 120) = 160\text{(mm)}$$

$$p = \pi m = 3.14 \times 2 = 6.28\text{(mm)}$$

由题意知：两轮为标准齿轮标准安装，故其分度圆与节圆重合，即得

$$d_1' = d_1 = 80\text{(mm)}$$

$$d_2' = d_2 = 240\text{(mm)}$$

9.4 齿轮传动的强度计算

为保证设计的齿轮传动能在预期寿命内正常工作而不产生任何形式的失效，有必要分析齿轮发生失效的形式、原因，并据此制定齿轮传动的设计准则。

9.4.1 齿轮传动的失效形式、设计准则

1. 齿轮传动的失效形式

齿轮传动的失效主要发生在轮齿，齿轮的轮毂、轮辐等部分很少损坏，通常按经验公式设计轮毂、轮辐等的尺寸。常见的轮齿失效形式有以下 5 种。

1) 轮齿折断

轮齿折断是指齿轮的一个或多个齿的整体或局部折断，如图 9-16 所示。轮齿受力后的力学模型为悬臂梁，根部弯曲应力最大，且齿根过渡圆角引起应力集中，因此，折断一般发生在轮齿根部。轮齿折断可分为疲劳折断和过载折断两种。轮齿在循环弯曲应力的反复作用下，受拉的一侧会产生初始疲劳裂纹，随着裂纹的不断扩展，最终导致轮齿疲劳折断。当轮齿受到短时过载或冲击载荷作用致使齿根处的弯曲应力超过其极限应力时就会发生过载折断。特别是用脆性材料(如铸铁及整体淬火钢)制成的齿轮，易发生过载折断。

选用合适的材料和热处理方法、使轮齿芯有足够的韧性、增大齿根圆角半径、对齿根进行强化处理等，都可提高轮齿的抗折断能力。

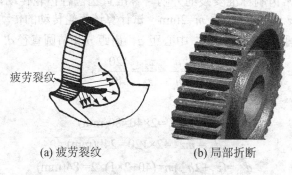

疲劳裂纹

(a) 疲劳裂纹　　　　　　(b) 局部折断

图 9-16 轮齿折断

2) 齿面磨损

在齿轮啮合传动时，当齿面间落入砂粒、铁屑及非金属物等磨料时，会引起齿面磨损，同时磨损表面会留下较均匀的条痕，如图 9-17 所示。齿面磨损后，使齿廓形状变化，从而引起冲击、振动和噪声，且齿厚减薄后容易发生轮齿折断。这是开式传动的主要失效形式。

通过改善润滑和密封条件，提高齿面的硬度，可提高齿轮的抗磨损能力。

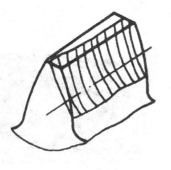

(a) 示意图　　　　　　　　　　(b) 实物

图 9-17　齿面磨粒磨损

3) 齿面的点蚀

轮齿在啮合过程中，齿面接触处将承受循环变化的接触应力，在接触应力的反复作用下，轮齿表面将会出现不规则细线状的初始疲劳裂纹，在润滑油的渗入及多次挤压下，裂纹不断扩展，最终导致齿面金属脱落而形成麻点状凹坑，称为齿面疲劳点蚀，简称点蚀，如图 9-18 所示。疲劳点蚀一般出现在齿根表面靠近节线处，随着点蚀的不断扩展，致使啮合状况恶化，从而导致传动失效。点蚀是润滑良好的软齿面闭式齿轮传动的主要失效形式。

通过提高齿面硬度、增大润滑油黏度和减小动载荷等，可减缓或防止点蚀产生。

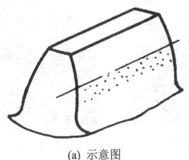

(a) 示意图　　　　　　　　　　(b) 实物

图 9-18　齿面点蚀

4) 齿面胶合

胶合是相啮合轮齿齿面，在一定压力和温度作用下，直接接触发生黏着，随着齿面的相对运动，使金属从齿面上撕落而引起的一种严重黏着现象。胶合常在齿顶或靠近齿根的齿面上产生，沿滑动方向有深度、宽度不等的条状粗糙沟纹，如图 9-19 所示。齿面一旦出现胶合，不仅齿面温度升高，而且齿轮的振动和噪声加大，导致齿轮失效。胶合是高速重载、低速重载及润滑不良的闭式齿轮传动的主要失效形式。

通过减小模数、降低齿高、采用角变位齿轮减少滑动系数、提高齿面硬度、采用极压润滑油等，可减缓或防止齿面胶合。

(a) 示意图   (b) 实物

图 9-19　齿面胶合

5) 齿面塑性变形

当齿面较软、载荷和摩擦力很大时，齿面表层的金属可能沿摩擦力方向产生塑性流动而破坏轮齿的渐开线齿廓，这种现象称为齿面塑性变形。由于主动轮齿面上的摩擦力背离节线，则在节线附近形成凹槽；从动轮齿面上的摩擦力指向节线，则在节线附近形成凸棱，如图 9-20 所示。在低速、重载、启动频繁和过载齿轮传动中会发生这种失效。

通过提高齿面的硬度、采用黏度高的润滑油等，可防止或减轻齿面塑性变形。

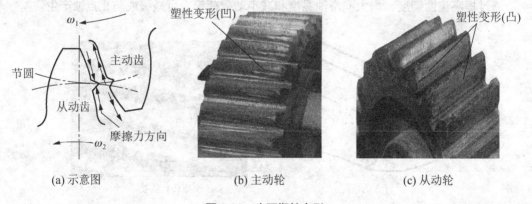

(a) 示意图   (b) 主动轮   (c) 从动轮

图 9-20　齿面塑性变形

2. 齿轮传动的计算准则

虽然齿轮的失效形式多种多样，但在某些具体场合各种失效形式出现的概率不同。轮齿究竟发生哪种失效，主要由齿轮材料的齿面硬度和具体工作条件决定。为了保证齿轮在全生命周期内不致失效，应建立针对各种失效形式的计算准则和方法。但是，目前对于齿面磨损、胶合和塑性变形失效尚无可靠的计算方法。所以齿轮传动设计，通常只按齿根弯曲疲劳强度和齿面接触疲劳强度进行计算。

(1) 对于闭式齿轮传动，需要同时满足轮齿齿面不发生疲劳点蚀和齿根不弯曲折断的条件。所以，当配对齿轮之一的齿面硬度≤350HBS 时，可先按齿面接触疲劳强度进行设计，然后校核齿根弯曲疲劳强度。当配对齿轮的齿面硬度均>350HBS 时，可先按齿根弯曲疲劳强度进行设计，然后校核齿面接触疲劳强度。

(2) 对于开式齿轮传动，齿面磨损和轮齿折断是其主要失效形式，按齿根弯曲疲劳强度进行设计，将设计所得模数放大 10%～15%，再取相近的标准值。因磨粒磨损速率远比齿面疲劳裂纹扩展速率快，所以一般开式传动齿轮不会出现疲劳点蚀，故无须校核齿面接触疲劳强度。

9.4.2　齿轮传动常用材料、精度选择

1. 齿轮传动常用材料

为了防止齿轮的失效，在选择齿轮材料时，应使齿面具有足够的硬度和耐磨性，以抵抗齿面磨损、点蚀、胶合和塑性变形等，在变载荷和冲击载荷作用下应有足够的弯曲强度，以抵抗齿根弯曲疲劳折断。因此，对齿轮材料的基本要求是：齿面要硬、齿芯要韧，并具有良好的制造工艺性。

制造齿轮的材料有碳钢、合金钢、铸铁和非金属材料等，一般多用锻钢，较大直径齿轮不宜锻造，可采用铸钢或铸铁。

1) 锻钢

(1) 软齿面齿轮(硬度≤350HBS)。这类齿轮的轮齿是在材料经过热处理(正火或调质)后进行切齿的。常用材料为：35、45 等碳钢及 40Cr、35SiMn 等合金钢。

(2) 硬齿面齿轮(齿面硬度>350HBS)。这类齿轮的轮齿需在切齿后进行表面热处理，必要时还需对轮齿进行磨削或研磨等精加工，以消除热处理后轮齿的变形。常用材料为 20Cr、20CrMnTi、20Mn2B 等表面渗碳淬火；45、35SiMn、40Cr 、42SiMn 等表面淬火。其承载能力高于软齿面齿轮，在同样条件下，尺寸和重量均较小。随着硬齿面加工技术的发展，从节约材料及经济效益方面考虑，软齿面齿轮有逐渐被取代的趋势。

2) 铸钢

当齿轮尺寸较大(d >400～600mm)、结构形状复杂或由于设备限制而不能锻造时，宜采用铸钢。常用材料为 ZG270-500～ZG340-640、ZG40Mn、ZG40Cr 等。其毛坯常用正火处理以消除残余应力和硬度不均现象。

3) 铸铁

普通灰铸铁的铸造和切削性能好、抗点蚀和抗胶合能力强，但抗弯强度低、冲击韧度差，常用于低速、工作平稳、轻载、对尺寸和重量无严格要求的开式齿轮传动。灰铸铁常用材料为 HT200～HT350。高强度球墨铸铁作为齿轮新材料近年来发展很快，它的力学性能比灰铸铁好，获得越来越广泛的应用。球墨铸铁常用材料为 QT400-15、QT500-7、QT600-3 等。

4) 非金属材料

非金属材料弹性模量小、密度小、重量轻，但它的硬度和强度低，用于高速、小功率、精度不高或要求低噪声的场合。常用材料为夹布胶木、尼龙和加有填充物的聚四氟乙烯等。由于其导热性差，与其相配对的齿轮应采用钢或铸铁制造，以利于散热。

齿轮常用材料及许用应力见表 9-4。小齿轮工作中受载次数多，对于软齿面齿轮，为使两轮寿命相近，小齿轮的材料硬度应比大齿轮高，一般大小齿轮硬度差在 HBS_1～HBS_2=30～50。

表 9-4　齿轮常用材料及许用应力

| 材料牌号 | 热处理方法 | 齿面硬度 | | $[\sigma_H]$/MPa | $[\sigma_F]$/MPa |
		HBS	HRC		
35	正火	150～180		380+0.7HBS	140+0.2HBS
	调质	180～210			
	表面淬火		40～45	500+11HRC	160+2.5HRC
45	正火	170～210		380+0.7HBS	140+0.2HBS
	调质	229～286			
	表面淬火		43～48	500+11HRC	160+2.5HRC
40Cr	调质	240～285		380+HBS	155+0.3HBS
	表面淬火		52～56	500+11HRC	160+2.5HRC
35SiMn	调质	200～260		380+HBS	155+0.3HBS
	表面淬火		40～45	500+11HRC	160+2.5HRC
40MnB	调质	240～280		380+HBS	155+0.3HBS
20Cr	渗碳淬火		56～62	23HRC	5.8HRC
20CrMnTi	渗碳淬火		56～62		
ZG270-500	正火	140～170		180+0.8HBS	120+0.2HBS
ZG310-570	正火	160～220			
ZG340-640	正火	180～220			
ZG35SiMn	正火	160～220		340+HBS	125+0.25HBS
	调质	200～250			
HT200		170～230		120+HBS	30+0.1HBS
HT300		187～255			
QT500-5		147～241		170+1.4HBS	130+0.2HBS
QT600-2		229～302			

2. 齿轮材料的选择原则

齿轮材料的种类很多，选择时应参考下述原则。

(1) 齿轮材料必须满足工作条件。如飞行器上的齿轮，选用合金钢；矿山机械中的齿轮一般选铸钢或铸铁；办公机械的齿轮常选工程塑料。

(2) 考虑齿轮尺寸的大小、毛坯成形方法和制造工艺。大尺寸的齿轮一般选铸钢或铸铁材料；中等尺寸的齿轮选锻钢；尺寸小、要求不高的选圆钢作齿轮材料。

(3) 在高速、重载、冲击载荷下工作的齿轮常选合金钢。

(4) 尽量选择物美价廉的材料。合金钢价格高，应慎重选用。

3．齿轮传动的精度等级及其选择

齿轮传动的工作性能、承载能力和使用寿命都与齿轮的制造精度有关，它们之间成正比关系。如精度高时，制造成本高；精度低时，齿轮传动性能和寿命低。因此，在设计齿轮传动时，应合理选择齿轮的精度等级。GB/T 10095.1—2008 对齿轮用齿轮副规定了 13 个精度等级，用阿拉伯数字 0~12 表示，其中 0 级最高，12 级最低，6、7、8 级为中精度等级，其中 6 级是基础级。各类机器所用齿轮传动的精度等级范围列于表 9-5，直齿圆柱齿轮精度等级与圆周速度的关系见表 9-6。

表9-5　各类机器所用齿轮传动的精度等级范围

机器名称	精度等级	机器名称	精度等级
汽轮机	3~6	拖拉机	6~9
金属切削机床	3~8	通用减速器	6~8
航空发动机	4~7	锻压机床	6~9
轻型汽车	5~8	起重机	6~10
载重汽车	6~9	农业机械	8~10

表9-6　直齿圆柱齿轮精度等级与圆周速度的关系

圆周速度/(m·s⁻¹)　硬度(HBS)	精度等级			
	6	7	8	9
≤350	≤18	≤12	≤6	≤4
>350	≤15	≤10	≤5	≤3

9.4.3　直齿圆柱齿轮传动的强度计算

1．受力分析

为了计算轮齿强度和设计轴及轴承，需要知道作用在轮齿上作用力的大小与方向。如前所述，一对渐开线齿轮啮合，若略去齿面间的摩擦力，则轮齿间相互作用的法向力 F_n 的方向始终沿着啮合线。为了计算方便，将法向力 F_n 在节点 P 处沿齿轮周向和径向分解为两个分力，即圆周力 F_t 和径向力 F_r，如图 9-21 所示。它们的大小分别为

$$\left.\begin{array}{l} F_t = \dfrac{2T_1}{d_1} \\[2mm] F_r = F_t \tan\alpha \\[2mm] F_n = \dfrac{F_t}{\cos\alpha} = \dfrac{2T_1}{d_1\cos\alpha} \end{array}\right\} \tag{9-13}$$

式中：d_1——小齿轮分度圆直径，mm；

α——分度圆压力角；

T_1——小齿轮传递的转矩，N·mm。当小齿轮传递的功率为P_1(kW)，小齿轮的转速为n_1(r/min)时，$T_1 = 9.55 \times 10^6 P_1/n_1$。

作用在主动轮和从动轮上的各力均等值反向，各力方向的判定方法为：①圆周力F_t在主动轮上是阻力，它与齿轮转动方向相反，在从动轮上是驱动力，与齿轮转动方向相同；②径向力F_r分别沿半径指向齿面中心。

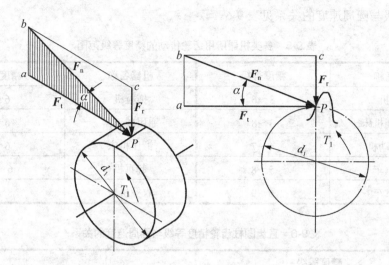

图 9-21　直齿圆柱齿轮轮齿受力

2. 齿面接触疲劳强度计算

1) 计算依据

一对齿轮啮合传动时，轮齿在任一点的接触可看作是曲率半径为ρ_1和ρ_2及宽度为b的两个圆柱体的相互接触，如图 9-22 所示。由弹性力学的赫兹公式可知，齿面接触的最大应力为

$$\sigma_H = 0.418 \sqrt{\frac{F_n E}{b \rho}} \tag{9-14}$$

式中：E——两圆柱体的综合弹性模量，$E = \dfrac{2 E_1 E_2}{E_1 + E_2}$，MPa；

b——圆柱体的接触宽度，mm；

F_n——两圆柱体承受的法向载荷，N；

ρ——综合曲率半径，$\rho = \dfrac{\rho_1 \rho_2}{\rho_1 \pm \rho_2}$ (mm)，"+"、"−"分别用于外啮合和内啮合。

由渐开线的特性可知，齿廓上各点的曲率半径是变化的，但由于节点 P 处同时啮合的齿对数少，两齿廓相对滑动速度小，不易形成油膜，摩擦力大，故点蚀常发生在节点附近，所以，通常以节点 P 处计算齿轮的接触应力。

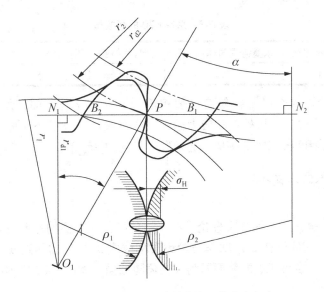

图 9-22 节点处的接触应力和曲率半径

2) 齿轮传动的计算载荷

考虑齿轮制造、安装的误差，轴、轴承和轮齿的变形及原动机与工作机特性的不同，会产生附加动载荷，并使其沿齿宽分布不均，因此，需将式中的 F_n 用计算载荷 F_c 替代，即 $F_c = KF_n$，K 为载荷系数，K=1.3~1.6，当齿轮对称布置时取小值，非对称布置时取大值。齿轮精度等级由圆周速度按表 9-6 选取。

3) 计算公式

现将节点 P 处的相应参数综合曲率半径 $\dfrac{1}{\rho} = \dfrac{1}{\rho_1} \pm \dfrac{1}{\rho_2} = \dfrac{2}{d_1 \sin \alpha} \dfrac{i \pm 1}{i}$、计算载荷 F_c，钢制齿轮，对于 $E = 2.06 \times 10^5 \text{MPa}$，压力角 $\alpha = 20°$，代入式(9-14)。

可得齿面接触疲劳强度的校核公式

$$\sigma_H = 670 \sqrt{\frac{KT_1}{bd_1^2} \frac{i \pm 1}{i}} \leqslant [\sigma_H] \tag{9-15}$$

令 $b = \psi_d d_1$，经整理可得设计公式

$$d_1 \geqslant \sqrt[3]{\left(\frac{670}{[\sigma_H]}\right)^2 \frac{KT_1}{\psi_d} \frac{i \pm 1}{i}} \tag{9-16}$$

式中：T_1——小齿轮的转矩，$\text{N} \cdot \text{mm}$；

　　　b——齿轮的齿宽，mm，其值最好圆整为尾数是 0 或 5 的整数(为便于装配，一般取小齿轮比大齿轮宽 5~10mm)；

　　　$[\sigma_H]$——许用接触应力，MPa，见表 9-4；

　　　ψ_d——齿宽系数。

当配对齿轮材料改变时，式(9-15)、式(9-16)中系数 670 的替换值从表 9-7 中查取。

表 9-7　系数 670 的替换值

材料组合	钢与球墨铸铁	球墨铸铁与球墨铸铁	钢与灰铸铁	球墨铸铁与灰铸铁	灰铸铁与灰铸铁
替换值	641	614	572	553	507

一对啮合齿轮，啮合处的接触应力值相等，即 $\sigma_{H1} = \sigma_{H2}$。而许用接触应力 $[\sigma_{H1}]$、$[\sigma_{H2}]$ 分别与齿轮的材料、热处理和应力循环次数有关，故一般不相等，因此，代入公式的 $[\sigma_H]$ 值应取 $[\sigma_{H1}]$ 和 $[\sigma_{H2}]$ 中的小值，通常取大齿轮的 $[\sigma_{H2}]$。

3. 齿根弯曲疲劳强度计算

1) 计算依据

轮齿可视为悬臂梁，按悬臂梁理论，在齿根危险截面产生的弯曲应力最大。齿根危险截面的位置用 30° 切线法确定。即作与轮齿对称线成 30° 角的两直线，且使其分别与齿根过渡曲线相切，连接两切点的截面即为齿根危险截面，如图 9-23 所示。

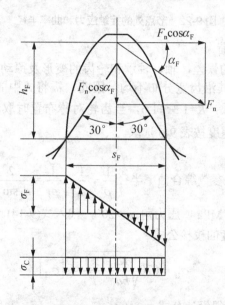

图 9-23　轮齿弯曲应力

计算齿根应力时，需确定在齿根处产生最大弯矩的载荷作用点。当轮齿在齿顶啮合时力臂最大，但此时 $\varepsilon_\alpha > 1$ 由两对轮齿共同承担载荷，轮齿受力小，弯矩不是最大。理论与实践证明，最大弯矩的载荷作用点为单对齿啮合的上界点。但该点计算比较复杂，考虑到多对齿受力不均匀，为简化计算，假定全部载荷 F_n 都作用于齿顶。

2) 计算公式

由图 9-23 知，轮齿上的法向力 F_n 可分解为切向分力 $F_n \cos\alpha_F$ 和径向分力 $F_n \sin\alpha_F$。切向分力在齿根处产生弯曲应力和切应力，径向分力在齿根处产生压应力。由于切应力与压应力比弯曲应力小得多，且齿根疲劳裂纹首先发生在拉伸一侧，故齿根弯曲疲劳强度按危险截面拉伸一侧的弯曲应力计算，其齿根弯曲应力为

$$\sigma_F = \frac{M}{W} = \frac{6F_n h_F \cos \alpha_F}{b s_F^2}$$

式中：h_F——弯曲力臂；

    b——齿宽；

    s_F——危险截面齿厚；

    α_F——齿顶载荷作用角。

将计算载荷 KF_n 代入，并令 $Y_F = \dfrac{6\left(\dfrac{h_F}{m}\right)\cos \alpha_F}{\left(\dfrac{s_F}{m}\right)^2 \cos \alpha}$，则可得轮齿弯曲疲劳强度的校核公式

$$\sigma_F = \frac{2KT_1 Y_F}{b d_1 m} = \frac{2KT_1 Y_F}{b z_1 m^2} \leqslant [\sigma_F] \qquad (\text{MPa}) \qquad (9\text{-}17)$$

式中：Y_F——齿形系数，其值只与齿形有关，而与模数无关。Y_F 值见表9-8。

将 $b = \psi_d d_1$ 代入式(9-17)，可得轮齿弯曲疲劳强度的设计公式为

$$m \geqslant \sqrt[3]{\frac{2KT_1}{\psi_d z_1^2} \frac{Y_F}{[\sigma_F]}} \qquad (\text{mm}) \qquad (9\text{-}18)$$

式中：z_1——小齿轮的齿数；

    $[\sigma_F]$——材料的许用弯曲应力，见表9-4。

按式(9-18)求得的模数应按表9-2圆整成标准模数。

由于大、小齿轮的齿数不等，故它们的齿形系数、弯曲应力和许用弯曲应力也不相等，所以当用式(9-18)计算模数时，取 $\dfrac{Y_F}{[\sigma_F]} = \max\left\{\dfrac{Y_{F1}}{[\sigma_{F1}]}, \dfrac{Y_{F2}}{[\sigma_{F2}]}\right\}$，这样可使大、小齿轮的弯曲强度均得到满足。

表9-8　正常齿制标准外啮合齿轮的齿形系数 Y_F

z	12	14	16	17	18	19	20	21	22	24	26	28
Y_F	3.46	3.20	3.03	2.96	2.90	2.84	2.79	2.75	2.72	2.67	2.60	2.56
z	30	32	35	37	40	45	50	60	80	100	150	齿条
Y_F	2.52	2.48	2.46	2.43	2.40	2.37	2.33	2.28	2.23	2.21	2.18	2.06

9.4.4　设计参数的选择

1. 传动比 i

单级传动的传动比 i 不宜过大，否则会造成大、小齿轮尺寸悬殊，导致整个传动外廓尺寸过大，通常 $i \leqslant 6$。当 i 过大时，应采用多级传动。

2. 齿数 z

对于闭式软齿面齿轮传动，在满足弯曲强度的条件下，应取较多的齿数 z_1 和较小的模

数,这样可以增大重合度,改善传动的平稳性,还可以节省制造费用,一般 $z_1 = 20 \sim 40$。对于闭式硬齿面齿轮、开式齿轮和铸铁齿轮传动,为保证轮齿具有足够的弯曲强度,宜取较小的齿数 z_1 和较大的模数,一般取 $z_1 = 17 \sim 20$。对于承受变载荷的齿轮传动以及开式齿轮传动,为使轮齿磨损均匀、减小或避免传动中的振动,应使两轮齿数互为质数,至少应避免大、小齿轮齿数比为整数。

3. 齿宽系数 ψ_d

当载荷一定时,ψ_d 值大时 b 值也大,齿轮承载能力高,但 b 过大,会引起载荷沿齿宽分布不均而产生偏载,导致轮齿折断。对于闭式传动:①软齿面,齿轮对称轴承布置并靠近轴承时,取 $\psi_d = 0.8 \sim 1.4$;齿轮不对称轴承布置或悬臂布置且轴刚性较大时,取 $\psi_d = 0.6 \sim 1.2$,轴刚性较小时,取 $\psi_d = 0.4 \sim 0.9$。②硬齿面,ψ_d 的数值应降低一倍。对开式传动,取 $\psi_d = 0.3 \sim 0.5$。

9.4.5 齿轮的结构

通过齿轮传动的强度和简单几何尺寸计算,只能确定齿轮的基本参数和一些主要尺寸,而轮缘、轮辐、轮毂等结构形式和尺寸,需要通过结构设计来确定。

齿轮的结构形式与齿轮的几何尺寸、毛坯材料、加工方法、使用要求和经济性等因素有关,通常先按齿轮直径选择适宜的结构形式,然后再根据推荐的经验公式进行结构设计。

对于直径很小的钢制齿轮,若齿根圆到键槽底部的距离 $e \leqslant (2 \sim 2.5) m_n$ 时(图 9-24(a)),则应将齿轮与轴做成一体,称为齿轮轴,如图 9-24(b)所示。齿轮轴刚性大,轴必须与齿轮用同一种材料,但齿轮轴制造工艺复杂,齿轮和轴其中有一个损坏时将同时报废从而造成浪费。所以当 $e > (2 \sim 2.5) m_n$ 时,一般将齿轮与轴分开制造。

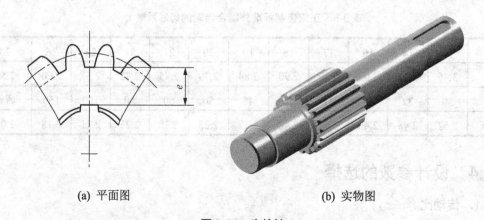

(a) 平面图   (b) 实物图

图 9-24 齿轮轴

当齿顶圆直径 $d_a \leqslant 160\text{mm}$ 时,可采用实心式结构,如图 9-25 所示。

图 9-25　实心式齿轮

对于齿顶圆直径 d_a < 500mm 的锻造齿轮，为减轻重量、节约材料和便于搬运与装拆，通常采用腹板式结构，如图 9-26 所示。

对于齿顶圆直径 d_a > 500mm 的铸造齿轮，可做成轮辐式结构，如图 9-27 所示。

图 9-26　腹板式齿轮

图 9-27　铸造轮辐式齿轮

此外，对于单件或小批量生产的齿轮，可做成焊接结构。对于尺寸较大的圆柱齿轮，为了节约贵重金属，可做成组装齿圈式结构，如图 9-28 所示。

图 9-28　组装齿圈式齿轮

例 9-3　试设计矿山用二级闭式减速器中的一对直齿圆柱齿轮传动。已知：传递功率 P_1=22kW，传动比 i=4.8，主动轮转速 n_1 = 960r / min，采用电动机驱动，单向运转，中等冲击。

解： (1) 选择材料，确定许用应力。

由表 9-4 得，小齿轮采用 40Cr 调质处理，硬度为 240～285HBS，取 260HBS；大齿轮用 45 钢调质处理，硬度为 229～286HBS，取 240HBS。

$$[\sigma_{H1}]=380+HBS=380+260=640(MPa)$$
$$[\sigma_{H2}]=380+0.7HBS=380+0.7×240=548(MPa)$$
$$[\sigma_{F1}]=155+0.3HBS=155+0.3×260=233(MPa)$$
$$[\sigma_{F2}]=140+0.2HBS=140+0.2×240=188(MPa)$$

对于软齿面闭式齿轮传动，应先按齿面疲劳接触强度设计，后按轮齿弯曲疲劳强度验算。

(2) 齿面接触疲劳强度设计。

① 选择齿数。

通常 $z_1=20～40$，取 $z_1=31$

$$z_2=iz_1=4.8×31=148.8，取 z_2=149$$

② 小齿轮传递的转矩 T_1。

$$T_1=9.55×10^6\frac{P_1}{n_1}=9.55×10^6×\frac{22}{960}≈218\,854\ (N·mm)$$

③ 选择齿宽系数 ψ_d。由于齿轮为非对称布置，且为软齿面，所以取 $\psi_d=0.8$。

④ 确定载荷系数 K。载荷系数为 $K=1.3～1.6$，由于齿轮为非对称布置，所以取 $K=1.5$。

⑤ 计算分度圆直径。

$$d_1≥\sqrt[3]{\left(\frac{670}{[\sigma_H]}\right)^2\frac{KT_1}{\psi_d}\frac{i+1}{i}}=\sqrt[3]{\left(\frac{670}{548}\right)^2\frac{1.5×218\,854}{0.8}\frac{4.8+1}{4.8}}≈90.5(mm)$$

⑥ 确定齿轮的模数。

$$m=\frac{d_1}{z_1}=\frac{90.5}{31}≈2.92\ (mm)$$

按表 9-2 圆整为 $m=3mm$。

(3) 齿根弯曲疲劳强度验算。

① 齿形系数

由 $z_1=31$ 和 $z_2=149$，查表 9-8，得 $Y_{F1}=2.5$ 和 $Y_{F2}=2.18$。

② 验算齿根弯曲应力。

由式(9-17)得

$$\sigma_{F1}=\frac{2KT_1Y_{F1}}{bd_1m}=\frac{2×1.5×218\,854×2.5}{75×93×3}≈78.44\ (MPa)<[\sigma_{F1}]=233(MPa)$$

$$\sigma_{F2}=\sigma_{F1}·\frac{Y_{F2}}{Y_{F1}}=78.44×\frac{2.18}{2.5}≈68.4\ (MPa)<[\sigma_{F2}]=188(MPa)$$

齿根弯曲疲劳强度足够。

③ 齿轮精度等级。

根据

$$v=\frac{\pi d_1n_1}{60×1000}=\frac{\pi×93×960}{60×1000}≈4.67\ (m/s)$$

查表 9-6，选用 7 级精度。

(4) 计算齿轮的几何尺寸。

$$d_1 = mz_1 = 3 \times 31 = 93 \, (\text{mm}), \quad d_2 = mz_2 = 3 \times 149 = 447 \, (\text{mm})$$

$$d_{a1} = d_1 + 2m = 93 + 2 \times 3 = 99 \, (\text{mm}), \quad d_{a2} = d_2 + 2m = 447 + 2 \times 3 = 453 \, (\text{mm})$$

$$d_{f1} = d_1 - 2.5m = 93 - 2.5 \times 3 = 85.5 \, (\text{mm}), \quad d_{f2} = d_2 - 2.5m = 447 - 2.5 \times 3 = 439.5 \, (\text{mm})$$

$$a = \frac{m}{2}(z_1 + z_2) = \frac{3}{2} \times (31 + 149) = 270 \, (\text{mm})$$

$$b_2 = \psi_d d_1 = 0.8 \times 93 = 74.4 \, (\text{mm}), \quad 取 \, b_2 = 75 \, (\text{mm})$$

$$b_1 = b_2 + 5 = 80 \, (\text{mm})$$

(5) 结构设计(略)。

9.4.6　其他齿轮传动简介

1．斜齿圆柱齿轮传动

图 9-5(d)所示为一对斜齿圆柱齿轮的啮合传动。斜齿轮的轮齿相对齿轮的轴线倾斜了一个角度，称为螺旋角 β，它是用一对相反(外啮合)或相同(内啮合)旋向的斜齿轮相啮合米传递平行轴之间的运动和动力的。由于斜齿轮中存在螺旋角 β，一对斜齿轮啮合传动过程中，轮齿先由一端进入啮合逐渐过渡到另一端退出啮合，齿面接触线的长度在啮合过程中逐渐进入，又逐渐退出，因而传动较平稳，振动、冲击和噪声小。另外，斜齿轮在垂直于旋转轴线的平面上有较厚的齿形，同样直径和模数的斜齿轮比直齿轮的强度高，故斜齿轮用于高速、重载、结构紧凑的场合。

斜齿轮传动的主要优点是：①啮合性能好，传动平稳；②重合度大，承载能力高；③不发生根切的最小齿数少，可用于小尺寸齿轮的制造。斜齿轮传动的主要缺点是传动过程中会产生轴向力，需采用止推轴承来承担轴向载荷。

2．人字齿轮传动

人字齿轮可看作是在同一轴上邻接两个直径相同、旋向相反的斜齿轮组成的，如图 9-5(e)所示，两个齿轮通常用同样的毛坯加工。由于每个人字齿轮有两个旋向相反的轮齿，产生两个方向相反的轴向力，理论上轴向力可相互抵消。但这种齿轮加工制造较繁，价格昂贵，通常用于高速重载传动。

3．齿轮与齿条传动

当齿轮的基圆半径无限大时，基圆变成一直线，发生线将在无限大的基圆上转动，产生的渐开线是一条直线，齿轮演变成为齿条，如图 9-5(c)所示。由于其齿形可以包络成渐开线，因而常作为加工圆柱渐开线齿轮轮齿的刀具。用齿条与齿轮啮合可以实现直线运动与圆周运动输出的互换，便于满足直线运动形式的要求。

4．直齿圆锥齿轮传动

为了实现相交轴运动和动力的传递，需要采用圆锥齿轮传动，如图 9-5(f)、图 9-5(g)所示。由于锥齿轮的轮齿分布在一个圆锥体上，因而有大端和小端之分，为了测量和计算方便，通常取大端的参数为标准值。

上述齿轮传动的几何尺寸和强度计算方法都以直齿圆柱齿轮传动为基础，并结合其传动特点作必要的修正，具体方法可查阅相关资料。

9.5 实　训

实训目的

掌握直齿圆柱齿轮传动的设计过程、方法和主要设计参数的选择原则。

实训内容

实训　设计图 9-29 所示的运输机传动方案中单级减速器的一对直齿圆柱齿轮传动。已知：轴 I 的 $P_I = 8kW$，$n_I = 550r/min$，该对齿轮的传动比 $i=4.5$，单向运转，双班制，设计寿命为 10 年(每年工作 300 天)。

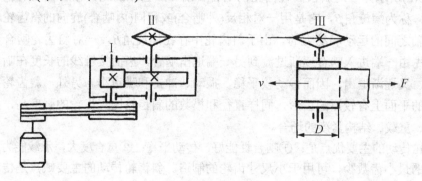

图 9-29　链式运输机传动方案

实训总结

通过本章的实训，学员应该掌握直齿圆柱齿轮的设计步骤、参数选择原则、几何尺寸的计算方法等。

9.6 习　题

一、填空题

(1) 一对渐开线直齿圆柱齿轮的中心距作少许变动并不影响其正确传动的性质称为_____。

(2) 渐开线齿轮的切削加工方法有_____和_____。

(3) 开式齿轮传动的主要失效形式是_____。

(4) 齿面 HBS>350 的闭式齿轮传动的主要失效形式是_____。

(5) 一对相互啮合的齿轮传动，小轮材料为 40Cr，大轮材料为 40 号钢，啮合处的接触应力_____。

(6) 外啮合圆柱齿轮传动的接触强度计算中综合曲率半径 ρ 的计算公式是_____。

(7) 一对渐开线齿轮传动，齿面出现塑性流动，判断主、从动轮时，其中齿面有棱脊的齿轮是_____动轮；而有凹沟的齿轮是_____动轮。

(8) 一般圆柱齿轮传动的接触强度是按_____啮合时的情况进行计算的。

(9) 对于普通齿轮传动(精度为 7、8、9 级)，轮齿弯曲强度计算公式是按载荷作用在_____为出发点推导出来的。

(10) 齿面点蚀最早出现在_____。

(11) 为减小轮齿磨损而采取的最有效的办法是_____。

(12) 在一对软齿面齿轮传动中，小齿轮的齿面硬度应比大齿轮的硬度_____HBS。

二、选择题

(1) 渐开线的形状取决于_____的大小。
　　A．展角　　　　B．压力角　　　　C．基圆

(2) 基圆越大，渐开线越_____。
　　A．平直　　　　B．弯曲　　　　C．变化不定

(3) 标准齿轮以标准中心距安装时，分度圆压力角_____啮合角。
　　A．大于　　　　B．等于　　　　C．小于

(4) 对于单级圆柱齿轮减速器，若主动轮 1 和从动轮 2 的材料和热处理均相同，则工作时，两轮齿根弯曲应力的关系是_____。
　　A．$\sigma_{F1} > \sigma_{F2}$　　B．$\sigma_{F1} < \sigma_{F2}$　　　C．$\sigma_{F1} = \sigma_{F2}$

(5) 一减速齿轮传动，小齿轮 1 选用 45 钢调质，大齿轮 2 选用 45 钢正火，它们的齿面接触应力的关系是_____。
　　A．$\sigma_{H1} = \sigma_{H2}$　　B．$\sigma_{H1} < \sigma_{H2}$　　　C．$\sigma_{H1} > \sigma_{H2}$

(6) 在圆柱齿轮传动中，常使小齿轮齿宽略大于大齿轮齿宽，原因是_____。
　　A．提高小齿轮齿面接触强度　　　B．提高小齿轮齿根弯曲强度
　　C．补偿安装误差，保证全齿宽接　　D．减少小齿轮载荷分布不均

(7) 在齿轮传动中，大、小齿轮的齿面硬度差取_____较为合理。
　　A．30～50HBS　　　　B．0　　　　　C．小于 30HBS

(8) 通常闭式软齿面齿轮传动最有可能出现的失效形式是_____；开式传动最有可能出现的失效形式是_____。
　　A．轮齿折断　　　　　　　B．齿面疲劳点蚀
　　C．齿面胶合　　　　　　　D．齿面磨损

三、判断题(错 F，对 T)

(1) 开式齿轮传动的主要失效形式是齿面点蚀，闭式软齿面齿轮传动的主要失效形式是齿根弯断。　　　　　　　　　　　　　　　　　　　　　　　　(　　)

(2) 一对齿轮传动中，大、小齿轮的齿面接触应力相等，而接触强度不一定相等。
　　　　　　　　　　　　　　　　　　　　　　　　　　　　　　　　(　　)

(3) 一对齿轮传动中，大、小齿轮的齿根弯曲应力和弯曲强度都不一定相等。　(　　)

(4) 通常使一对齿轮中小齿轮的齿宽 b_1 略大于大齿轮的齿宽 b_2，进行齿面接触应力计算时，应以 b_1 代入。 （　　）

(5) 在设计开式齿轮传动时，齿轮齿数应选得多一些。 （　　）

(6) 齿轮传动中，若材料不同，小齿轮和大齿轮的接触应力亦不同。 （　　）

(7) 为了提高齿轮传动的接触强度，应增大模数，但中心距不变。 （　　）

(8) 在设计齿轮传动时，为减小传动的外廓尺寸应尽量采用硬齿面齿轮。 （　　）

(9) 在圆柱齿轮传动中，齿轮直径不变而增大齿数，轮齿的弯曲强度将提高。 （　　）

(10) 在圆柱齿轮传动中，模数不变而增大齿轮直径，轮齿的接触强度将提高。 （　　）

四、简答题

(1) 节圆与分度圆的区别与联系是什么？

(2) 渐开线是如何形成的？渐开线的性质有哪些？

(3) 渐开线齿轮有哪些基本参数？这些参数中哪些是标准的？把它们作为齿轮的基本参数的原因是什么？

(4) 渐开线齿廓的压力角是如何确定的？渐开线齿轮从齿根到齿顶各部位压力角是否相同？何处压力角作为标准压力角？

(5) 齿轮传动的设计准则通常按哪些失效形式决定的？

(6) 一对材料和热处理都相同的标准直齿圆柱齿轮传动，大小齿轮的弯曲应力是否相等，为什么？许用应力是否相等，为什么？

五、实作题

(1) 已知一对外啮合渐开线直齿圆柱齿轮传动中相关数据：$z_1 = 20$，$m=5\text{mm}$，$\alpha = 20°$，$h_a^* = 1.0$，$c^* = 0.25$，标准制造，标准安装，中心距 $a=180\text{mm}$，试计算：①两齿轮的分度圆半径；②两齿轮的齿顶圆半径；③两齿轮分度圆上的齿厚及节圆上的齿厚；④该对齿轮传动的传动比。

(2) 欲配制一个遗失的齿轮，已知与其啮合齿轮的齿顶圆直径 $d_a = 136\text{mm}$，齿数 $z=15$，两轮中心距 $a=260\text{mm}$，求所配齿轮的尺寸。

(3) 已知某单级减速器两轮的齿数 $z_1 = 20$，$z_2 = 50$，模数 $m=6\text{mm}$，齿宽 $b=80\text{mm}$，小齿轮材料为 45 钢，调质处理，齿面硬度为 230HBS；大齿轮材料为 45 钢，正火处理，齿面硬度为 180HBS。齿轮的精度为 8 级，相对轴承对称布置，单向运转，载荷平稳，电动机驱动，主动轮转速 $n_1 = 700\text{r}/\text{min}$，试确定一单级标准直齿圆柱齿轮减速器所能传递的最大功率。

第10章 蜗杆传动

教学目标：

通过本章的学习，要求读者了解蜗杆传动的类型、特点；了解蜗杆传动设计计算与齿轮传动的异同。

教学重点和难点：

● 普通圆柱蜗杆传动的主要参数、几何尺寸计算及强度计算；
● 蜗杆传动热平衡计算的原理和散热方法。

案例导入：

第 9 章介绍了空间两平行轴、相交轴间旋转运动和动力传递的齿轮传动，图 9-5(i)所示的齿轮传动又称为蜗杆传动，为什么要用蜗杆传动？蜗杆传动的原理和特点又是什么？如何设计蜗杆传动？蜗杆传动的设计计算方法与齿轮传动的区别以及联系是什么？诸如此类的问题将在本章详细阐述。

10.1 概　述

蜗杆传动(图 10-1)由蜗杆和蜗轮组成，它可以看作是由螺旋齿轮演化而来的用于传递空间两交错轴间的旋转运动和动力，一般两轴的交错角 $\Sigma=90°$。蜗杆传动通常用于蜗杆作主动件的减速传动，当反行程不自锁时，也可以是蜗轮作主动件的增速传动。

10.1.1 蜗杆传动的类型

按照蜗杆的形状，蜗杆传动分为圆柱蜗杆传动(图 10-1(a)、环面蜗杆传动(图 10-1(b)和锥蜗杆传动(图 10-1(c))三种。圆柱蜗杆制造简单，应用最广。蜗杆还有右旋、左旋、单头、多头之分，最常用的是右旋蜗杆。圆柱蜗杆又分为普通圆柱蜗杆和圆弧圆柱蜗杆两种，常用的普通圆柱蜗杆。按照刀具及安装位置的不同分为阿基米德蜗杆、渐开线蜗杆、法面直廓蜗杆和锥面包络圆柱蜗杆等几种类型，本章只讨论阿基米德圆柱蜗杆传动的设计。

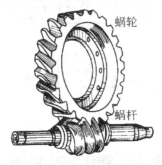

(a) 圆柱蜗杆传动

图 10-1　蜗杆传动的类型

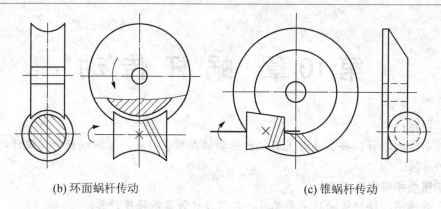

(b) 环面蜗杆传动   (c) 锥蜗杆传动

图 10-1　蜗杆传动的类型(续)

10.1.2　蜗杆传动的特点及应用

蜗杆传动的主要优点是：①由于蜗杆头数少，故传动比大(动力传动时 $i=7\sim80$，分度传动时，i 可达 1000)，结构紧凑；②由于蜗杆的轮齿是连续不断的螺旋齿，故传动平稳，噪声低；③当蜗杆导程角小于啮合面的当量摩擦角时，可实现自锁，能用于没有附加制动装置的情况。

蜗杆传动的主要缺点是：①由于蜗杆传动为交错轴传动，其齿面相对滑动速度 v_s 大(图 10-2)，摩擦、磨损大，发热大，传动效率低，不宜用于大功率(一般不超过 100kW)长期连续工作的场合；蜗杆传动工作时，节点啮合处蜗杆与蜗轮的圆周速度为 v_1、v_2，如图 10-2 所示，两齿面间的相对滑动速度 v_s 为

$$v_s = \frac{v_1}{\cos\gamma} = \frac{\pi \cdot d_1 n_1}{60 \times 1000 \cos\gamma} \tag{10-1}$$

式中：d_1 ——蜗杆分度圆直径，mm；

n_1 ——蜗杆转速，r/min。

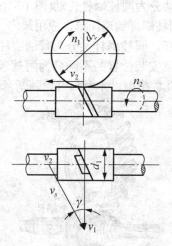

图 10-2　蜗杆传动的滑动速度

② 鉴于蜗杆传动的上述优点，被广泛用于各种机床、冶金、石油、矿山及起重设备中。但需要用贵重金属(如青铜)来制造蜗轮齿圈，成本高等。

10.2　圆柱蜗杆传动的主要参数和几何尺寸计算

10.2.1　蜗杆传动的主要参数

1. 模数、压力角和正确啮合条件

过蜗杆轴线作一垂直于蜗轮轴线的平面，该平面是蜗杆的轴面、蜗轮的端面，称为蜗杆传动的中间平面，如图 10-3 所示。在中间平面内，蜗杆的齿廓相当于齿条，蜗轮的齿廓相当于一个齿轮，蜗杆蜗轮的啮合传动相当于齿轮与齿条的啮合传动，故取蜗杆传动中间平面的参数为标准值。

蜗杆传动的正确啮合条件是：蜗杆的轴向模数 m_{x1} 与压力角 α_{x1} 和蜗轮的端面模数 m_{t2} 与压力角 α_{t2} 分别相等，且为标准值；蜗杆分度圆柱上的导程角 γ 应等于蜗轮分度圆柱上的螺旋角 β，且两者旋向相同。即

$$\left.\begin{array}{c} m_{x1}=m_{t2}=m \\ \alpha_{x1}=\alpha_{t2}=\alpha \\ \gamma=\beta \end{array}\right\} \tag{10-2}$$

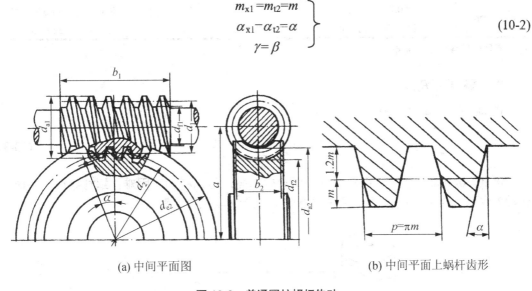

(a) 中间平面图　　　　　　　　　(b) 中间平面上蜗杆齿形

图 10-3　普通圆柱蜗杆传动

2. 蜗杆分度圆直径 d_1

由于蜗轮加工所用的刀具是与蜗杆分度圆相同的蜗轮滚刀(蜗轮滚刀的齿顶高比与蜗轮相啮合的蜗杆的齿顶高大一个顶隙)，因此，为了限制刀具的数目和便于刀具的标准化，对于同一模数规定了几个蜗杆分度圆直径，见表 10-1。

表 10-1　蜗杆传动的 m、d_1 与 m^2d_1 值

m /mm	1	1.25		1.6		2		2.5	
d_1 /mm	18	20	22.4	20	28	(18)　22.4 (28)　35.5		(22.4)　28 (35.5)　45	
m^2d_1 /mm³	18	31.25	35	51.2	71.68	72　89.6 112　142		140　175 221.9　281	

续表

m /mm	3.15			4			5	
d_1 /mm	(28)	35.5		(31.5)	40		(40)	50
	(45)	56		(50)	71		(63)	90
$m^2 d_1$ /mm³	277.8	352.2		504	640		1000	1250
	446.5	556		800	1136		1575	2250
m /mm	6.3			8			10	
d_1 /mm	(50)	63		(63)	80		(71)	90
	(80)	112		(100)	140		(112)	160
$m^2 d_1$ /mm³	1958	2500		4032	5376		7100	9000
	3175	4445		6400	8960		11 200	16 000
m /mm	12.5			16			20	
d_1 /mm	(90)	112		(112)	140		(140)	160
	(140)	200		(180)	250		(224)	315
$m^2 d_1$ /mm³	14 062	17 500		28 672	35 840		56 000	64 000
	21 875	31 250		46 080	64 000		89 600	126 000

注：括号内的数值尽可能不用。

3. 蜗杆导程角 γ

由图 10-4 得蜗杆导程角 γ

$$\tan \gamma = \frac{z_1 p_{a1}}{\pi d_1} = \frac{z_1 m}{d_1} \tag{10-3}$$

由式(10-3)知，蜗杆导程角大时，传动效率高，但蜗杆加工困难；蜗杆导程角小时，传动效率低；当 $\gamma < \rho_v$（ρ_v 为当量摩擦角）时，蜗杆传动具有自锁性能。

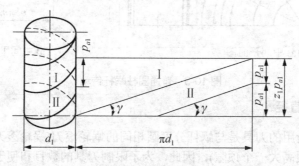

图 10-4 蜗杆导程角

4. 传动比 i、蜗杆头数 z_1 和蜗轮齿数 z_2

蜗杆传动的传动比为

$$i = \frac{n_1}{n_2} = \frac{z_2}{z_1} = \frac{d_2}{d_1 \tan \gamma} \tag{10-4}$$

式中：n_1、n_2——蜗杆与蜗轮的转速，r/min。

注意：蜗杆传动的传动比不等于蜗轮、蜗杆的直径比。

蜗杆头数 z_1 可根据传动比和传动效率选取。z_1 小，传动比大，传动效率低；z_1 大，传动效率高，但导程角大，制造困难。通常 z_1 取值为 1、2、4、6。大传动比和自锁的场合，采用单头蜗杆，动力传动和效率要求较高场合采用多头蜗杆。z_1 可根据传动比按表 10-2 选取。

蜗轮齿数 $z_2=iz_1$。为保证蜗轮轮齿不发生根切、蜗杆传动平稳和有较高效率，z_2 不应小于 28。z_2 越大，则蜗轮尺寸越大，蜗杆越长，致使蜗杆刚度降低，对于动力传动，一般限制 $z_2 \leqslant 82$。

表 10-2　根据传动比推荐采用的蜗杆头数

传动比 i 的范围	30～83	15～32	7～16	5～7
蜗杆头数 z_1	1	2	4	6

10.2.2　几何尺寸计算

普通圆柱蜗杆传动的主要几何尺寸计算公式见表 10-3。

表 10-3　普通圆柱蜗杆传动几何尺寸的计算公式

名　称	代　号	公　式
齿 顶 高	h_a	$h_a = m$
齿 根 高	h_f	$h_f = 1.2m$
全 齿 高	H	$h = 2.2m$
分度圆直径	D	d_1 按表 9-14 选取，$d_2 = z_2 m$
齿顶圆直径	d_a	$d_{a1} = d_1 + 2m$　　$d_{a2} = d_2 + 2m$
齿根圆直径	d_f	$d_{f1} = d_1 - 2.4m$　　$d_{f2} = d_2 - 2.4m$
蜗杆导程角	γ	$\tan \gamma = z_1 m / d_1$
蜗杆传动中心距	a	$a = (d_1 + d_2)/2$

10.3　蜗杆传动的承载能力计算

10.3.1　蜗杆传动的失效形式及设计准则

由于材料或轮齿结构等因素，蜗杆螺旋齿的强度要比蜗轮轮齿的强度高，因此，蜗杆传动失效通常发生在蜗轮轮齿上，故一般只对蜗轮轮齿进行强度计算。

在蜗杆传动中，啮合齿面间相对滑动速度大、传动效率低、发热量大，故传动的失效形式为蜗轮齿面的磨损、胶合、点蚀和轮齿折断等。

在闭式传动中，蜗杆副主要失效形式为齿面胶合和点蚀，因此，通常按齿面接触疲劳强度设计，按齿根弯曲疲劳强度校核。由于闭式传动散热比较困难，还需作热平衡计算。

在开式传动中，蜗杆副主要失效形式为齿面磨损和轮齿折断，因此，只需按齿根弯曲疲劳强度进行计算。

10.3.2 蜗杆传动的材料及其选择

根据蜗杆传动的失效形式，要求蜗杆和蜗轮所用的材料应具有较高的强度，良好的减摩性、耐磨性和抗胶合性能。

蜗杆一般采用碳钢或合金钢制造。对于高速重载蜗杆常用 20Cr、20CrMnTi 等渗碳淬火至 58～63HRC；或者采用 45 钢、40Cr 等表面淬火至 40～55 HRC；一般不太重要的蜗杆，可采用 40 或 45 钢调质处理至 220～250HBS。

蜗轮一般采用青铜或铸铁制造。对于滑动速度 $v_s \geqslant 3\text{m/s}$ 的重要传动，可采用耐磨性好的铸造锡青铜(ZCuSn10P1、ZCuSn5Pb5Zn5 等)，但价格较高；对于滑动速度 $v_s \leqslant 4\text{m/s}$ 的传动，可采用耐磨性稍差，价格便宜的铸铝铁青铜(ZCuAl10Fe3)；对于滑动速度 $v_s < 2\text{m/s}$ ，效率要求也不高时，可采用灰铸铁(HT150、HT200)。

10.3.3 蜗杆传动的受力分析

在蜗杆传动中，作用在齿面节点 P 上的法向力 F_n 可分解为圆周力 F_t、径向力 F_r 和轴向力 F_a，如图 10-5(a)所示。当轴交角 $\Sigma = 90°$ 时，蜗杆的圆周力 F_{t1} 与蜗轮的轴向力 F_{a2}，蜗杆的轴向力 F_{a1} 与蜗轮的圆周力 F_{t2}，蜗杆的径向力 F_{r1} 与蜗轮的径向力 F_{r2} 分别大小相等，方向相反。各力大小可按式(10-5)计算

$$\left.\begin{aligned} F_{t1} = F_{a2} = \frac{2T_1}{d_1} \\ F_{a1} = F_{t2} = \frac{2T_2}{d_2} \\ F_{r1} = F_{r2} = F_{a1}\tan\alpha = F_{t2}\tan\alpha \end{aligned}\right\} \tag{10-5}$$

式中：T_1、T_2 ——蜗杆、蜗轮上的转矩，$T_2 = i\eta T_1$，N·mm。

当蜗杆主动时，各力的方向判别方法：①蜗杆上圆周力 F_t 的方向与蜗杆回转方向相反；②蜗杆径向力 F_r 的方向指向轮心；③蜗杆轴向力 F_a 的方向可按左(右)手规则判别，如图 10-5(b)所示。

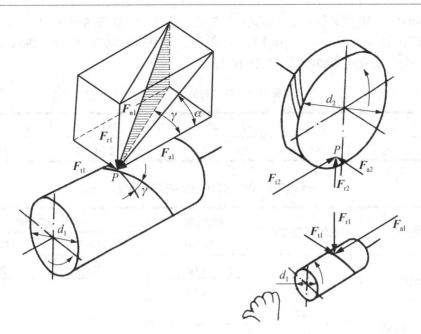

(a) 蜗杆受力分析　　　　　　　　(b) 蜗杆传动受力方向判别

图 10-5　蜗杆传动的受力分析

10.3.4　蜗杆传动的强度计算

1. 齿面接触疲劳强度计算

蜗杆传动在中间平面内可近视看作斜齿条与斜齿轮传动。根据赫兹公式，仿照斜齿轮传动并考虑蜗杆传动的特点，推导得到钢制蜗杆和青铜(或铸铁)蜗轮表面接触疲劳强度的计算公式。

校核公式：
$$\sigma_H = \frac{480}{d_2}\sqrt{\frac{KT_2}{d_1}} = \frac{480}{z_2}\sqrt{\frac{KT_2}{d_1 m^2}} \leqslant [\sigma_H] \tag{10-6}$$

设计公式：
$$m^2 d_1 \geqslant \left(\frac{480}{z_2[\sigma_H]}\right)^2 KT_2 \tag{10-7}$$

按式(10-7)求出 $m^2 d_1$ 值后，查表 10-1 可确定 m 和 d_1 值。

2. 蜗轮齿根的弯曲疲劳强度

由于蜗轮齿形复杂，很难精确计算出齿根的弯曲应力，为简化计算常把蜗轮近似看作一斜齿圆柱齿轮，再考虑蜗杆传动的特点，推导得到蜗轮齿根弯曲疲劳强度的计算公式。

校核公式：
$$\sigma_F = \frac{2.2KT_2 Y_F}{m d_1 d_2} = \frac{2.2KT_2 Y_F}{m^2 d_1 z_2} \leqslant [\sigma_F] \tag{10-8}$$

设计公式：
$$m^2 d_1 \geqslant \frac{2.2KT_2 Y_F}{z_2[\sigma_F]} \tag{10-9}$$

式(10-6)~式(10-9)中各符号的意义：K 为载荷系数，一般取 $K=1.1\sim1.3$；Y_F 为齿形系数，按蜗轮齿数 z_2 查表 10-4；$[\sigma_H]$ 为蜗轮轮齿的许用接触应力，查表 10-5、表 10-6；$[\sigma_F]$ 为蜗轮轮齿的许用弯曲应力，查表 10-7。

表 10-4　蜗轮的齿形系数 Y_F

Z_2	26	28	30	32	35	37	40	45	50	60	80	100	150	300
Y_F	2.55	2.51	2.48	2.44	2.41	2.36	2.34	2.32	2.24	2.20	2.17	2.14	2.07	2.04

表 10-5　铸锡青铜蜗轮的许用接触应力 $[\sigma_H]$　　　　　　/MPa

蜗轮材料	毛坯铸造方法	滑动速度 v_s /(m/s)	蜗杆表面硬度	
			≤350HBS	>45HRC
ZCuSn10P1	砂模	≤12	180	200
	金属模	≤25	200	220
ZCuSn5Pb5Zn5	砂模	≤10	110	125
	金属模	≤12	135	150

表 10-6　铸铝青铜及铸铁蜗轮的许用接触应力 $[\sigma_H]$　　　　　　/MPa

蜗轮材料	蜗杆材料	滑动速度 v_s /(m/s)						
		0.5	1	2	3	4	6	8
ZCuAl10Fe3	淬火钢[①]	250	230	210	180	160	120	90
ZCuAl10Fe3Mn2								
HT150、HT200	渗碳钢	130	115	90	—	—	—	—
HT150	调质钢	110	90	70	—	—	—	—

注：①蜗杆未经淬火，$[\sigma_H]$ 应降低 20%。

表 10-7　蜗轮轮齿的许用弯曲应力 $[\sigma_F]$　　　　　　/MPa

蜗轮材料	毛坯铸造方法	单向传动 $[\sigma_F]_0$	双向传动 $[\sigma_F]_{-1}$
ZCuSn10P1	砂模	51	32
	金属模	70	40
ZCuSn5Pb5Zn5	砂模	33	24
	金属模	40	29
ZcuAl10Fe3	砂模	82	64
	金属模	90	80
ZCuAl10Fe3Mn2	金属模	100	90
HT150	砂模	40	25
HT200	砂模	48	30

10.4　蜗杆传动的热平衡计算

10.4.1　蜗杆传动的效率

闭式蜗杆传动的功率损耗一般包括轮齿啮合摩擦损耗、轴承摩擦损耗和搅油损耗三部分。其总效率为

$$\eta = \eta_1 \eta_2 \eta_3 \tag{10-10}$$

式中：η_1、η_2 和 η_3——蜗杆传动的啮合效率、轴承效率和搅油损耗的效率。其中最主要的是啮合效率 η_1，当蜗杆主动时，啮合效率可按螺旋副的效率公式计算

$$\eta_1 = \frac{\tan \gamma}{\tan(\gamma + \rho_v)} \tag{10-11}$$

式中：γ——蜗杆的导程角；

ρ_v——当量摩擦角，$\rho_v = \arctan f_v$，它与蜗轮、蜗杆材料、表面情况及滑动速度有关。当钢蜗杆与铜蜗轮在油池中工作时，$\rho_v = 2° \sim 3°$；开式传动铸铁蜗轮时，$\rho_v = 5° \sim 7°$。

由于轴承的摩檫损耗和搅油损耗不大，故通常取 $\eta_2 \cdot \eta_3 = 0.95 \sim 0.97$。则总效率为

$$\eta = (0.95 \sim 0.97)\ \frac{\tan \gamma}{\tan(\gamma + \rho_v)} \tag{10-12}$$

在设计初，可按表 10-8 近似选取蜗杆传动的总效率。

表 10-8　蜗杆总效率的近似计算

蜗杆头数	1	2	4	6
总效率 η	0.7	0.8	0.9	0.95

10.4.2　蜗杆传动的润滑

为降低温升，避免胶合和减少磨损，提高蜗杆传动的效率、承载能力和寿命，需保证传动润滑良好。蜗杆传动的润滑方式可根据相对滑动速度和工作条件，由表 10-9 选定。

表 10-9　蜗杆传动的润滑方式

滑动速度/(m/s)	<1	至 2.5	至 5	5～10	10～15	15～25	>25
工作条件	重	重	中				
润滑方法	浸油润滑			浸油或喷油润滑	喷油润滑		

10.4.3　蜗杆传动的热平衡计算

闭式蜗杆连续传动时发热量很大，如果热量不能及时散发，会因油温不断升高而使润

滑油变稀,导致磨损加剧甚至发生胶合。因此,应进行热平衡计算,以保证油温处于允许的范围内。

闭式蜗杆传动工作时损耗的功率为

$$p_s = p_1(1-\eta) \tag{10-13}$$

式中: p_1——输入功率,W。

此损耗功率转变为热量,并由箱体表面散发出去。在自然通风状态下,箱体表面散出的热量折合功率为

$$p_e = kA(t_1 - t_2) \tag{10-14}$$

式中: k——散热系数, $W/(m^2 \cdot ℃)$;在通风良好处 $k=14\sim17.5$,在没有循环空气流动处 $k=8.7\sim10.5$;

A——箱体散热面积, m^2; $A = A_1 + 0.5 A_2$, A_1 是内面被油浸溅着而外面又被空气所冷却的箱壳表面积, A_2 是散热片和凸台的表面积以及装在金属底座上的箱体底面积和的 50%;

t_1——润滑油的温度, $℃$,一般限制在 $60℃\sim70℃$,最高不超过 $90℃$;

t_2——周围空气的温度, $℃$,一般可取 $t_2=20℃$。

由热平衡条件 $p_s = p_e$ 得

$$t_1 = \frac{p_1(1-\eta)}{kA} + t_2 \tag{10-15}$$

当 $t_1 > 90℃$ 时,应采取强迫冷却方法,以提高散热能力。常用在蜗杆轴端装风扇吹风、在箱体内的油池中装蛇形水管、采用压力喷油循环润滑等方法冷却,如图 10-6 所示。

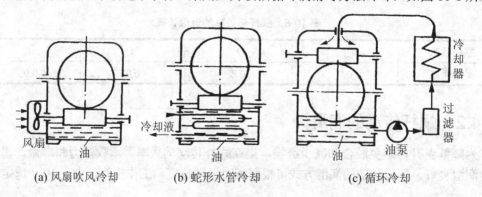

(a) 风扇吹风冷却   (b) 蛇形水管冷却   (c) 循环冷却

图 10-6 强迫冷却方法

10.5 蜗杆、蜗轮的结构

10.5.1 蜗杆的结构

蜗杆一般与轴做成一体,称为蜗杆轴,如图 10-7 所示。仅在 $d_{f1}/d \geqslant 1.7$ 时才采用蜗杆齿圈与轴装配的方式。图 10-7(a)为铣制蜗杆,轴径 $d = d_{f1} - (2\sim4)mm$;图 10-7(b)为车制蜗杆,轴径 d 可大于 d_{f1}。

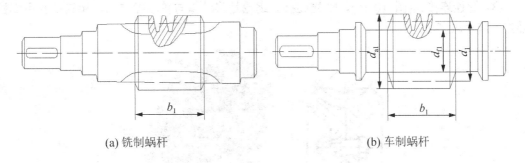

(a) 铣制蜗杆 　　　　　　　　(b) 车制蜗杆

图 10-7　蜗杆的结构

10.5.2　蜗轮的结构

常用的蜗轮结构有以下几种：当蜗轮直径较小时，采用整体式结构；当蜗轮直径大时，为节约有色金属，可采用轮箍式、螺栓连接和镶铸式等组合结构。

(1) 整体式(图 10-8)。适用于铸铁蜗轮和直径小于 100mm 的青铜蜗轮。

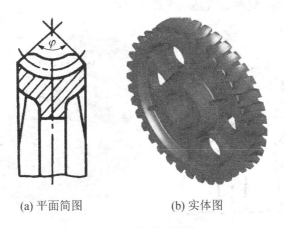

(a) 平面简图 　　　　　　　　(b) 实体图

图 10-8　整体式蜗轮

(2) 轮箍式(图 10-9)。轮箍式蜗轮是青铜轮缘与铸铁轮芯的组合，通常采用 H7/r6 配合，为防止轮缘滑动，加凸肩和螺钉固定，螺钉数目可取 4～6 个。

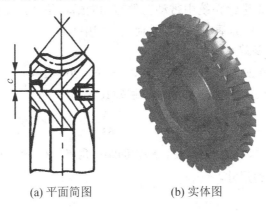

(a) 平面简图 　　　　　　　　(b) 实体图

图 10-9　轮箍式蜗轮

(3) 螺栓连接式(图 10-10)。螺栓连接式蜗轮是将轮缘与轮芯配装后，用铰制孔用螺栓连接，应用较多。

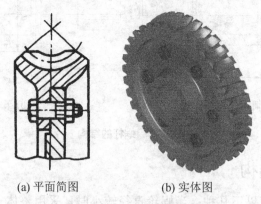

(a) 平面简图　　　　　　　(b) 实体图

图 10-10　螺栓连接式蜗轮

(4) 镶铸式(图 10-11)。镶铸式蜗轮的青铜轮缘镶铸在铸铁轮芯上，在轮芯上预制出榫槽以防轮缘工作时滑动。这种方式适用大批量生产。

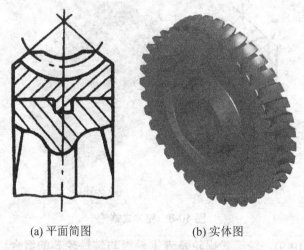

(a) 平面简图　　　　　　　(b) 实体图

图 10-11　镶铸式蜗轮

例 10-1　设计铣床进给系统中带动工件转动的蜗杆传动。要求 $i=20.5$，$m=6.3$mm，$\alpha = 20°$；试求蜗轮、蜗杆的基本参数，几何尺寸和中心距。

解：(1) 确定基本参数 z_1，z_2，β_2 和 γ。

因 $i=20.5$，由表 10-2 推荐取　$z_1=2$，所以 $z_2=iz_1=20.5×2=41$。

由 $m=6.3$mm 查表 10-1 选 $d_1=63$ mm，由式(10-3)得

$$\gamma = \tan^{-1}\frac{z_1 m}{d_1} = \tan^{-1}\frac{2×6.3}{63} = 11°\ 18'\ 36''$$

考虑加工工艺性，取升角 γ 为右旋。蜗轮的螺旋角 $\beta_2=\gamma$，旋向相同。

(2) 蜗杆蜗轮的几何尺寸。

由表 10-3 得

$$d_{a1} = d_1 + 2m = 63 + 2×6.3 = 75.6\text{(mm)}$$

$$d_2 = z_2 m = 41 \times 6.3 = 258.3 (\text{mm})$$

$$d_{a2} = d_2 + 2m = 258.3 + 2 \times 6.3 = 270.9 (\text{mm})$$

(3) 蜗杆传动的中心距 a。

$$a = \frac{d_1 + d_2}{2} = \frac{63 + 258.3}{2} = 160.65 (\text{mm})$$

例 10-2　设计一混料机用闭式蜗杆传动。已知蜗杆的输入功率 $P_1 = 5.5\text{kW}$，转速 $n_1 = 1450\text{r / min}$，传动比 $i=20$，载荷平稳，单向运转。

解:　(1) 选择材料，确定许用应力。

蜗杆用 45 钢，表面淬火硬度 45～48HRC；蜗轮用铸锡青铜 ZCuSn10P1，砂模铸造，由表 10-5 得 $[\sigma_H] = 200\text{MPa}$，由表 10-7 得 $[\sigma_F] = 51\text{MPa}$。

(2) 选择蜗杆头数 z_1 及蜗轮齿数 z_2。根据传动比 $i=20$，由表 10-2 取 $z_1 = 2$，则 $z_2 = iz_1 = 20 \times 2 = 40$。

(3) 蜗轮齿面接触强度计算。

① 作用在蜗轮上的转矩 T_2。按 $z_1 = 2$ 由表 10-8 得 $\eta = 0.80$，则

$$T_2 = 9.55 \times 10^6 \frac{P_1 i \eta}{n_1} - 9.55 \times 10^6 \times \frac{5.5}{1450} \times 20 \times 0.8 = 579\,586 (\text{N} \cdot \text{mm})$$

② 确定载荷系数 K。因工作载荷稳定，取 $K=1.1$。

③ 计算 m 及确定 d_1。由式(10-7)得

$$m^2 d_1 \geqslant \left(\frac{480}{z_2 [\sigma_H]} \right)^2 KT_2 = \left(\frac{480}{40 \times 200} \right)^2 \times 1.1 \times 579\,586 = 2295 (\text{mm}^3)$$

查表 10-1 得 $m^2 d_1 = 2500\text{mm}^3$，则标准模数 $m=6.3\text{mm}$，$d_1 = 63$。

(4) 验算蜗轮齿根弯曲强度。

① 确定齿形系数 Y_F。根据 $z_2 = 40$，由表 10-4 查得 $Y_F = 2.32$。

② 验算弯曲应力。由式(10-8)得

$$\sigma_F = \frac{2.2KT_2 Y_F}{m^2 d_1 z_2} = \frac{2.2 \times 1.1 \times 579\,586 \times 2.32}{2\,500 \times 40} = 32.54 < [\sigma_F]$$

蜗轮齿根弯曲强度足够。

(5) 热平衡计算。

① 计算效率 η。由式(10-3)计算蜗杆导程角

$$\tan \gamma = \frac{z_1 m}{d_1} = \frac{2 \times 6.3}{63} = 0.2$$

$$\gamma = 11° \, 18' \, 36''$$

因蜗杆副在油池中工作，故取当量摩擦角 $\rho_v = 3°$，则

$$\eta_1 = \frac{\tan \gamma}{\tan(\gamma + \rho_v)} = \frac{\tan 11° \, 18' \, 36''}{\tan(11° \, 18' \, 36'' + 3°)} = 0.78$$

由式(10-12)得 $\eta = 0.97 \eta_1 \approx 0.75$，比假设 $\eta = 0.80$ 略小，偏于安全。

② 计算散热面积。由式(10-15)可求得所需散热面积

$$A = \frac{P_1(1 - \eta)}{k_t(t - t_0)}$$

取 $k_t = 16W/(m^2 \cdot ℃)$ ，环境温度 $t_0 = 20℃$ ，箱体工作温度 $t = 65℃$ ，将有关数据代入上式得

$$A = \frac{1\,000 \times 5.5 \times (1 - 0.76)}{16 \times (65 - 20)} \approx 1.83(m^2)$$

待减速器结构初步确定后，应计算散热面积是否满足要求，若不满足，要采取强制散热措施。

(6) 几何尺寸计算。

$$d_1 = 63mm$$
$$d_{a1} = d_1 + 2m = 63 + 2 \times 6.3 = 75.6mm$$
$$d_2 = mz_2 = 6.3 \times 40 = 252mm$$
$$d_{a2} = d_2 + 2m = 252 + 2 \times 6.3 = 264.6mm$$
$$a = \frac{d_1 + d_2}{2} = \frac{63 + 252}{2} = 157.5mm$$

10.6 实 训

实训目的

(1) 掌握蜗杆传动的设计过程、方法。
(2) 掌握蜗杆传动主要设计参数的选择原则。

实训内容

实训 设计图 10-12 的带式运输机传动方案中的蜗杆减速器。已知：带拉力 $F = 5000N$，带速 $v = 0.8m/s$，卷筒直径 $D = 450mm$，单向运转，双班制。

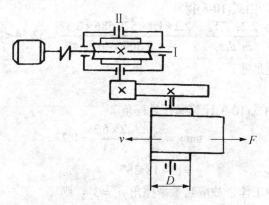

图 10-12 带式运输机传动方案

实训总结

通过本章的实训，学员应该掌握蜗杆传动的设计步骤、参数选择原则、几何尺寸的计算方法等。

10.7　习　　题

一、填空题

(1) 减速蜗杆传动的主要失效形式是_____、_____、_____和_____，常发生在_____。

(2) 蜗杆传动中，由于_____，需进行_____计算，若计算发现仍不能满足要求，可采取_____、_____、_____等措施。

二、选择题

(1) 两轴线_____时，可采用蜗杆传动。
　　A．相交成某一角度　　　　　　　B．平行
　　C．交错或直角　　　　　　　　　D．相交成直角

(2) 计算蜗杆传动比时，公式_____是错误的。
　　A．$i=\omega_1/\omega_2$　　　　B．$i=z_2/z_1$　　　　C．$i=d_2/d_1$

(3) 轴交错角为 90° 的阿基米德蜗杆传动，其蜗杆的导程角 $\gamma=8°8'30''$ (右旋)，蜗轮的螺旋角应为_____。
　　A．$81°51'30''$　　　　　　　　B．$8°8'30''$
　　C．$20°$　　　　　　　　　　　　D．$15°$

(4) 当蜗杆头数增加时，传动效率_____。
　　A．减小　　　　B．增大　　　　C．不变

三、判断题(错 F，对 T)

(1) 规定蜗杆直径系数是为了便于蜗杆的标准化。　　　　　　　　　　　（　　）

(2) 蜗轮材料是根据相对滑动速度 v_s 的大小选取的。　　　　　　　　（　　）

(3) 所有蜗杆传动都具有自锁性。　　　　　　　　　　　　　　　　　（　　）

(4) 增大蜗杆的分度圆直径可提高蜗杆轴的刚度。　　　　　　　　　　（　　）

四、简答题

(1) 蜗杆传动为什么要进行热平衡计算？若散热条件不足，可采用什么措施？

(2) 通常蜗杆的头数取多少？它对传动有什么影响？为什么要限制蜗轮的齿数？

(3) 在蜗杆转向一定的条件下，如何确定一蜗杆传动中蜗轮的转向？

五、实作题

已知某蜗杆减速器蜗轮传递的转矩 $T_2=400\text{N}\cdot\text{m}$，传动比 $i_{12}=30$，蜗杆转速 $n_1=500\text{r}/\min$，载荷平稳，电动机驱动，单班制，设计寿命为 5 年(每年按 300 天计)，试设计该蜗杆传动。

第11章 轮 系

通过本章的学习，要求读者了解轮系的类型、特点和传动比的计算方法。

教学重点和难点：

● 判断轮系的类型、空间轮系各轮转向的确定；

● 周转轮系传动比的计算方法。

案例导入：

图 11-1 和图 11-2 所示的是齿轮系传动的两种典型应用实例。为什么在这些场合要应用轮系？轮系有哪些类型？如何进行轮系的相关参数计算？诸如此类的问题将在本章中进行阐述。

图 11-1　汽车变速器立体模型

图 11-2　减速器

在现代机械中，为了满足工作的需要，只用一对齿轮传动往往是不够的。例如：桥架类起重机小车运行机构要求将电动机的高转速通过减速器变为小车的低转速；机床通过变速器实现主轴的多种转速；汽车转弯半径不同使两个后轮获得不同的转速，需要通过由一系列齿轮组成的差速器来完成。上述机械中的减速器、变速器和差速器，都是用一系列互相啮合的齿轮将主动轴的运动传到从动轴，这种由一系列齿轮组成的传动系统称为齿轮系，简称轮系。本章着重讲述各种轮系传动比的计算方法。

11.1　轮系的分类

图 11-3 为建筑工地上常用的用于提升重物的卷扬机传动系统的机构简图，是轮系的典型应用之一。在图 11-3 中，当制动器 A 压下而 B 抬起时，齿轮 3 固定不动，电动机通过带传动带动齿轮 1、2 和鼓轮 4 回转，实现重物的慢速提升；当制动器 A 抬起而 B 压下时，鼓轮 4 停转，齿轮 2、3 空转，便于将升降平台迅速停在所需楼层处；当制动器 A、B

同时抬起时，电动机仍按原方向带动齿轮 1 回转，通过齿轮 2、3 的回转实现鼓轮 4 在升降平台的重力作用下快速反转，达到升降平台快速下降、提高工效的目的。

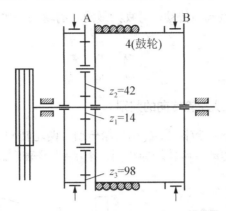

图 11-3　卷扬机传动系统

按照轮系运转时各个齿轮的轴线相对于机架的位置是否固定，轮系分为两类。

(1) 定轴轮系。齿轮传动时，轮系中各齿轮轴线位置相对于机架都是固定的，如图 11-4 所示。

(2) 周转轮系。齿轮传动时，轮系中至少有一个齿轮的轴线不是固定的，它绕另一齿轮的固定轴线转动，如图 11-5 中齿轮 2 的轴线绕着齿轮 1 的轴线旋转。

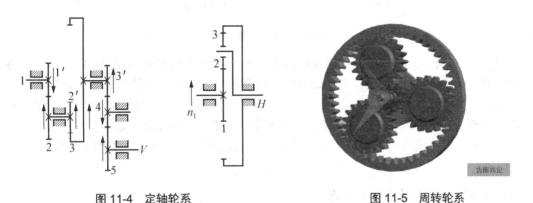

图 11-4　定轴轮系　　　　　　　　　　**图 11-5　周转轮系**

11.2　定轴轮系运动分析

轮系的运动分析主要是传动比或输出(入)轴转速的计算。轮系的传动比指主、从两轮的角速度(或转速)之比，用 i_{ab} 表示，下标 a、b 分别为主、从动轮，即

$$i_{ab} = \frac{\omega_a}{\omega_b} = \frac{n_a}{n_b} \tag{11-1}$$

为了完整描述主、从轮的传动关系，不仅需要确定传动比的数值，而且要确定主、从轮的转向。主、从轮转向可用正负号或画箭头两种方法确定。

1. 一对齿轮传动的传动比的计算

由一对圆柱齿轮啮合组成的传动,可视为最简单的轮系,如图 11-6 所示。其传动比大小为

$$i_{12} = \frac{\omega_1}{\omega_2} = \frac{n_1}{n_2} = \frac{z_2}{z_1} \tag{11-2}$$

2. 一对齿轮传动主、从动轮转向的判别

(1) 正负号法。一对外啮合(图 11-6(a))齿轮传动,两轮转向相反,用"-"号表示;一对内啮合(图 11-6(b))齿轮传动,两轮转向相同,用"+"号表示。

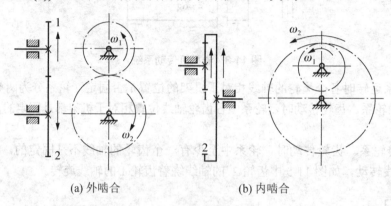

(a) 外啮合   (b) 内啮合

图 11-6 圆柱齿轮传动

(2) 画箭头法。上述传动的转向也可用箭头表示(箭头方向表示齿轮可见侧的圆周速度方向)。因为一对齿轮传动啮合节点处的圆周速度相同,两轮转向的箭头要么同时指向节点,要么同时背离节点,且内啮合转向相同、外啮合转向相反。根据此法则,在用箭头标出某轮的转向后,与其啮合的另一轮转向即可表示出来。当两轮箭头方向相反时,传动比为负;反之为正。应注意,当非平行轴传动时,只能用画箭头的方法判别齿轮的转向(见实例)。

3. 定轴轮系传动比大小的计算

可将一对简单轮系的传动比确定方法推广到定轴轮系中。图 11-4 所示轮系的齿轮 1 为主动轮,齿轮 5 为从动轮,z_1、z_2、z_2'、z_3、z_3'、z_4 和 z_5 为各齿轮的齿数;ω_1、ω_2、ω_2'、ω_3、ω_3'、ω_4 和 ω_5 为各齿轮的角速度,该轮系的传动比 i_{15} 可由各对齿轮的传动比求出。

$$i_{15} = \frac{\omega_1}{\omega_5} = i_{12} \cdot i_{2'3} \cdot i_{3'4} \cdot i_{45}$$

$$= \frac{\omega_1}{\omega_2} \cdot \frac{\omega_2'}{\omega_3} \cdot \frac{\omega_3'}{\omega_4} \cdot \frac{\omega_4}{\omega_5} = \frac{z_2 \cdot z_3 \cdot z_5}{z_1 \cdot z_2' \cdot z_3'} \tag{11-3}$$

式(11-3)表明,定轴轮系的传动比等于组成轮系的各对齿轮传动比的连乘积,也等于从动轮齿数的连乘积与主动轮齿数的连乘积之比。轮系中齿轮 4 同时与齿轮 3′、5 啮合,它不影响轮系传动比的大小,只改变转动的方向,该齿轮称为惰轮。

如上所述，若以 1 表示第一个主动轮，K 表示最后一个从动轮，中间各轮的主从地位由传动路线确定。

4. 定轴轮系主、从动轮转向的判别

(1) 正负号法。主、从动轮转向相同还是相反，取决于外啮合的次数。若用 m 表示主动轮 1 到从动轮 K 的圆柱齿轮外啮合的次数，则平面轮系的主、从动轮的转向关系可由 $(-1)^m$ 确定，如 $(-1)^m$ 为-1，则两轮转向相反；如 $(-1)^m$ 为+1，则两轮转向相同。因此可表示为

$$i_{1k} = \frac{\omega_1}{\omega_k} = (-1)^m \frac{\text{从1到}K\text{所有从动轮齿数的连乘积}}{\text{从1到}K\text{所有主动轮齿数的连乘积}} \tag{11-4}$$

(2) 画箭头法。定轴轮系中主、从动轮的转向也可依次用画箭头的方法确定，如图 11-4 所示。

如果定轴轮系中有圆锥齿轮、螺旋齿轮或蜗杆蜗轮等轴线不平行的齿轮，其传动比的大小用式(11-4)计算，齿轮转向关系只能用画箭头的方法判定。

例 11-1 图 11-7 为某汽车变速箱，共有 4 挡转速。齿轮 1 和 2 为常啮合齿轮，齿轮 4 和 6 可沿滑键在轴Ⅱ上移动。第一挡传动路线为：齿轮 1→2→5→6；第二挡为：齿轮 1→2→3→4；第三挡由离合器直接将Ⅰ轴和Ⅱ轴相联，为直接挡；第四挡为：齿轮 1→2→7→8→6，为倒挡。$Z_1=20$，$Z_2=35$，$Z_3=28$，$Z_4=27$，$Z_5=18$，$Z_6=37$，$Z_7=14$，求各挡传动比。

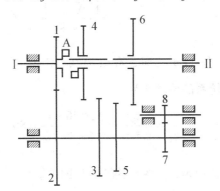

图 11-7 汽车变速器传动图

Ⅰ—输入轴；Ⅱ—输出轴；A—牙嵌离合器；1～8—齿轮

解 由式(11-4)得

第 1 挡的传动比

$$i_{16} = \frac{n_1}{n_6} = (-1)^2 \frac{z_2 z_6}{z_1 z_5} = \frac{35 \times 37}{20 \times 18} = 3.6$$

经两次外啮合为"+"号，所以轮 1 与轮 6 转向相同。

第 2 挡的传动比

$$i_{14} = \frac{n_1}{n_4} = (-1)^2 \frac{z_2 z_4}{z_1 z_3} = \frac{35 \times 27}{20 \times 28} = 1.69$$

经两次外啮合为"+"号，所以轮 1 与轮 4 转向相同。

第 3 挡的传动比

$$i_{\text{III}} = \frac{n_1}{n_{\text{II}}} = 1$$

因经牙嵌离合器闭合传递运动，所以轴 I 与轴 II 转向相同。

第 4 挡的传动比：

$$i_{16} = \frac{n_1}{n_6} = (-1)^3 \frac{z_2 z_8 z_6}{z_1 z_7 z_8} = -\frac{z_2 z_6}{z_1 z_7} = -\frac{35 \times 37}{20 \times 14} = -4.6$$

经 3 次外啮合为 "-" 号，所以轮 1 与轮 6 转向相反。

例 11-2 在图 11-8 的轮系中，$z_1 = 16$，$z_2 = 32$，$z_2' = 20$，$z_3 = 40$，$z_3' = 2(右)$，$z_4 = 40$，若 $n_1 = 800\text{r/min}$，求蜗轮的转速 n_4 及各轮的转向。

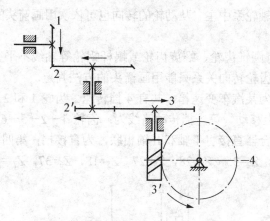

图 11-8　空间齿轮机构组成的定轴轮系

解　根据式(11-4)计算轮系的传动比为

$$i_{14} = \frac{n_1}{n_4} = \frac{z_2 z_3 z_4}{z_1 z_2' z_3'} = \frac{32 \times 40 \times 40}{16 \times 20 \times 2} = 80$$

所以，$n_4 = \dfrac{n_1}{i_{14}} = \dfrac{800}{80} = 10\text{r/min}$，各轮的转向见图中箭头。

11.3　周转轮系的运动分析

11.3.1　周转轮系的组成及类型

在图 11-9 所示的轮系中，齿轮 1、3 及构件 H 各绕其固定轴线 O_1、O_3 和 O_H 转动(三轴线重合)。齿轮 2 空套在固定于构件 H 的轴上。当构件 H 转动时，齿轮 2 一方面绕自己的轴线 O_2 转动(自转)，同时又随构件 H 绕固定轴线 O_H 转动(公转)，此轮系即为周转轮系。

在周转轮系中，轴线位置固定的齿轮，称为中心轮(或太阳轮)，如图 11-9 中的齿轮 1 和 3。轴线位置绕另一固定轴线回转，即兼有自转和公转的齿轮，称为行星轮，如图 11-9 中的齿轮 2。支撑行星轮并绕固定轴线回转的构件，称为转臂(或系杆或行星架)，用 H 表示。

注意：在周转轮系中，必须保证转臂和太阳轮回转轴线共线，否则轮系不能回转。通常以中心轮和转臂作为该机构的输入与输出构件，故它们是周转轮系的基本构件。

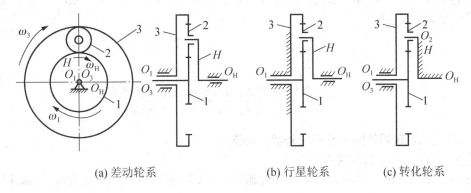

(a) 差动轮系　　　　　(b) 行星轮系　　　　　(c) 转化轮系

图 11-9　周转轮系的类型

图 11-9(a)的周转轮系，它的两个中心轮都能转动，机构的自由度为 2，故称其为差动轮系。

图 11-9(b)的周转轮系，只有一个太阳轮能转动，机构的自由度为 1，故称其为行星轮系。

图 11-9(c)的轮系，转臂 H 固定不动(即 $\omega_H = 0$)，行星轮 2 只能绕固定轴线 O_2 自转，称为定轴轮系。

11.3.2　周转轮系的传动比计算

周转轮系运动时，行星轮既做自转又做公转，其传动比不能直接用定轴轮系的公式(11-4)计算。但是，根据相对运动原理，如在周转轮系上加一个与转臂 H 角速度 ω_H 大小相等而方向相反的公共角速度$-\omega_H$，则各构件间的相对运动关系并不改变，而转臂的角速度变为零，此时原周转轮系就转化为定轴轮系了。经转化而得到的假想的定轴轮系称为原周转轮系的转化轮系。转化轮系中各构件的角速度见表 11-1。

表 11-1　转化轮系中各构件的角速度

构　件	周转轮系的角速度	转化轮系的角速度
1	ω_1	$\omega_1^H = \omega_1 - \omega_H$
2	ω_2	$\omega_2^H = \omega_2 - \omega_H$
3	ω_3	$\omega_3^H = \omega_3 - \omega_H$
H	ω_H	$\omega_H^H = \omega_H - \omega_H = 0$

在图 11-9(a)的周转轮系的转化机构中，中心轮 1、3 的传动比可由式(11-4)得

$$i_{13}^H = \frac{\omega_1^H}{\omega_3^H} = \frac{\omega_1 - \omega_H}{\omega_3 - \omega_H} = -\frac{z_3}{z_1} \tag{11-5}$$

式(11-5)中，"$-$"号表示轮 1 和轮 3 在转化机构中的转向相反(即 ω_1^H 与 ω_3^H 反向)。

式(11-5)为周转轮系中各齿轮角速度与齿数之间的关系。若已知各轮的齿数和角速度 ω_1、ω_3、ω_H 中任意两值,就可确定另一值。

现将以上分析推广到一般情形。设周转轮系中两中心轮为 A、B,系杆为 H,则其转化机构的传动比 i_{AB}^H 为

$$i_{AB}^H = \frac{\omega_A^H}{\omega_B^H} = \frac{\omega_A - \omega_H}{\omega_B - \omega_H}$$

$$= (-1)^m \frac{\text{转化机构在A、B间各从动轮齿数的连乘积}}{\text{转化机构在A、B间各主动轮齿数的连乘积}}$$

(11-6)

式中:m——A、B 两轮间所有齿轮外啮合的次数。

应用式(11-6)时必须注意以下几点。

(1) A、B 和 H 三个构件的轴线应互相平行,这样三个构件的角速度 ω_A、ω_B 和 ω_H 可用代数运算。

(2) 将 ω_A、ω_B、ω_H 的值代入式(11-6)时,必须带正号或负号。如对差动轮系,当已知的两个角速度方向相反,则代入公式时,一个用正值而另一个用负值。

(3) 式(11-6)也适用于由圆锥齿轮组成的周转轮系,但转化机构传动比 i_{AB}^H 的正负号必须用画箭头的方法确定。

例 11-3 在图 11-10 所示的差动轮系中,已知 $z_1 = 15$,$z_2 = 25$,$z_2' = 20$,$z_3 = 60$,n_1=200r/min, n_3=50r/min, 转向如箭头,求转臂 H 的转速 n_H。

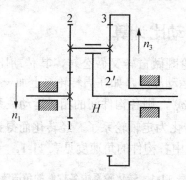

图 11-10 差动轮系

解 设转速 n_1 为正,因 n_3 的转向与 n_1 相反,故转速 n_3 为负。由式(11-6)得

$$i_{13}^H = \frac{n_1 - n_H}{n_3 - n_H} = (-1)\frac{z_2 \cdot z_3}{z_1 \cdot z_2'}$$

$$\frac{200 - n_H}{-50 - n_H} = -\frac{25 \times 60}{15 \times 20}$$

因此 $n_H = -8.33(r/min)$

负号表示 n_H 的转向与 n_1 转向相反,与 n_3 的转向相同。

例 11-4 在图 11-11 的锥齿轮组成的周转轮系中,已知 $z_1 = 48$,$z_2 = 42$,$z_2' = 18$,$z_3 = 21$,$n_1 = 100\text{r/min}$,$n_3 = 80\text{r/min}$,转向如箭头,求转臂 H 的转速 n_H。

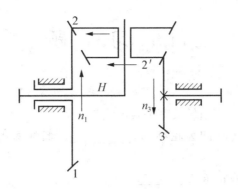

图 11-11　锥齿轮组成的周转轮系

解　已知 n_1 与 n_3 转向相反，若取 n_1 为正，则 n_3 为负值。其传动比 i_{13}^{H} 也为负值。即

$$i_{13}^{H} = \frac{n_1 - n_H}{n_3 - n_H} = -\frac{z_2 \cdot z_3}{z_1 \cdot z_2'}$$

$$\frac{100 - n_H}{-80 - n_H} = -\frac{42 \times 21}{48 \times 18}$$

则　　　　　　　　　　　　　　　$n_H = 9.167(\text{r/min})$

求得的 n_H 为正值，表示转臂 H 的转向与轮 1 的转向相同。

11.4　实　　训

实训目的

(1) 掌握定轴轮系传动比的计算方法。

(2) 掌握周转轮系传动比的计算方法。

实训过程

实训　在图 11-3 所示的卷扬机传动系统中，各轮齿数如图示，齿轮 1 所在轴的转速 $n_1 = 550\text{r}/\min$，试求：①当制动器 A 压下而 B 抬起时，鼓轮 4 的转速；②当制动器 A 抬起而 B 压下时，齿轮 2 的转速；③当制动器 A、B 同时抬起，齿轮 3 的转速 $n_3 = 200\text{r}/\min$，转向与齿轮 1 相同时，齿轮 2 的转速。

实训要求

(1) 实习时注意观察生产中应用的卷扬设备。

(2) 对三种不同情况的计算进行分析，了解轮系的实用性。

实训总结

通过本章的实训，了解轮系构成的基本知识，掌握定轴轮系、周转轮系传动比的计算方法。

11.5 习　题

一、填空题

(1) 在周转轮系中，既有自转又有公转的齿轮称为_____；该齿轮的支撑构件称为_____；绕固定轴线转动的齿轮称为_____；周转轮系的基本构件是_____和_____。

(2) 自由度为 1 的周转轮系是_____。

(3) 差动轮系的自由度为_____。

二、选择题

(1) _____轮系中的两个中心轮都是运动的。
   A. 行星　　　　B. 周转　　　　　　C. 差动

(2) _____轮系中必须有一个中心轮是固定不动的。
   A. 行星　　　　B. 周转　　　　　　C. 差动

(3) 在平面定轴轮系中，传动比的符号可由_____决定。
   A. 内啮合齿轮对数　　　　　　　B. 外啮合齿轮对数
   C. 相啮合齿轮的对数

(4) 周转轮系传动比的计算是采用_____将周转轮系转化为_____。
   A. 正转法　　B. 反转法　　　　C. 定轴轮系　　　D. 行星轮系

三、判断题(错 F，对 T)

(1) 定轴轮系的自由度必然等于 1。　　　　　　　　　　　　　　（　　）

(2) 周转轮系的转化机构是定轴轮系。　　　　　　　　　　　　　（　　）

四、简答题

(1) 行星轮系和周转轮系的区别是什么？如何判别？

(2) 轮系中惰轮的作用是什么？

(3) 确定轮系中从动轮转向的方法有哪些？

(4) 为什么用周转轮系的转化机构来确定其基本构件之间的传动比？i_{AB}^{H} 和 i_{AB} 相同吗？n_{A}^{H} 的大小、方向与 n_{A} 的大小、方向有何区别？

五、实作题

(1) 在图 11-12 所示轮系 A 中，已知 $Z_1=15$，$Z_2=25$，$Z_3=15$，$Z_4=30$，$Z_5=15$，$Z_6=30$，求 i_{16} 的大小和方向。

(2) 在图 11-13 所示的轮系中，各齿轮为标准齿轮、标准安装，已知齿轮 1、2、3 的齿数分别为 z_1、z_2、z_3，求模数相同时的 z_4 及 i_{14}。

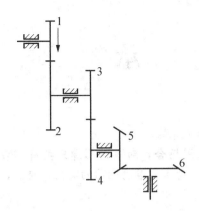

图 11-12 轮系

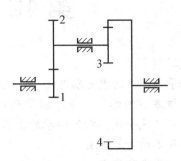

图 11-13 轮系

(3) 在图 11-14 所示的工作台进给机构中，运动经手柄输入，由丝杠传给工作台。已知丝杠头数为 1，丝杠螺距 $P=5$mm，$z_1 = z_2 = 19$，$z_3 = 18$，$z_4 = 20$，试求手柄转一周时工作台的进给量。

(4) 图 11-15 所示为 NGW 型行星齿轮减速器，$Z_1 = 20$，$Z_2 = 31$，$Z_3 = 82$，$n_1 = 960$r/min，求 i_{1H}，n_H。

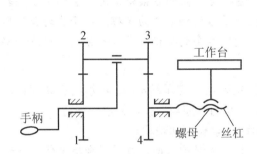

图 11-14 工作台进给机构

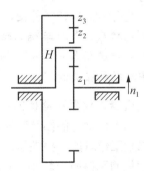

图 11-15 NGW 型行星齿轮减速器

第 12 章　轴　　承

教学目标：

轴承是轴系的重要零件之一，包括滑动轴承和滚动轴承。

通过本章的学习，要了解滑动轴承的特点和应用场合，对其选用原则要有初步的认识；了解不完全液体滑动轴承的校核计算方法；了解和掌握滚动轴承的类型、特点、选择原则和简单的计算方法。

教学重点和难点：

- 滑动轴承类型及应用；
- 滑动轴承的结构和材料；
- 滑动轴承的润滑；
- 滚动轴承的结构、主要类型、代号及特点；
- 滚动轴承的选择和计算。

案例导入：

图 1-4 是内燃机连杆零件图，连杆与曲柄、连杆与活塞的连接处采用了滑动轴承。我们经常见到的机床、各种车辆的轴，大部分都应用了滚动轴承作为支撑。在哪些场合使用何种轴承？如何选用各种类型的轴承？读者可以利用本章的知识，了解并分析、解决一些机械设备中与轴承相关的问题。

轴承是机器、仪器和器械的重要支承零件，主要用于支承转动(或摆动)的运动部件，以保证轴和轴上运动件的回转精度，减少轴与支承间的摩擦与磨损，并承受载荷。

根据轴承工作时的摩擦性质，轴承可分为滑动轴承和滚动轴承。

滚动轴承的摩擦阻力较小，机械效率较高，润滑和维护方便，并且已经标准化，在一般机械中应用十分广泛。

滑动轴承与滚动轴承相比，启动摩擦大，对润滑的要求高，使用维修不方便。由于滑动轴承是低副接触，结构上具有其独特的优点，常用于滚动轴承难于满足的工作场合，例如在高速、重型、大的冲击振动，以及需要剖分等特殊的场合，滑动轴承得到了广泛的应用。

12.1　滑　动　轴　承

仅在滑动摩擦作用下运动的轴承称为滑动轴承。滑动轴承是面接触的运动副，由于运动副表面摩擦状态不同，在工程中应用的场合也不同。

12.1.1　摩擦状态简介

机械在工作时，各运动的零件(构件)之间由于力的作用就会产生摩擦和磨损，而降低摩擦、减少磨损的最有效方法是润滑。

按相对运动表面的润滑情况，摩擦可分为以下几种类型。

1．流体摩擦

相互接触的两个运动表面被流体层(液体或气体)隔开，其摩擦性能取决于流体内部分子间的黏性阻力。该种摩擦状态的摩擦系数很小 $f=0.001\sim0.008$。

2．边界摩擦

相互接触的两运动表面被吸附于表面的一层极薄的边界膜(厚度<0.1μm)隔开，其摩擦性质和两个表面的性质及润滑剂的油性有关，与润滑剂的黏度无关。这种摩擦状态的摩擦系数 $f=0.08\sim0.1$。

3．干摩擦

两摩擦表面间不加任何润滑剂而直接接触的摩擦称为干摩擦。实际工作的零件之间会有氧化膜，其摩擦系数是在常规压力与速度的条件下，通过实验测定并认为是常数。

4．混合摩擦

摩擦表面间的摩擦状态介于干摩擦、边界摩擦和流体摩擦的混合状态。一般情况下，机器中摩擦副处于混合摩擦状态。

12.1.2　滑动轴承类型

根据工作时的摩擦状态不同，滑动轴承分为液体润滑滑动轴承和不完全液体润滑滑动轴承两类。根据承受载荷的方向不同，滑动轴承分为径向轴承和推力轴承，前者承受径向载荷，后者承受轴向载荷。

液体润滑滑动轴承根据油膜形成方法的不同又分为液体静压轴承和液体动压轴承。液体静压轴承是利用外界液压泵，将具有一定压力的润滑油送入轴颈与轴承之间，靠液体的静压力将工作表面完全隔开，并承受外载荷。液体动压轴承是通过运动形成液体动压力的油膜，将工作表面完全隔开，并承受外载荷。相对运动的表面完全被液体隔开，则运动时摩擦系数小、寿命长，但实际使用中很难得到完全液体润滑的运动副。

不完全液体润滑滑动轴承的轴颈与轴承的工作表面之间虽有润滑油存在，但在表面凸起部分仍会发生金属直接接触，因此摩擦系数较大，容易磨损。

润滑是滑动轴承能正常工作的基本条件，影响润滑的因素很多，有润滑方式、运动副相对运动速度、润滑剂的物理性质和运动副表面的粗糙度、工作的环境等。

设计滑动轴承应根据轴承的工作条件，确定轴承的结构类型，选择润滑剂和润滑方法及确定轴承的几何参数等。

1．不完全液体润滑滑动轴承

只能在混合摩擦润滑状态(即边界润滑和液体润滑同时存在的状态)下运行的轴承称为不完全液体润滑滑动轴承。不完全液体润滑滑动轴承由于结构简单、制造容易、成本低，所以在要求不高、低速、有冲击的机器，如：水泥搅拌机、滚筒清砂机、破碎机、卷扬机等机械中获得了广泛应用。

在工程上，多数滑动轴承是在不完全液体润滑状态下工作的，即使是液体润滑的滑动轴承，在启动、停止时也是不完全液体摩擦状态。维持边界油膜不遭破坏为滑动轴承设计的最低要求。由于影响边界油膜破裂的因素很复杂，目前尚缺乏可靠的计算方法。因此，通常采用条件性的计算方法。

(1) 为防止过度磨损而限制轴承的压强 p

$$p = \frac{F}{Bd} \leqslant [p] \tag{12-1}$$

式中，$[p]$ 是轴瓦材料的许用压强(表 12-1)，MPa。

(2) 为防止轴承温升过高时发生胶合而限制 pv 值；

$$pv = \frac{F}{Bd} \cdot \frac{\pi dn}{60 \times 1000} = \frac{Fn}{19100B} \leqslant [pv] \tag{12-2}$$

式中，$[pv]$ 是轴瓦材料的许用 pv 值(表 12-1)。

(3) 为防止轴承边缘局部发生严重磨损而限制滑动速度 v。

$$v = \frac{\pi dn}{60 \times 1000} \leqslant [v] \tag{12-3}$$

式中，$[v]$ 是轴瓦材料的许用 v 值(表 12-1)，m/s。

表 12-1 常用轴承材料及基本性能

轴承材料		最大许用值			最高工作温度	硬度	性能比较			
		$[p]$	$[v]$	$[pv]$			摩擦相容性	嵌入性顺应性	耐蚀性	抗疲劳性
		MPa	m·s⁻¹	MPa·m·s⁻¹	℃	HBS				
锡基轴承合金	SnSb12Pb10Cu4	25	80	20	150	29	优	优	优	劣
铅基轴承合金	PbSb16Sn16Cu2	15	12	10	150	30	优	优	中	劣
锡青铜	CuSn10P1	15	10	15	280	90	中	劣	良	优
	CuSn5Pb5Zn5	8	3	15		65				
铅青铜	CuPb30	25	12	30	280	25	良	良	劣	中
铝青铜	CuAl10Fe3	20	5	15	280	110	劣	劣	良	良
耐磨铸铁	锑铜铸铁	—	—	—		220	劣	劣	优	优
	铬铜铸铁	9	—	—						
灰铸铁	HT150～HT250	1～4	2～0.5	—	—	—	劣	劣	优	优

2. 流体动压滑动轴承简介

动压滑动轴承是利用轴颈和轴瓦的相对运动将润滑油带入楔形间隙形成润滑油膜，并靠油膜的动压力平衡外载荷。

  液体动压滑动轴承的工作过程如图 12-1 所示，由于轴颈与轴瓦之间存在一定的间隙 Δ，静止时轴颈偏心于轴承孔内壁的最低位置，自然形成弯曲的楔形间隙(图 12-1(a))。当轴颈开始做顺时针方向转动时，在摩擦力的作用下，轴颈沿轴承孔内壁向右滚动上爬(图 12-1(b))；同时由于润滑油的黏性被带入楔形间隙。随着轴颈转速的逐渐提高，进入楔形间隙的润滑油量增多，形成动压油膜，将轴颈与轴瓦表面分开，摩擦力逐渐减少，轴颈向轴承孔内壁左下方移动(图 12-1(c))。当动压油膜厚度随着轴颈转速的提高而增加，达到油膜动压力平衡外载荷时，形成液体动压润滑，轴颈就稳定地在轴承孔内偏左的某一位置旋转。在润滑油黏度保持不变的情况下，轴颈的动态平衡位置与它的外载荷和转速有关。

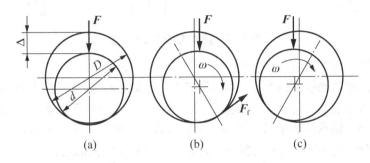

图 12-1 液体动压滑动轴承的工作过程

形成流体动压油膜的条件如下。

(1) 轴颈与轴瓦的相对滑动摩擦表面存在楔形间隙。

(2) 轴颈与轴瓦之间有一定的相对滑动速度。

(3) 有一定黏度和供应充足的润滑油。

(4) 动压油膜的最小厚度大于轴颈与轴瓦工作面平均不平度之和。

12.1.3 滑动轴承的典型结构

  根据承受载荷的方向不同，滑动轴承分为承受径向载荷的径向轴承和承受轴向载荷的推力轴承。

1. 径向滑动轴承的结构

  径向滑动轴承的结构形式主要有整体式和剖分式，特殊结构的轴承有自动调心式等。

1) 整体式径向滑动轴承

  图 12-2 所示是典型的整体式径向滑动轴承，它主要由轴承座 1 和轴套(轴瓦)2 组成，轴套用紧定螺钉 3 固定在轴承座上。轴承座用地脚螺栓固定在机座上，顶部设有装油杯的螺纹孔，轴承座的材料一般为铸铁。轴套用减摩材料制成，压入轴承孔内，轴套上开有油孔，并在内表面上开油沟以输送润滑油。

  整体式轴承结构简单、制造方便、成本低廉，但轴套磨损后，轴颈与轴承间的间隙无法调整；装拆轴时必须作轴向位移，装拆不便，故一般用于低速、轻载、间歇工作处，如手动机械、低速运输机械等。

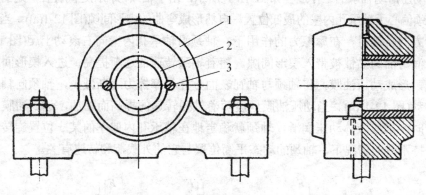

图 12-2　整体式径向滑动轴承

2) 剖分式径向滑动轴承

剖分式径向滑动轴承(图 12-3),由轴承座 1、轴承盖 2、剖分轴瓦 3 和联接螺栓 4 等组成。为了使润滑油能较均匀地分布在整个工作表面上,一般在不承受载荷的轴瓦表面上开出油沟和油孔 5。轴承盖和轴承座的剖分面常做成阶梯形,以便定位和防止工作时错动。多数轴承的剖分面是水平的,也有倾斜的,这要由载荷的方向而定。

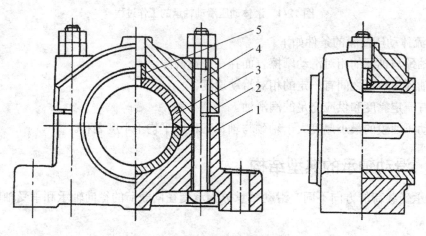

图 12-3　剖分式径向滑动轴承

剖分式轴承装拆方便,当轴瓦磨损后可以用减少剖分面处的垫片厚度来调节径向间隙,但径向间隙调节后应刮修轴承内孔。由于剖分式轴承克服了整体式轴承的缺点,故应用广泛。

3) 调心式滑动轴承

为了避免因轴的挠曲而引起轴颈与轴瓦两端的边缘接触,造成剧烈发热和早期磨损,通常限制轴承宽度 B 与直径 d 的比值(B/d 称为宽径比),当 $B/d > 1.5$ 时,应采用调心式轴承,如图 12-4 所示。这种轴承的轴瓦与轴承座呈球面接触,当轴颈倾斜时,轴瓦可自动调心。

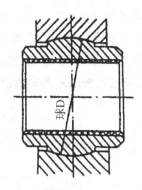

图 12-4 调心式滑动轴承

2．推力滑动轴承的结构

推力滑动轴承又称止推轴承，用来承受轴向载荷，当其与径向轴承联合使用时，可以承受复合载荷。推力滑动轴承由轴承座、套筒、径向轴瓦、止推轴瓦和推力轴颈等组成。由于支承面上离中心越远处，其相对滑动速度越大，因而磨损也越快。故实心轴承端面上的压力分布不均匀，靠近中心处的压力高。因此，一般推力轴承采用空心轴颈或多环轴颈。图 12-5 所示为简单的推力滑动轴承。

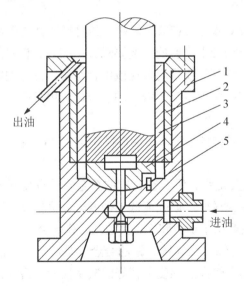

图 12-5 推力滑动轴承

1—轴承座；2—套筒；3—径向轴瓦；4—止推轴瓦；5—销钉

12.1.4 滑动轴承的材料

1．轴瓦的结构

由于轴瓦是与轴颈直接接触的构件，它与运动的轴颈构成具有相对运动的滑动副，因此其结构的合理性对轴承性能有直接的影响。通常轴瓦的结构形式有整体式和剖分式两种。按照制造工艺不同，又分整体铸造、双金属和三金属等多种形式。

图 12-6 所示为整体式轴瓦,其纵向开有油沟,只能整体更换。图 12-7 为剖分式轴瓦,由上下两半组成,为了使轴承有高的承载性和节约贵重金属,采用多层结构。除了轧制和烧结方式外,还采用将轴承合金离心烧注在衬背上的办法,故要在衬背结合面做出沟槽。此外还要开油槽和油孔,以便在轴颈和轴瓦表面之间导油。

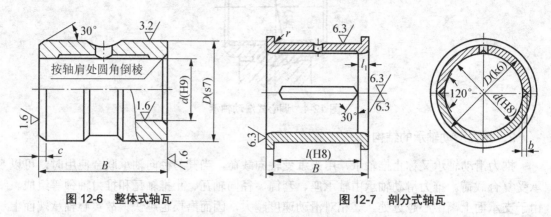

图 12-6　整体式轴瓦　　　　　　　图 12-7　剖分式轴瓦

有关轴瓦的结构尺寸和制造标准,可以查阅有关资料。

2. 滑动轴承的材料

滑动轴承的材料主要是指轴瓦(套)的材料,其材料选择是否适当,对滑动轴承的性能有很大影响。因此,对滑动轴承材料的主要要求有:应具有良好的减磨和耐磨性;良好的承载性能和抗疲劳性能,故有时要采用多层或组合结构;良好的顺应性和嵌藏性,这样能避免表面间的卡死和划伤;在可能产生胶合的场合,选用具有抗胶合性的材料;具有良好的加工工艺性和经济性。

常用的轴承材料有金属材料、粉末冶金材料和非金属材料。

1) 金属材料

(1) 轴承合金。它主要是锡、铅、锑、铜的合金,具有良好的减摩性和抗胶合能力,顺应性、嵌入性和跑合性也很好,但强度低、硬度低、价格高,不能单独制成轴瓦,只能作为轴承衬材料使用。主要用于重载和中、高速的工作场合。

(2) 铜合金。它是铜与锡、铅、锌、铝的合金,是广泛使用的轴承材料。铜合金分青铜和黄铜两类。铜合金具有较高的强度和较好的减摩性和耐磨性,但顺应性、嵌入性和跑合性不如轴承合金。青铜的减摩性和耐磨性比黄铜好,故是最常用的轴承材料。青铜有锡青铜、铅青铜和铝青铜等几种,其中锡青铜的减摩性、耐磨性和抗腐蚀性能最好,适用于中速、重载的场合。铅青铜具有较高的抗胶合能力和冲击强度,适用于高速、重载的场合。铝青铜的强度和硬度都较高,适用于低速、重载的场合。黄铜适用于低速、中载的场合。

(3) 铸铁。铸铁包括普通灰铸铁或加有镍、铬、钛等合金成分的耐磨铸铁和球墨铸铁,铸铁具有一定的减摩性和耐磨性,价格低廉,易于加工;但塑性、顺应性、嵌入性差,故适用于轻载、低速和不受冲击的场合。

2) 粉末冶金材料

粉末冶金材料是指金属粉末经压制和烧结而成的多孔结构材料,用该材料制成的轴承工作前经热油浸泡,使孔隙内充满润滑油,又称含油轴承,具有自润滑作用。工作时由于热膨胀以及轴颈转动的抽吸作用,使油自动进入润滑表面;不工作时因毛细管作用,油被吸回轴承内部,若能定期浸油,效果更佳。这种材料耐磨性好,价格比青铜低,但强度较差,故适用于不便加油的中低速、平稳无冲击载荷的场合。

3) 非金属材料

非金属材料主要有塑料、石墨、陶瓷、木材和橡胶等。塑料轴承的塑性、跑合性、耐腐蚀性、耐磨性好,具有一定的自润滑作用;但其导热性差,所以要注意冷却,可用于不宜使用润滑油的机器中。

橡胶轴承是用硬化橡胶制成的,由于橡胶弹性大,所以可用于有振动的机器,也可用于水润滑且有灰尘或泥沙的场合。

常用轴承材料及其基本性能见表 12-2。

表 12-2 常用轴瓦材料、性能及用途

轴瓦材料		许用值			最高工作温度 $t / °C$	最小轴颈硬度 (HBS)	性能比较				特性及用途举例
		$[P]/$ MPa	$[v]/$ (m/s)	$[pv]/$ (MPa·m/s)			抗胶合性	嵌藏性、顺应性	疲劳强度	耐蚀性	
锡锑轴承合金	ZSnSb11Cu6	平稳载荷			150	150	1	1	5	1	用于高速、重载下工作的重要轴承。变载荷下易疲劳,价高
		25	80	20							
		冲击载荷									
		20	60	15							
铅锑轴承合金	ZPbSb16Sn16Cu2	15	12	10	150	150	1	1	5	3	用于中速、中等载荷的轴承,不宜受显著的冲击载荷
	ZPbSb15Sn5Cu3Cd2	5	8	5							
锡青铜	CuSn10P1 (10-1 锡青铜)	15	10	15	280	200	5	5	1	2	用于中速、重载及受变载荷的轴承
	CuPb5Sn5Zn5 (5-5-5 锡青铜)	8	3	15							用于中速、中等载荷的轴承
铅青铜	ZCuPb30 (30 铅青铜)	25	12	30	280	300	3	4	2	4	用于高速、重载轴承,能承受变载荷及冲击载荷;用于低速中载轴承。润滑要充分
铝青铜	CuA110Fe3 (10-3 铝青铜)	15	4	12	280	280	5	5	2	5	

轴瓦材料		许用值			最高工作温度 $t/℃$	最小轴颈硬度 (HBS)	性能比较				特性及用途举例
		$[P]/$ MPa	$[v]/$ (m/s)	$[pv]/$ (MPa·m/s)			抗胶合性	嵌藏性、顺应性	疲劳强度	耐蚀性	
灰铸铁	HT150、HT200、HT250	2～4	0.5～1	1～4	150	160～180	4	5	1	1	用于低速、轻载的不重要轴承，价格低
粉末冶金材料	多孔铁	21	7.6	1.8	125	—	—	—	—	—	常用于载荷平稳、低速及加油不方便处，轴颈最好淬火，径向间隙为轴径的0.15%～0.2%
	多孔青铜	14	4	1.6	125	—	—	—	—	—	
非金属轴承	酚醛塑料	41	13	0.18	120	—	—	—	—	—	抗胶合性好，强度好，导热性差，可用水润滑，易膨胀，间隙应大一些
	聚四氟乙烯	3	1.3	0.04	250	—	—	—	—	—	摩擦系数低，自润滑性好，耐腐蚀性好
	碳-石墨	4	13	0.5	400	—	—	—	—	—	用于要求清洁工作的机器中。有自润滑性，耐化学腐蚀
	橡胶	0.34	5	0.53	65	—	—	—	—	—	用于与水、浆接触的轴承，能隔振、降低噪声、减小动载、补偿误差，导热性差
	木材	14	10	0.43	88	—	—	—	—	—	有自润滑性，耐油、酸及其他化学药品

注：① [pv]值为不完全液体润滑下的许用值；
② 性能比较：1—佳；2—良好；3—较好；4—一般；5—最差。

12.1.5 滑动轴承的润滑

润滑的目的主要是降低摩擦功耗，减小磨损，同时还起到冷却、吸振和防锈等作用。润滑对轴承的工作能力和使用寿命影响很大，因此，必须合理选择润滑剂及润滑装置。

1. 润滑剂

常用的润滑剂有润滑油、润滑脂和固体润滑剂。为提高润滑剂的使用性能，常在润滑油和润滑脂中加入各种添加剂。

1) 润滑油

润滑油是滑动轴承中应用最广泛的液体润滑剂，有动物油、植物油、矿物油和合成油等，其中，矿物油来源充分、成本低廉、适用范围最广。

液体润滑剂最主要的物理性能是黏度，黏度表征液体流动的内摩擦性能，是对液体流动内摩擦阻力的度量。黏度越大的液体其内摩擦阻力越大，有利于形成油膜，承载后油膜不易被破坏。黏度是选择润滑油的主要依据。

影响润滑油黏度的因素主要是温度和压力。温度升高时，黏度降低；压力加大时，黏度升高，但压力在 5MPa 以下时，黏度的变化很小，可以忽略不计。选择润滑油时，应考虑速度、载荷和环境条件。对于速度低、载荷大、温度高的轴承应选用黏度大的润滑油；反之，选用黏度小的润滑油。

滑动轴承润滑油的选择见表 12-3。

表 12-3　滑动轴承润滑油的选择(不完全液体润滑，工作温度 10℃～60℃)

轴径圆周速度 $v/(m \cdot s^{-1})$	轻载(p_m<3MPa)		中载(p_m=3～7.5MPa)		重载(p_m>7.5MPa)	
	运动黏度 $v_{40}(10^{-6} \cdot m^2 \cdot s^{-1})$	润滑油牌号	运动黏度 $v_{40}(10^{-6} \cdot m^2 \cdot s^{-1})$	润滑油牌号	运动黏度 $v_{40}(10^{-6} \cdot m^2 \cdot s^{-1})$	润滑油牌号
<0.1	80～150	LAN100、150	140～220	LAN150、220	470～220	LAN460、680、1000
0.1～0.3	65～120	LAN68、100	120～170	LAN100、150	250～600	LAN220、320、460
0.3～1.0	45～75	LAN46、68	100～125	LAN100	90～350	LAN100、150、220、320
1.0～2.5	40～75	LAN32、46、68	65～90	LAN68、100		
2.5～5.0	40～45	LAN32、46				
5～9	15～50	LAN15、22、32、46				
>9	5～23	LAN7、10、15、22				

2) 润滑脂

润滑脂是一种膏状的半固体润滑剂，它是在润滑油内加入稠化剂(如钙、钠、铝、锂等金属皂)混和稠化而成。因为其稠度大，不易流失，所以承载能力较大。润滑脂常用于低速、重载和为避免润滑油流失或不易加润滑油的场合。

按所用金属皂的不同，润滑脂主要有以下几种。

(1) 钙基润滑脂。耐水性好，但耐热性较差(使用温度不超过 60℃)。

(2) 钠基润滑脂。有较好的耐热性(使用温度可达 140℃),但耐水性较差。

(3) 锂基润滑脂。其耐热性和耐水性都较好,使用温度在-20℃~150℃。

润滑脂的主要性能指标是针入度和滴点。针入度表示润滑脂的黏稠程度,它是用 150g 的标准圆锥体放于 25℃ 的润滑脂中,经 5s 后沉入的深度(单位为 0.1mm)表示。针入度愈小,则润滑脂越黏稠。滴点是指润滑脂在滴点计中受热后滴下第一滴油时的温度,滴点标志润滑脂的耐高温能力。选用时应使润滑脂的滴点高于工作温度 20℃ 以上。

3) 固体润滑剂

常用的固体润滑剂有石墨、二硫化钼(MoS_2)等,它通常与润滑油或润滑脂混合使用,也可以单独涂覆、烧结在摩擦表面形成覆盖膜,或者混入金属或塑料粉末中烧结成形,制成各种耐磨零件。石墨性能稳定,并可在水中工作。二硫化钼吸附性强,摩擦因数低,使用温度范围广,在高温重载下能获得良好的润滑效果。

2. 润滑装置

为得到良好的润滑效果,除应正确选择润滑剂外,还应选择适当的润滑方式和润滑装置。润滑方式是指向摩擦副表面供给润滑剂的方法。根据供油方法不同,有以下几种常用的润滑装置。

1) 手加油润滑装置

手加润滑油是用油壶向油孔注油,是最简单的间断供油方法,用于低速、轻载和不重要的场合。为防污物进入油孔,可在油孔中安装压配式注油杯(图 12-8)或旋套式注油杯(图 12-9)。

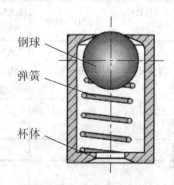

图 12-8　压配式注油杯

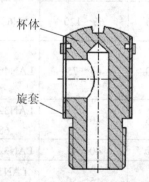

图 12-9　旋套式注油杯

2) 滴油润滑装置

润滑油通过润滑装置连续滴入轴承间隙中进行润滑。常用的润滑装置有油绳式弹簧盖油杯(图 12-10)和针阀式油杯(图 12-11)。

油绳式弹簧盖油杯是利用棉线的毛细管作用,将油从油杯中不断吸入轴承。这种油杯结构简单,但供油量不能调节,机器停止后仍继续供油。

针阀式油杯是一种常用的润滑装置,当板倒手柄时阀被提起,底部油孔打开,油杯中的油流进轴承。调节螺母可控制针阀提升的高度,从而调节进油量。

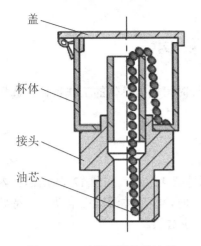

图 12-10 油绳式弹簧盖油杯

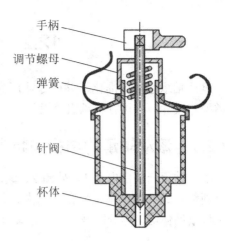

图 12-11 针阀式油杯

3) 油环润滑装置

在图 12-12 轴环润滑装置中，轴颈上套有一油环，油环下部进入油池中，当轴颈旋转时，靠摩擦力带动油环旋转，把油引入轴承。油环润滑适用的转速范围为 100～2000r/min。

以上介绍的是几种润滑装置，除此之外还有飞溅润滑、压力润滑等装置，但其供油设备复杂，在此不再列举。图 12-13 所示是用于润滑脂的旋盖式油杯，是常见的脂润滑装置，可以通过旋转杯盖将杯内的润滑脂定期挤入轴承中。

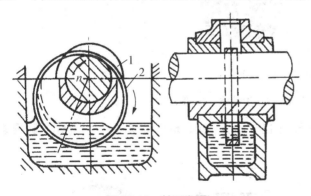

图 12-12 轴环润滑

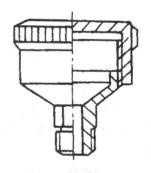

图 12-13 旋盖式油杯(黄油杯)

1—轴颈；2—油环

3. 润滑方法的选择

不同的工作环境下具体选用什么润滑方法可以根据下面的经验公式确定：

$$K = \sqrt{pv^3} \tag{12-4}$$

式中，p 是轴承的压强，单位是 MPa；v 是轴颈圆周速度，单位是 m/s。

当 $K \leqslant 2$ 时采用脂润滑，如旋盖式油杯；K 为 2～16 时采用油润滑，如针阀式油杯；K 为 16～32 时采用油润滑，如油环、飞溅或压力循环润滑；K 为 32 时，采用压力润滑。

12.2 滚 动 轴 承

滚动轴承已经标准化,并由专业厂家生产,设计时可根据具体的工作条件,选择适用的类型和尺寸,并进行轴承组合设计。

12.2.1 滚动轴承的结构与特点

滚动轴承一般由内圈1、外圈2、滚动体3和保持架4组成,如图12-14所示。内、外圈分别与轴颈和轴承座孔配合。当内、外圈相对转动时,滚动体沿滚道滚动。保持架的作用是将滚动体均匀地分隔开,避免滚动体直接接触产生磨损。

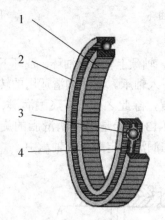

图 12-14 滚动轴承

1—内圈;2—外圈;3—滚动体;4—保持架

滚动体有球(图 12-15(a))、圆柱滚子(图 12-15(b)、(c))、球面滚子(图 12-15(d))、圆锥滚子(图 12-15(e))和滚针(图 12-15(f))等。

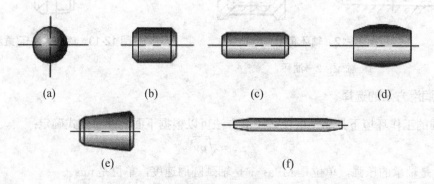

(a)   (b)   (c)   (d)

(e)   (f)

图 12-15 滚动轴承滚子

滚动轴承的内、外圈和滚动体应具有较高的硬度和接触疲劳强度、良好的耐磨性和冲击韧性等。一般用含铬轴承钢制造,经热处理后,硬度不低于 60～65HRC,工作表面要求磨削抛光。保持架多采用钢板冲压制成,也可采用黄铜、硬铝或塑料制成实体保持架。

　　与滑动轴承相比，滚动轴承具有摩擦阻力小、启动灵活、效率高、润滑方便和互换性好等优点，其缺点是抗干扰能力差、工作时有噪声、工作寿命不及液体摩擦的滑动轴承。

12.2.2　滚动轴承主要类型及代号

1．滚动轴承的类型

滚动轴承的类型很多，表 12-4 列出了常用滚动轴承的类型及主要性能。

表 12-4　滚动轴承的主要类型和性能

轴承类型	简　图	类型代号	尺寸系列代号	基本代号	性　　能
双列角接触球轴承		(0)	32 33	3200 3300	轴承受较大的以径向负荷为主的径向、轴向双向联合负荷和力矩载荷
调心球轴承		1 (1)	(0)2 22 (0)3 23	1200 2200 1300 2300	主要承受径向负荷，同时亦可承受较小的轴向负荷；允许在内圈(轴)对外圈倾斜不大于 3° 的条件下工作(调心滚子轴承允许倾角 2.5°)
调心滚子轴承		2	13 22 23 30 31 32 40 41	21 300 22 200 22 300 23 000 23 100 23 200 24 000 24 100	
推力调心滚子轴承		2	92 93 94	29 200 29 300 29 400	承受以轴向负荷为主的轴、径向联合负荷，但径向负荷不得超过轴向的55%；可限制轴(外壳)在一个方向的轴向位移

续表

轴承类型	简 图	类型代号	尺寸系列代号	基本代号	性　能
圆锥滚子轴承		3	02 03 13 20 22 23 29 30 31 32	30 200 30 300 31 300 32 000 32 200 32 300 32 900 33 000 33 200 33 200	可同时承受以径向负荷为主的径向与轴向负荷；不宜用来承受纯轴向负荷。当成对配置使用时，可承受纯径向负荷，可调整径向轴向游隙；限制轴(外壳)的一个方向的轴向位移
双列深沟球轴承		4	2(2) (2)3	4200 4300	比深沟球轴承承载能力大
推力球轴承		5	11 12 13 14	51 100 51 200 51 300 51 400	只能承受一个方向的轴向负荷，可限制轴(外壳)一个方向的轴向位移，极限转速低
双向推力球轴承		5	22 23 24	552 200 552 300 552 400	可承受两个方向的轴向负荷，可限制轴(外壳)在两个方向的轴向位移，极限转速低
深沟球轴承		6 16	17 37 18 19 (0)0 (1)0 (0)2 (0)3 (0)4	61 700 63 700 61 800 61 900 16 000 6000 6200 6300 6400	主要用以承受径向负荷，也可承受一定的轴向负荷；当轴承的径向游隙加大时，具有角接触球轴承的性能；可承受较大的轴向负荷，轴(外壳)的轴向位移限制在轴承的轴向游隙的限度内，允许内圈(轴)对外圈(外壳)相对倾斜 8'～15'

轴承类型	简　图	类型代号	尺寸系列代号	基本代号	性　能
角接触球轴承		7 C(α=15°) AC(α=25°) B(α=40°)	19 (1)0 (0)2 (0)3 (0)4	71 900 7000 7200 7300 7400	能同时承受径向、轴向联合载荷，接触角α越大，轴向承载能力也越大，通常成对使用
推力圆柱滚子轴承		8	11 12	81 100 81 200	承受单向轴向载荷的能力大，要求轴刚性大、极限转速低
外圈无挡边圆柱滚子轴承		N	10 (0)2 22 (0)3 23 (0)4	N10000 N200 N2200 N300 N2300 N400	只承受径向负荷，不限制轴(外壳)的轴向位移，允许轴倾角 2'～4'
内圈无挡边圆柱滚子轴承		NU	10 (0)2 22 (0)3 23 (0)4	NU1000 NU200 NU2200 NU300 NU2300 NU400	
滚针轴承		NA	48 49 69	NA4800 NA4900 NA6900	只承受较大的径向载荷，径向尺寸小，极限转速低

2. 滚动轴承的代号

　　滚动轴承的类型很多，各类轴承又有不同的结构、尺寸、公差等级和技术要求等，为便于设计时选用，GB/T 272—1993 规定了滚动轴承代号的表示方法。常用滚动轴承的代号由基本代号、前置代号和后置代号组成，见表 12-5。

表 12-5　滚动轴承代号的构成

前置代号	基本代号					后置代号							
	五	四	三	二	一								
		尺寸系列代号											
轴承分件部件代号	类型代号	宽度系列代号	直径系列代号	内径代号		内部结构代号	密封与防尘结构代号	保持架及其材料代号	特殊轴承系列代号	公差等级代号	游隙代号	多轴承配置代号	其他代号

1) 基本代号

基本代号表示轴承的类型和尺寸，是轴承代号的核心。它由内径代号、尺寸系列代号和类型代号组成。

(1) 内径代号。用基本代号右起第一、二位数字表示，常用轴承内径的表示方法见表 12-6。其他轴承内径的表示方法可查轴承手册。

表 12-6　轴承内径代号

内径代号	00	01	02	03	04～99
轴承内径/mm	10	12	15	17	内径代号×5

(2) 尺寸系列代号。它由轴承的直径系列代号和宽(高)度系列代号组成。基本代号右起第 3 位数字是轴承的直径系列代号。为了适应不同工作条件的需要，内径相同的轴承可取不同的外径、宽度和滚动体。例如，对应于相同内径轴承，外径尺寸依次递增有 7、8、9、0、1、2、3、4、5。部分直径系列之间的尺寸对比如图 12-16 所示。

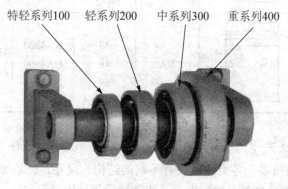

图 12-16　直径系列的对比

基本代号右起第 4 位数字是宽度系列代号，它表示结构、内径和直径系列都相同的轴承可取不同的宽度。宽度系列代号为 0 时，除调心滚子轴承和圆锥滚子轴承外其他轴承的宽度代号可不标出。

(3) 轴承类型代号。基本代号右起第 5 位数字或字母表示轴承类型代号，代号及意义见表 12-4。

2) 前置代号

轴承的前置代号表示成套轴承分部件，用字母表示。例如：L 表示可分离轴承的可分离内圈和外圈；K 表示滚子和保持架组件等。

3) 后置代号

轴承的后置代号是用字母和数字等表示轴承的结构、公差及材料的特殊要求等。后置代号的内容很多，下面介绍几个常用的代号。

(1) 内部结构代号。表示同一类型轴承的不同内部结构。例如：角接触轴承的公称接触角 15°、25° 和 40°，可分别用 C、AC 和 B 表示等；同一类型的加强型用 E 表示。

(2) 公差等级代号。轴承的公差等级分为 6 级，依次由高级到低级，其代号分别为 /P2、/P4、/P5、/P6、/P6X 和/P0，其中 6X 级仅适用于圆锥滚子轴承；0 级为普通级，代号可省略。

(3) 游隙代号。轴承的游隙分为 6 个组别，径向游隙依次由小到大。常用游隙组别为 0 组，在轴承代号中不标出，其余游隙组别分别用/C1、/C2、/C3、/C4、/C5 表示。

例 12-1　说明轴承代号 31415E、62203、7312AC/P4 的含义。

解：31415E：类型代号 3 表示圆锥滚子轴承，宽度系列代号为 1，直径系列代号为 4，承内径为 $d=15\times5=75$mm，E 表示加强型(公差等级为 P0 级，游隙代号为 0 组，省略)。

62203：类型代号 6 表示深沟球轴承，直径系列代号为 2(轻系列)，宽度代号为 2(宽系列)，内径代号为 03，表示内径 d 为 17mm，后置代号省略，公差等级代号为 P0 级，游隙代号为 0 组。

7312AC/P4：类型代号表示角接触球轴承，直径系列代号为 3，正常宽度，轴承内径为 $d=12\times5=60$mm，AC 表示接触角 $\alpha=25°$，公差等级为 P4 级。

12.2.3　滚动轴承类型的选择

选择滚动轴承的类型，应考虑轴承所承受载荷的大小、方向和性质，转速的高低，调心性能要求，轴承的装拆以及经济性等。

1. 轴承的载荷

轴承所受载荷的大小、方向和性质，是选择轴承类型的主要依据。载荷较大且有冲击时，宜选用滚子轴承；载荷较轻且冲击较小时，选球轴承；同时承受径向和轴向载荷时，当轴向载荷相对较小时，可选用深沟球轴承或接触角较小的角接触球轴承；当轴向载荷相对较大时，应选接触角较大的角接触球轴承或圆锥滚子轴承。

2. 轴承转速

当转速较高时，转速对滚动轴承的寿命有明显的影响，轴承的工作转速应低于其极限转速。球轴承(推力球轴承除外)较滚子轴承极限转速高，当转速较高时，应优先选用球轴承。在同类型轴承中，直径系列中外径较小的轴承，宜用于高速场合，外径较大的轴承，宜用于低速场合。

3. 轴承调心性能

当轴的弯曲变形大、跨距大、轴承座刚度低或多支点轴及轴承座分别安装难以对中的场合，应选用调心轴承。

4. 轴承的安装

对于需经常装拆的轴承或支持在长轴的轴承，为了便于装拆，宜选用内外圈可分离的轴承(如 N0000，NA0000、30000 等)。

5. 经济性

特殊结构轴承比一般结构轴承价格高；滚子轴承比球轴承价格高；同型号而不同公差等级的轴承，价格差别很大。所以，在满足使用要求的情况下，应先选用球轴承和 0 级(普通级)公差轴承。

12.2.4 滚动轴承的失效形式和寿命计算

1. 失效形式

(1) 疲劳点蚀。在安装、润滑、维护良好条件下工作的轴承，由于受到周期性变化的应力作用，滚动体与滚道接触表面会产生疲劳点蚀，此时，会产生强烈的振动、噪声和发热，使轴承的旋转精度降低，致使轴承失效。

(2) 塑性变形。对于转速很低或间歇摆动的轴承，在过大的静载荷或冲击载荷作用下，会使轴承元件接触处的局部产生塑性变形。

(3) 其他失效形式。由于新结构的设计、装配、润滑、密封、维护不当等原因，可能导致轴承过度磨损、胶合、内外套圈断裂、滚动体和保持架破裂等。

2. 滚动轴承的寿命计算

设计准则是为预防失效所作的各类设计计算。为保证轴承正常工作，应针对其主要失效形式进行计算。对于一般转动的轴承，疲劳点蚀是其主要失效形式，故应进行寿命计算。对于摆动或转速极低的轴承，塑性变形是其主要失效形式，故应进行静强度计算。

1) 滚动轴承的寿命和基本额定寿命

单个轴承中的任一元件出现疲劳点蚀前，两套圈相对转动的总转数或工作小时数称为该轴承的寿命。

由于材质和热处理的不均匀及制造误差等因素，即使是同一型号、同一批生产的轴承，在同样条件下工作，其寿命差异也很大。对于一个具体轴承很难预知其确切寿命，但大量轴承寿命试验表明，轴承破坏概率与寿命之间有图 12-17 所示的关系，可以看出，当寿命 L 为 1×10^6 转时，破坏率为 10%；当寿命 L 为 5.3×10^6 转时，破坏率为 50%。因此，引入一种在概率条件下的基本额定寿命作为轴承计算的依据。

轴承的基本额定寿命是指一组相同的轴承，在相同条件下运转，其中 90%的轴承不发生点蚀破坏前的总转数 L_{10}(单位为 10^6 转)或一定转速下的工作小时数，即可靠度 $R=90\%$ (或失效概率 $R_s=10\%$)时的轴承寿命。

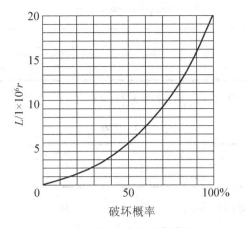

图 12-17　轴承寿命分布曲线

2) 滚动轴承的基本额定动载荷

轴承的寿命与其所受载荷的大小有关，滚动轴承在基本额定寿命为一百万(10^6)转时所能承受的载荷为基本额定动载荷，用 C 表示。各种型号轴承的 C 值可从轴承手册中查取。基本额定动载荷 C 表征了不同型号轴承的抗疲劳点蚀失效的能力，它是选择轴承型号的重要依据。

3) 轴承寿命的计算公式

滚动轴承的载荷与寿命之间的关系，可用疲劳曲线表示(图 12-18)。图中纵坐标表示载荷，横坐标表示寿命，其曲线方程为

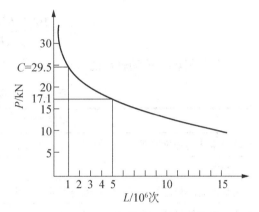

图 12-18　滚动轴承的疲劳曲线

$$P^{\varepsilon} L_{10}=常数 \tag{12-5}$$

式中，P 是当量动载荷，单位是 N；L_{10} 是基本额定寿命，单位 10^6 转；ε 是寿命指数，球轴承 $\varepsilon=3$，滚子轴承 $\varepsilon=10/3$。

由基本额定动载荷的定义可知，当轴承寿命 $L_{10}=1\times10^6 r$ 时，轴承的载荷 $P=C$，由式(12-5)，可得到滚动轴承寿命计算的基本公式为：

$$L_{10}=\left(\frac{C}{P}\right)^{\varepsilon}\times10^6 r \tag{12-6}$$

以小时(h)表示的轴承寿命 L_{h} 计算公式为

$$L_{\mathrm{h}}=\frac{10^6}{60n}\left(\frac{C}{P}\right)^{\varepsilon}=\frac{16\,667}{n}\left(\frac{C}{P}\right)^{\varepsilon} \tag{12-7}$$

式中，n 是轴承转速，r /min。

标准中列出是轴承在工作温度 $t\leqslant120℃$ 下的基本额定动载荷值，当温度超 120℃时，将对轴承元件的材料性能产生影响，需引入温度系数 f_{t}(表 12-7)，对轴承的基本额定动载荷值进行修正。

表 12-7　温度系数 f_t

轴承工作温度/°C	120	125	150	175	200	225	250	300
f_t	1	0.95	0.90	0.85	0.80	0.75	0.70	0.60

考虑到载荷性质对轴承工作的影响引入载荷系数 f_P，见表 12-8。

表 12-8　载荷系数 f_P

载荷性质	无冲击或轻微冲击	中等冲击	强烈冲击
f_P	1.0～2.0	1.2～1.8	1.8～3.0

引入温度系数和载荷系数后式(12-6)和式(12-7)变为

$$L_{10} = \left(\frac{f_t C}{f_P P} \right)^{\varepsilon} \tag{12-8}$$

$$L_h = \frac{10^6}{60n} \left(\frac{f_t C}{f_P P} \right)^{\varepsilon} = \frac{16\,667}{n} \left(\frac{f_t C}{f_P P} \right)^{\varepsilon} \tag{12-9}$$

各类机器中滚动轴承的预期寿命 L'_h 可参照表 12-9 确定。

表 12-9　滚动轴承的预期寿命 L'_h

机器类型	预期计算寿命 L'_{10} /h
不经常使用的仪器或设备，如闸门开闭装置等	300～3 000
飞机发动机	500～2 000
短期或间断使用的机械，中断使用不致引起严重后果，如手动工具等	3 000～8 000
间断使用的机械，中断使用后果严重，如发动机辅助设备、流水作业线自动传送装置、升降机、车间吊车、不常使用的机床等	8 000～12 000
每日 8 小时工作的机械(利用率不高)，如一般的齿轮传动、某些固定电动机等	12 000～25 000
每日 8 小时工作的机械(利用率较高)，如金属切削机床、连续使用的起重机、木材加工机械等	20 000～30 000
24 小时连续工作的机械，如矿山升降机、输送滚道用滚子等	40 000～50 000
24 小时连续工作的机械，中断使用后果严重，如纤维或造纸设备、发电站主电机、矿井水泵、船舶螺旋桨轴等	≈100 000

4) 滚动轴承的当量动载荷

滚动轴承的基本额定动载荷是在一定的载荷条件下得到的，即径向轴承仅承受纯径向载荷 F_r，推力轴承仅承受轴向载荷 F_a。如果轴承同时承受径向载荷 F_r 和轴向载荷 F_a 时，在进行轴承寿命计算时，必须将实际载荷转换为与确定基本额定动载荷时的载荷条件相一致的假想载荷，在其作用下的轴承寿命与实际载荷作用下的轴承寿命相同，这一假想载荷称为当量动载荷，用 P 表示。其计算公式为

$$P = XF_r + YF_a \tag{12-10}$$

式中，X 是径向载荷系数，Y 是载荷系数，X、Y 值见表 12-10。

表 12-10　径向载荷系数 X 和轴向载荷系数 Y

轴承类型	F_a/C_0	e	单个轴承或串联配置				面对面或背对背配置			
			$F_a/F_r \le e$		$F_a/F_r > e$		$F_a/F_r \le e$		$F_a/F_r > e$	
			X	Y	X	Y	X	Y	X	Y
深沟球轴承	0.01	0.19				2.30				
	0.03	0.22				1.99				
	0.06	0.26				1.71				
	0.08	0.28				1.55				
	0.11	0.30	1	0	0.56	1.45				
	0.17	0.34				1.31				
	0.28	0.38				1.15				
	0.42	0.42				1.04				
	0.56	0.44				1.00				
角接触球轴承 C 型	0.02	0.38				1.47		1.65		2.39
	0.03	0.40				1.40		1.57		2.28
	0.06	0.43				1.30		1.46		2.11
	0.09	0.46				1.23		1.38		2.00
	0.12	0.47	1	0	0.44	1.19	1	1.34	0.72	1.93
	0.17	0.50				1.12		1.26		1.82
	0.29	0.55				1.02		1.14		1.66
	0.44	0.56				1.00		1.12		1.63
AC 型		0.68	1	0	0.41	0.87	1	0.92	0.67	1.41
B 型		1.14	1	0	0.35	0.57	1	0.55	0.57	0.93
锥滚子轴承		(1)	1	0	0.40	(2)				

对于只承受径向载荷 F_r 的轴承(如圆柱滚子轴承、滚针轴承),当量动载荷为

$$P = F_r$$

对于只承受轴向载荷 F_a 的轴承(如推力球轴承),当量动载荷为

$$P = F_a$$

对于既承受轴向载荷 F_a,又承受径向载荷 F_r 的轴承(如角接触轴承),当量动载荷的计算比较复杂。因为有内部轴向力的存在,轴承的实际轴向载荷会发生变化,下面介绍角接触轴承的轴向载荷计算方法。

5) 角接触轴承的轴向载荷计算

(1) 内部轴向力。角接触轴承的滚动体与外圈接触处存在接触角 α,在承受径向载荷 F_r 时,产生一个内部轴向力,用 S 表示,如图 12-19 所示。内部轴向力等于轴承中承受载荷的各滚动体产生的轴向分力之和,即 $S = \sum F_{ri} \sin\alpha$。在计算角接触轴承的轴向载荷时,必须同时考虑外加轴向载荷和轴承径向载荷产生的内部轴向力。

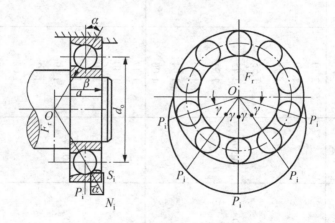

图 12-19　角接触球轴承的受力情况

当半圈滚动体受载时,轴承内部轴向力 S 与径向载荷的关系为

$$S \approx 1.25 F_r \tan\alpha \tag{12-11}$$

此时内部轴向力 S 的近似计算公式见表 12-11。

表 12-11　内部轴向力 S 的近似计算公式

圆锥滚子轴承	角接触球轴承		
	C 型($\alpha=15°$)	AC 型($\alpha=25°$)	B 型($\alpha=40°$)
$S = F_r / (2Y)$	$S = eF_r$	$S = 0.68F_r$	$S = 1.14F_r$

(2) 角接触轴承的装配形式。成对使用的角接触轴承有两种装配形式:即正装和反装。现以角接触球轴承为例,正装又称"面对面"安装,轴承外圈窄边相对,使载荷作用中心靠近,缩短轴的跨距,图 12-20(a)所示。反装又称"背靠背"安装,轴承外圈宽边相对,使载荷作用中心远离,加长轴的跨距,如图 12-20(b)所示。采用正装时,两轴承的内部轴向力方向相对;采用反装时,两轴承的内部轴向力方向相背。

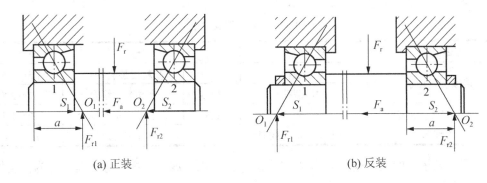

(a) 正装　　　　　　　　　　　　　　　(b) 反装

图 12-20　成对安装的圆锥滚子轴承

(3) 成对安装角接触轴承轴向载荷的计算。成对安装角接触轴承的轴向载荷为受径向载荷 F_r 产生的内部轴向力 S 和外加轴向载荷 F_a 的综合作用。

以图 12-20(a)所示正向安装形式的角接触球轴承为例,设轴所受的轴向载荷为 F_a,轴承 1 和轴承 2 所受径向载荷分别为 F_{r1} 和 F_{r2},由 F_{r1} 和 F_{r2} 产生的内部轴向力分别为 S_1 和 S_2。

当 $F_a+S_2>S_1$ 时,整个轴有向左移动的趋势,则轴承 1 被"压紧"而轴承 2 被"放松"。根据轴向力平衡条件,轴承 1、2 所受的轴向载荷分别为

$$\left.\begin{array}{l} F_{a1} = F_a + S_2 \\ F_{a2} = S_2 \end{array}\right\} \tag{12-12}$$

当 $F_a+S_2<S_1$ 时,轴有向右移动的趋势,则轴承 2 被"压紧"轴承 1 被"放松"。根据轴向力平衡条件,轴承 1、2 的轴向载荷分别为

$$\left.\begin{array}{l} F_{a2} = S_1 - F_a \\ F_{a1} = S_1 \end{array}\right\} \tag{12-13}$$

角接触轴承轴向载荷的计算方法可归纳如下。

(1) 根据轴承的安装方式,确定轴承的内部轴向力 S_1 和 S_2 的大小和方向。

(2) 根据轴承的内部轴向力 S_1 和 S_2 和外加轴向载荷 F_a 的合力指向,确定被"压紧"轴承和被"放松"轴承。

(3) 被"压紧"轴承的轴向载荷等于除本身内部轴向力以外的其余轴向力的代数和。

(4) 被"放松"轴承的轴向载荷只等于本身的内部轴向力。

(5) 取其中大值为轴承的轴向力。

6) 滚动轴承的静强度计算

由于不转动或转速极低的轴承的主要失效形式是产生过大的塑性变形,因此,滚动轴承的静强度计算是为了限制轴承在静载荷或冲击载荷作用下产生过大的塑性变形。基本额定静载荷是指:使受载最大的滚动体与滚道接触中心处的计算接触应力达到一定数值时的静载荷,用 C_0 表示,C_0 值可由设计手册查出。

轴承静强度条件为

$$C_0 \geqslant S_0 P_0 \tag{12-14}$$

式中,S_0 是轴承静强度安全系数,其值可根据使用条件参考表 12-12 确定。

表 12-12 静强度安全系数

旋转条件	载荷条件	S_0	使用条件	S_0
连续旋转轴承	普通载荷	1~2	高精度旋转场合	1.5~2.5
	冲击载荷	2~3	震动冲击场合	1.2~2.5
不常旋转及做摆动运动的轴承	普通载荷	0.5	普通旋转精度场合	1.0~1.2
	冲击及不均匀载荷	1~1.5	允许有变形量	0.3~1.0

作用在轴承上的径向载荷 F_r 和轴向载荷 F_a，应折合成一个假想静载荷，称为当量静载荷，用 P_0 表示。

$$P_0 = X_0 F_r + Y_0 F_a \qquad (12\text{-}15)$$

式中，X_0 和 Y_0 分别为当量静载荷的径向和轴向载荷系数，其值可查轴承手册。

例 12-2 图 12-21 中，轴上正装一对圆锥滚子轴承，型号为 30305，已知两轴承的径向载荷分别为 $F_{r1}=2500\text{N}$，$F_{r2}=5000\text{N}$，外加轴向力 $F_a=2000\text{N}$，该轴承在常温下工作，预期工作寿命为 $L_h=2000\text{h}$，载荷系数 $f_P=1.5$，转速 $n=1000\ \text{r/min}$。试校核该对轴承是否满足寿命要求。

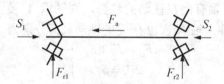

图 12-21 轴承部件受载示意

解：查轴承手册得 30305 型轴承的基本额定动载荷 $C_r=44\ 800\text{N}$，$e=0.30$，$Y=2$。

(1) 计算两轴承的派生轴向力 S。

由表 12-11 查得，圆锥滚子轴承的派生轴向力为 $S=F_r/(2Y)$，则

$$S_1 = \frac{F_{r1}}{2Y} = \frac{2500}{4} = 625\text{N} \text{，方向向右}$$

$$S_2 = \frac{F_{r2}}{2Y} = \frac{5000}{4} = 1250\text{N} \text{，方向向左}$$

(2) 计算两轴承的轴向载荷 F_{a1}、F_{a2}。

$$S_2 + F_a = 1250 + 2000 = 3250\text{N}$$

$$S_2 + F_a > S_1$$

轴承 I 被"压紧"，轴承 II 被"放松"，故

$$F_{a1} = S_2 + F_a = 3250\text{N}$$

$$F_{a2} = S_2 = 1250\text{N}$$

(3) 计算两轴承的当量动载荷 P。

① 计算轴承 I 的当量动载荷 P_1。

$$\frac{F_{a1}}{F_{r1}} = \frac{3250}{2500} = 1.3 > e = 0.30$$

查表 12-10 得 $X_1 = 0.4$，$Y_1 = 2$，则

$$P_1 = f_P(X_1 F_{r1} + Y_1 F_{a1}) = 1.5(0.4 \times 2500 + 2 \times 3250) = 11\,250(\text{N})$$

② 计算轴承 II 的当量动载荷 P_2。

$$\frac{F_{a2}}{F_{r2}} = \frac{1250}{5000} = 0.25 < e = 0.30$$

查表 12-10 得 $X_2 = 1$，$Y_2 = 0$，则

$$P_2 = f_P F_{r2} = 1.5 \times 5000 = 7500(\text{N})$$

(4) 验算两轴承的寿命。

由于轴承在正常温度下工作，$t < 120℃$，查表 12-7 得 $f_t = 1$；
滚子轴承的 $\varepsilon = 10/3$，则轴承 I 的寿命为

$$L_{h1} = \frac{10^6}{60n}\left(\frac{f_t C_r}{P_1}\right) = \frac{10^6}{60 \times 1000}\left(\frac{1 \times 44\,800}{11\,250}\right)^{\frac{10}{3}}\text{h} = 1668\,\text{h}$$

轴承 II 的寿命为

$$L_{h1} = \frac{10^6}{60n}\left(\frac{f_t C_r}{P_2}\right) = \frac{10^6}{60 \times 1000}\left(\frac{1 \times 44\,800}{7500}\right)^{\frac{10}{3}}\text{h} = 6445\,\text{h}$$

由此可见，轴承 I 不满足寿命要求，而轴承 II 满足要求，应该重新选择轴承再进行校核计算。

12.3　新型轴承简介

目前，机械产品已经向高精度、高速、高效及自动化方向发展，出现了一批能够满足特殊要求的新型轴承。新型轴承具有精度高、尺寸紧凑和多自由度运动等特点。这些新型轴承，由于采用了新型复合材料，因此具有较高的耐磨性和接触疲劳强度。如机器人上常用的关节轴承、数控机床和加工中心上的直线运动轴承，以及在各种加工中心及精密机床主轴上使用的陶瓷轴承等。我国已经对一些新型轴承制定了标准。

12.3.1　关节轴承

关节轴承是球面滑动轴承中的一种，主要适用于摆动、倾斜运动和旋转运动，或者上述运动的组合运动。关节轴承不同于调心轴承，关节轴承是典型的空间运动副，被支承的两零件可以在三维空间内做任意相对摆动和转动，多用于各种机器人的机械结构中。

关节轴承主要由内圈和外圈两部分组成(图 12-22)，通过内圈的球形外表面与外圈的球形内表面形成球面接触形式。根据其承受载荷性质的不同，可以将其分为以下几种。

(1) 向心关节轴承。主要承受径向载荷，其接触角为 0°，如图 12-22a 所示。

(2) 角接触关节轴承。既可承受径向载荷，又可承受轴向载荷，接触角在 0°～45° 和 45°～90° 之间。

(3) 推力关节轴承。主要承受轴向载荷，其接触角为 90°，如图 12-22(b)所示。

(4) 杆端关节轴承。主要用于结构件之间的连接，可以承受径向和轴向的组合载荷，如图 12-22(c)所示。

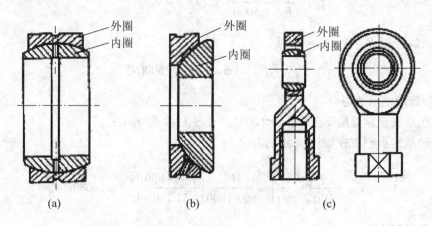

图 12-22　常用关节轴承的结构

12.3.2　直线滚动轴承

直线滚动轴承是在普通轴承的基础上演变而来的，用于保证零件或部件按规定的直线方向运动。根据轴承接触部位的摩擦性质，直线轴承可分为直线运动滑动轴承和直线运动滚动轴承。直线运动滚动轴承可以制成一个独立部件，国家已制定了标准并由专业厂家生产。

直线运动滚动轴承根据其滚动体形状的不同，可分为直线运动球轴承、直线运动滚针轴承和直线运动滚子轴承三类。滚动体之间可以用保持架均匀隔开，并在若干条封闭滚道上做循环运动。图 12-23 就是直线运动球轴承的一种结构形式，其外圈及滚动体与活动部件固联，其内孔(无内圈)直接装于表面淬硬的导向轴上。

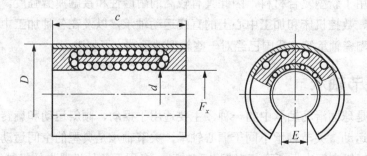

图 12-23　直线运动球轴承的结构

12.3.3　陶瓷轴承

陶瓷轴承的材料是氮化硅(Si_3N_4)，属于非金属材料，与轴承钢比有以下特性：密度为轴承钢的 1/2~1/3，硬度为轴承钢的 2.5 倍，弹性模量为轴承钢的 1.4 倍，热膨胀系数为轴承钢的 1/3，最高使用温度为 1 200℃。

1．陶瓷轴承的特点

优点：①高速性能好、重量轻、离心力小、磨损小、寿命长；②高温性能好，在 1000℃高温下仍有良好的疲劳强度和静强度；线胀系数小，有良好的高温运转性能；③耐磨性好、高硬度、高耐磨性；弹性变形小、抗化学腐蚀、抗高温氧化性，因此应用广泛。

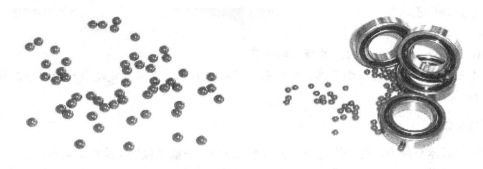

图 12-24　陶瓷滚动体和陶瓷轴承

陶瓷轴承的缺点：①线胀系数小，装配困难；②弹性模量大、硬度大，球与滚道接触面积小，因而应力过大；③材料脆性高，抗冲击性差。

2．陶瓷轴承种类

(1) 混合轴承。滚动体用陶瓷材料制成。

(2) 全陶瓷轴承。内、外圈和滚动体均用陶瓷材料制造。

3．陶瓷轴承应用情况

目前应用的陶瓷轴承有两种，即只有滚动体是陶瓷的混合轴承及内、外圈和滚动体均为陶瓷的全陶瓷轴承。自 20 世纪 60 年代以来，陶瓷轴承随着陶瓷材料的开发应用而得以不断发展，现在其应用范围已十分广泛。例如，混合轴承几乎已成为高速主轴的标准支承，各种加工中心及精密机床主轴轴承大都采用混合轴承，而且已形成标准化系列产品；在真空泵、航空发动机、航天飞机高速机床数控机床电主轴等领域也开始进入实用阶段。在国际市场，陶瓷轴承产品的开发研究已经形成了激烈竞争的局面。我国的陶瓷轴承研究起步较晚，但其潜在的应用领域十分巨大。

12.4　实验与实训

实验目的

(1) 了解滑动轴承和滚动轴承的特点，结构及应用的场合。

(2) 掌握轴承的类型选择及尺寸、代号确定的基本方法。

(3) 掌握轴承寿命计算方法，以及根据预期寿命和特定结构选择合适轴承型号的方法。

实训内容

实训 已知一减速器轴,轴颈直径 d=35mm,转速 n=1460r/min,两轴承承受的径向载荷分别为 F_{r1}=1000N,F_{r2}=2000N,外部轴向载荷 F_a=540N,并指向轴承 1,要求轴承预期寿命为 12 000h,常温下工作,试选择轴承的型号。

实训要求

(1) 选择轴承类型;

(2) 计算当量动载荷;

(3) 计算轴承所需的径向基本额定动载荷;

(4) 通过比较所需的径向基本额定动载荷与初选轴承的基本额定动载荷的大小选择适当的轴承型号。

实训总结

(1) 在对承载能力、旋转精度等要求不高的场合,一般机械通常采用滚动轴承。

(2) 在轴承转速较高、轴承载荷较小,并主要承受径向力的场合,常选用结构简单、价格便宜的深沟球轴承。

(3) 通过轴承寿命计算方法,经过径向基本额定动载荷的比较,能确定出满足预期寿命和特定尺寸要求的轴承。

通过本章的学习,最终达到合理选择应用滑动轴承和滚动轴承的目的。首先必须了解滑动轴承的基本类型和原理,滚动轴承的类型、尺寸、结构形式、精度等级等基本知识及其代号的意义。在此基础上,还应适当掌握各种轴承设计的基本理论和计算方法,以便对所选轴承作出评价,确定其能否满足预期寿命、静强度和转速等要求。

12.5 习　　题

一、选择题

(1) _____不宜用来同时承受径向载荷与轴向载荷。

    A. 圆锥滚子轴承   B. 角接触球轴承

    C. 深沟球轴承   D. 圆柱滚子轴承

(2) _____是只能承受径向载荷的轴承。

    A. 深沟球轴承   B. 调心滚子轴承

    C. 圆锥滚子轴承   D. 圆柱滚子轴承

(3) _____是只能承受轴向载荷的轴承。

    A. 圆锥滚子轴承   B. 推力球轴承

    C. 滚针轴承   D. 调心球轴承

(4) 下列四种轴承中_____必须成对使用。

    A. 深沟球轴承   B. 圆锥滚子轴承

    C. 推力球轴承   D. 圆柱滚子轴承

(5) 跨距较大并承受较大径向载荷的起重机卷筒轴轴承应选用_____。

    A. 深沟球轴承   B. 圆柱滚子轴承

    C. 调心滚子轴承   D. 圆锥滚子轴承

(6) _____不是滚动轴承预紧的目的。

    A. 增大支承刚度   B. 提高旋转精度

    C. 减小振动与噪声   D. 降低摩擦阻力

(7) 滚动轴承的基本额定寿命是指同一批轴承中_____的轴承所能达到的寿命。

    A. 99%   B. 90%   C. 98%   D. 50%

(8) _____适用于多支点轴、弯曲刚度小的轴以及难于精确对中的支承。

    A. 深沟球轴承   B. 调心球轴承

    C. 角接触球轴承   D. 圆锥滚子轴承

(9) _____具有良好的调心作用。

    A. 深沟球轴承   B. 调心球轴承

    C. 推力球轴承   D. 调心滚子轴承

二、简答题

(1) 试说明滚动轴承的基本零件组成和各自的作用。滚动轴承有哪些基本类型？各有何特点？选择滚动轴承应考虑哪些因素？

(2) 试说明以下几个代号的含义 7310B，6235/P2，51214，7215AC，30316，N210。

(3) 什么是滚动轴承的额定动载荷、当量动载荷？轴承的失效形式和计算准则是什么？

(4) 哪些类型的滚动轴承在承载时将产生内部轴向力？是什么原因造成的？哪些类型的滚动轴承在使用中应成对使用？

(5) 一深沟球轴承需要承受的径向载荷为 10 000N，轴向载荷为 2000N，预期寿命为 10 000h，轴径为 50mm。试选择两种型号的轴承并作比较。

三、实作题

(1) 试说明下列各轴承的内径尺寸，并指出哪个轴承的公差等级最高？哪个轴承允许的极限转速最高？哪个轴承承受径向载荷的能力最高？哪个轴承不能承受径向载荷？

N307/P4；6207/P2；30207；5307/P6

(2) 根据工作条件，决定在轴的两端选用 $\alpha=15°$ 的角接触球轴承，正装，轴颈直径 $d=35$mm，工作中有中等冲击，转速 $n=1800$r/min。已知两轴承的径向载荷分别为 $F_{r1}=3390$N(左轴承)，$F_{r2}=1040$N(右轴承)，外部轴向载荷为 $F_a=870$N，作用方向指向轴承 1(即 F_a 指向左)，试确定轴承的工作寿命。

(3) 一农用水泵，决定选用深沟球轴承，轴颈直径 $d=35$mm，转速 $n=2900$r/min，已知轴承承受的径向载荷 $F_r=1810$N，外部轴向载荷 $F_a=740$N，预期寿命为 6000h，试选择轴承的型号。

(4) 一双向推力球轴承 52310，承受轴向载荷 $F_a=5000$N，轴的转速为 1460r/min，载荷中有中等冲击，试计算其额定寿命(附：轴承 52310 的额定动载荷 $C=74.5$kN，额定静载荷 $C_0=162$kN)。

第 13 章　轴

教学目标:

在掌握轴的类型, 了解轴的功用及常用材料, 初步掌握轴的结构设计方法, 了解轴的强度计算方法。

教学重点和难点:

- 轴的类型;
- 轴的结构设计;
- 轴的强度计算。

案例导入:

图 13-1 所示为一级齿轮减速器及输入轴系的典型结构, 轴上的各零件通过轴连接在一起。对于这样的轴应该怎么设计它呢? 本章将从轴的常用材料及热处理方法、轴的结构设计方法、轴的强度和刚度校核等三个方面进行介绍, 使大家掌握轴的设计方法和设计步骤。

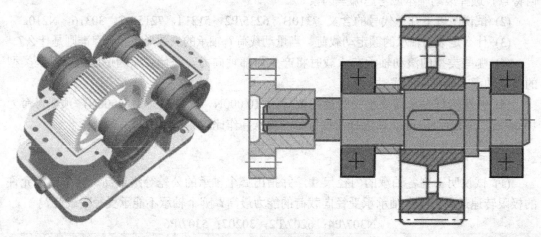

图 13-1　齿轮减速器中的轴

13.1　概　述

13.1.1　轴的用途及分类

轴是组成机器的主要零件之一, 用于支撑做回转运动或摆动的零件来实现其回转或摆动, 使其有确定的工作位置, 同时传递运动和转矩。因此, 轴的主要功用是支撑回转零件及传递运动和动力。

一般工程中应用的轴有两种分类方法: ①按照轴线的形状分类; ②按照轴工作时的承载情况分类。

　　按照轴线形状的不同，轴可分为直轴、曲轴和软轴三大类。直轴又可分为光轴(图 13-2(a) 汽车下方的传动轴)和阶梯轴(图 13-2(b))。曲轴(图 13-3)只用于内燃机中，属于专用机械零件。软轴(图 13-4)主要用于两传动轴线不在同一直线或工作时彼此有相对运动的空间传动，也可用于受连续振动的场合，以缓和冲击。本书只讨论直轴。

(a) 铁路机车轮轴

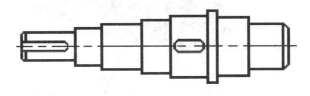

(b) 阶梯轴

图 13-2　直轴

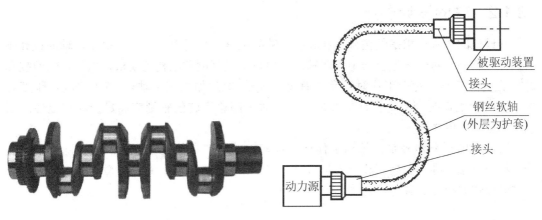

图 13-3　曲轴　　　　　　　　　　　图 13-4　钢丝软轴

　　直轴根据其工作时的承载情况可分为心轴、传动轴和转轴。

　　(1) 心轴。只受弯矩的轴称为心轴。按照轴是否发生转动，心轴又可分为转动心轴和固定心轴。前者如铁路机车的轮轴(图 13-2(a))，后者如自行车的前轮轴(图 13-5)。

　　(2) 传动轴。只承受转矩或主要承受转矩(即受到的弯矩很小)的轴称传动轴(图 13-6)。

　　(3) 转轴。工作中既承受弯矩又承受转矩的轴称为转轴。转轴在各类机器中应用最多，图 13-1 是齿轮减速器中常见的转轴。

　　由于转轴的受力及结构相对比较复杂，并且应用广泛，本章将重点讨论转轴的设计。

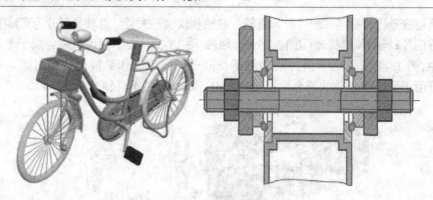

图 13-5　自行车的前轮轴

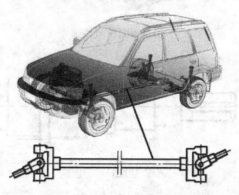

图 13-6　传动轴

13.1.2　轴的设计要点

轴设计的基本要求是结构合理和具有足够的强度。但是对于不同的机械,轴的设计要求又各不相同。对于一般机器中的转轴,主要是满足强度和结构的要求,以防止轴断裂和过大的塑性变形;对于工作时不允许有过大变形的轴(如机床主轴),应主要满足刚度要求,以防止工作时产生不允许的弹性变形;对于高速运转的轴则应满足振动稳定性的要求,以防止产生共振。

轴设计的一般步骤是:根据工作要求选取轴的材料和热处理方法;初步确定轴的直径;再考虑轴上零件的装配和受力等情况,进行轴的结构设计;最后对轴作强度校核,必要时进行轴的刚度及振动稳定性计算。

13.1.3　轴的材料

由于轴工作时产生的应力多是循环变应力,所以轴的损坏常为疲劳破坏。考虑到轴是机器中的重要零件,因此轴的材料应具有足够高的强度和韧性、对应力集中敏感性小和良好的工艺性等,因此轴常用的材料主要是碳素钢和合金钢。

碳素钢比合金钢成本低,对应力集中敏感性低,强度、塑性和韧性均较好,经热处理后,可改善其力学性能,故应用广泛。工程上常用的有35、40、45和50等优质碳素钢,其中以45钢最常用。对于不重要或承受载荷较小的轴,也可用普通碳素钢如Q235、Q255、Q275等,无须热处理。

合金钢比碳素钢具有更高的力学性能和更好的淬火性能，在传递动力较大并要求减小尺寸和重量、提高轴的硬度和耐磨性以及满足其他特殊要求(如高温或低温、耐腐蚀等)时，常用合金钢，如 20Cr、40Cr、20CrMnTi、35CrMo、40MnB 等。采用合金钢制造轴时，必须进行热处理或化学热处理。合金钢经各种热处理，如淬火、渗碳、渗氮等，对提高轴的疲劳强度有显著效果，但对提高合金钢的刚度没有实效，因为各种碳钢和合金钢在热处理前后其弹性模量相差无几。因此，提高轴的刚度应从适当增加轴的直径和减小支承跨距等方面考虑。另外，合金钢对应力集中的敏感性高，所以合金钢轴的结构形状必须合理，否则就失去用合金钢的意义。

此外，轴也可用球墨铸铁和高强度铸钢材料，这些材料容易制成复杂的形状，且具有良好的吸振性和耐磨性，对应力集中敏感性小，价格也低，故常用来制造形状复杂的轴，如内燃机中的曲轴。但铸铁抗冲击性差，铸造质量需经严格检验。

轴的常用材料及其主要力学性能见表 13-1。

表 13-1　轴的常用材料及其主要力学性能

材料牌号	热处理	毛坯直径/mm	硬度/HBS	抗拉强度极限 σ_b	屈服强度极限 σ_s	弯曲疲劳极限 σ_{-1}	剪切疲劳极限 τ_{-1}	许用弯曲应力 $[\sigma_{-1}]$	备　注
Q235A	热轧或锻后空冷	≤100		400～420	225	170	105	40	用于不重要及受载荷不大的轴
		>100～250		375～390	215				
453	正火回火	≤10	170～217	590	295	225	140	55	应用最广泛
		>100～300	162～217	570	285	245	135		
	调质	≤200	217～255	640	355	275	155	60	
40Cr	调质	≤100	241～286	735	540	355	200	70	用于载荷较大，而无很大冲击的重要轴
		>100～300		685	490	355	185		
40CrNi	调质	≤100	270～300	900	735	430	260	75	用于很重要的轴
		>100～300	240～270	785	570	370	210		
38SiMnMo	调质	≤100	229～286	735	590	365	210	70	用于重要的轴，性能近于 40CrNi
		>100～300	217～269	685	540	345	195		
38CrMoAlA	调质	≤60	293～321	930	785	440	280	75	用于要求高耐磨性，高强度且热处理(氮化)变形很小的轴
		>60～100	277～302	835	685	410	270		
		>100～160	241～277	785	590	375	220		
20Cr	渗碳淬火回火	≤60	渗碳56～62HRC	640	390	305	160	60	用于要求强度及韧性均较高的轴
3Cr13	调质	≤100	≥241	835	635	395	230	75	用于腐蚀条件下工作的轴
1Cr18Ni9Ti	淬火	≤100	≤192	530	195	190	115	45	用于高低温及腐蚀条件下工作的轴
		100～200		490		180	110		
QT600-3			190～270	600	370	215	185		用于制造外形复杂的轴
QT800-2			245～335	800	480	290	250		

注：剪切屈服极限 $\tau_s \approx (0.55 \sim 0.62)\sigma_s$。

轴的毛坯一般用轧制的圆钢或锻钢。锻件的内部组织比较均匀，强度较高，所以重要的轴以及大尺寸或阶梯尺寸变化较大的轴，应采用锻件毛坯。

13.2　轴的结构设计

在机械工程设计中，方案设计完成以后要进行结构设计。结构设计内容：设计零部件形状、数量、相互空间位置，选择材料，确定尺寸，进行计算，按比例绘制方案总图和零件图。

结构设计基本要求如下。

(1) 根据结构形状的四要素，即表面形状、相对位置、表面数量及尺寸进行结构设计。

(2) 结构设计的原则：明晰、简单、安全。

(3) 结构设计遵循的原理：力传导原理、任务分配原理、自助原理、稳定性原理、适应性原理(加工，运输，变型等)。

结构设计的基本要求不仅仅应用于轴，同样适用于其他的零件设计。

13.2.1　轴径的初步计算

轴的工作能力主要取决于轴的强度和刚度，对于一般传递动力的轴，主要是满足强度要求。然而，只有已知轴上载荷的作用位置及支点跨距后，才能对轴进行强度计算。因此，通常轴的设计方法是：先进行轴的初步计算，以确定轴的最小直径；再根据轴上零件的装配工艺和实际需要作出轴的结构设计；然后进行强度验算，根据验算结果调整轴的结构和尺寸，最终完成轴的设计。

因轴上载荷的作用位置和支点跨距未知，故弯矩无法求出，所以轴的最小轴径是按扭矩进行初步计算的，并用降低许用应力的方法来考虑弯矩的影响。这种方法简单方便，所算出的轴径作为转轴受扭段的最小直径。

轴的抗扭强度条件为

$$\tau_{\mathrm{T}}=\frac{T}{W_{\mathrm{T}}}\approx\frac{9.55\times10^{6}P}{0.2d^{3}n}\quad \tau_{\mathrm{T}}=\frac{T}{W_{\mathrm{T}}}=\frac{9.55\times10^{6}P}{0.2d^{3}n}\leqslant[\tau]_{\mathrm{T}} \tag{13-1}$$

式中，τ_{T}、$[\tau]_{\mathrm{T}}$ 分别是轴的切应力和材料的许用切应力(MPa)；T 是轴上的扭矩(N·mm)；P 是轴传递的功率(kW)；W_{T} 是轴的抗扭截面系数(mm^{3})，对于实心轴 $W_{\mathrm{T}}=\pi d^{3}/16\approx0.2d^{3}$；$d$ 是计算截面处轴的直径(mm)；n 是轴的转速(r/min)。

由式(13-1)得到按转矩初步计算轴直径的公式

$$d\geqslant\sqrt[3]{\frac{9.55\times10^{6}}{0.2[\tau]_{\mathrm{T}}}}\sqrt[3]{\frac{P}{n}}=A\sqrt[3]{\frac{P}{n}} \tag{13-2}$$

式中，A 是计算系数，与材料的 $[\tau]_{\mathrm{T}}$ 有关，可按表 13-2 查取。

表 13-2　轴常用材料的许用切应力[τ]$_T$及 A 值

轴的材料	Q235-A　20	Q275　35 (1Cr18Ni9Ti)	45	40Cr　35SiMn 38SiMnMo　3Cr13
[τ]$_T$	15～25	20～35	25～45	35～55
A	149～126	135～112	126～103	112～97

注：① 表中[τ]$_T$已考虑弯矩对轴的影响，其值比纯扭转时的值低。

　　② A 和[τ]$_T$的取值如下：弯矩较小、载荷较平稳、无轴向载荷或只有较小的轴向载荷、轴的材料强度较高、轴的刚度要求不严、轴只做单向运转以及减速器的低速轴等，A 取较小值，[τ]$_T$取较大值；反之，A 取较大值，[τ]$_T$取较小值。

当按式(13-2)初算轴径后，如果在轴的相应截面处开有键槽，则应将该直径加大 3%；如同一截面处有两个键槽，直径要加大 7%。当该直径处装有标准件，则应按标准件与轴的装配尺寸圆整。

13.2.2　轴的结构设计

按扭矩初算轴径后，便可进行轴的结构设计。影响轴的结构的因素有很多，如轴在机器中的安装位置及形式；轴上安装零件的类型、尺寸、数量以及和轴连接的方法；载荷的性质、大小、方向及分布情况；轴的加工工艺等。因此，轴的结构没有标准形式。

轴的结构设计就是使轴的各部分具有合理的形状和尺寸，其主要要求如下。

(1) 轴和轴上零件要有准确的工作位置且定位可靠，满足安全性的原则。

(2) 轴上零件应便于装拆和调整，应用适应性的原理。

(3) 轴应具有良好的制造和装配工艺性。

(4) 轴的受力状况合理，应力集中小，有利于提高轴的强度和刚度等。

设计时需根据具体情况进行分析，可作几个方案进行比较，以便选择出较好的设计方案。

图 13-7 为按上述要求设计的轴，它由轴颈、轴头和轴身组成。与轴承相配合的轴段称为轴颈；与传动零件相配合的轴段(图中安装联轴器及齿轮处的轴段)称为轴头；用于连接轴颈和轴头的轴段称为轴身。轴头和轴颈的直径应按规范圆整。下面具体说明轴结构设计中应注意的一些问题。

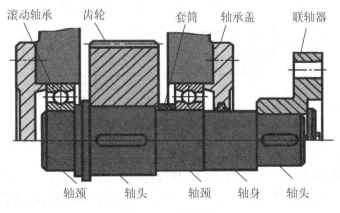

图 13-7　轴的结构

1. 轴上零件的布置

进行轴的设计首先要进行轴上零件的布置，合理的布置可改善轴的受力状况，提高轴的强度和刚度。

1) 改善轴上的弯矩分布

合理改进轴上零件的结构，可减少轴上载荷和改善其应力特征，提高轴的强度和刚度。在图 13-8(a)所示的轴中，如把轴毂配合面分为两段(图 13-8(b))，则可减少轴的弯矩，使载荷分布更趋合理。

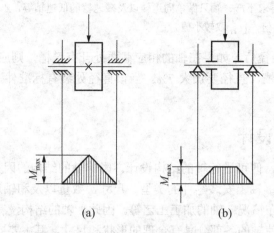

图 13-8　改善轴上的弯矩分布

2) 改善轴上的转矩分配

图 13-9 中轴上装有 3 个传动轮，如将输入轮 1 布置在轴的一端(图 13-9 左图)，当只考虑轴受转矩时，输入转矩为 T_1+T_2，此时轴上受的最大转矩为 T_1+T_2。若将输入轮 1 布置在输出轮 2 和 3 之间(图 13-8 右图)，则轴上的最大转矩为 T_1。

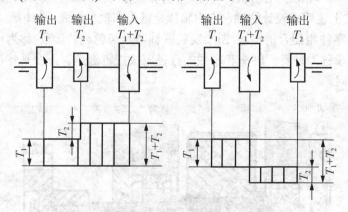

图 13-9　改善轴上的转矩分配

3) 改变应力状态

图 13-10 中左图所示的卷筒轴工作时，既受弯矩又受转矩作用，当卷筒的安装结构改为图 13-10 右图时，卷筒轴则只受弯矩作用，且轴向结构更紧凑，因此改变了轴的应力状态。

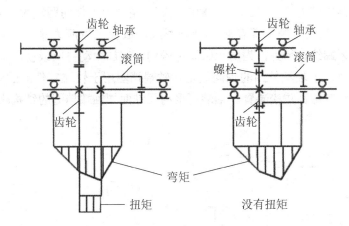

图 13-10　改变轴的应力状态

2. 轴上零件的固定

为保证轴上零件具有准确的工作位置，通常都要对轴上零件进行轴向固定和周向固定。

1) 轴向固定

轴向固定的目的是为了保证轴上零件具有确定的工作位置，防止零件沿轴向移动并传递轴向力。零件的轴向固定常用轴肩、轴环、套筒、轴承端盖、轴端挡圈和圆螺母等方法。

阶梯轴上截面变化处称为轴肩，其结构简单，轴向定位方便可靠，能承受较大的轴向载荷，应用较多。轴肩和轴环由定位面和过渡圆角组成。

轴肩分为定位轴肩和非定位轴肩两类。轴肩定位方便可靠，但采用轴肩就必然会使轴的直径加大，而且轴肩处将因截面突变而引起应力集中。另外，轴肩过多时也不利于加工。

定位轴肩的高度一般取为 $h=(0.07\sim0.1)d$，d 为与零件相配处的轴径尺寸。为便于滚动轴承的拆卸，轴肩和轴环的高度 h 必须小于轴承内圈的端面高度，其值按轴承手册确定。为使零件能靠紧定位面，轴肩和轴环的过度圆角半径 r 必须小于零件孔的倒角 C 或圆角半径 R，对于标准零件，则应按标准零件的 R 和 C 来确定轴肩和轴环的圆角半径 r，如图 13-11 所示。非定位轴肩是为了加工和装配方便而设置的，其高度没有严格的规定，一般取为 $1\sim2$mm。

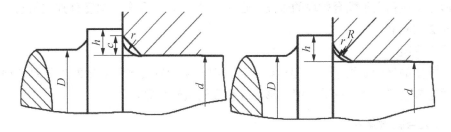

图 13-11　轴肩与轴环

套筒用于轴上两零件间相对位置的轴向固定，如图 13-12 所示，使用套筒固定零件可使轴的结构简化，但不宜太长，也不宜用在转速较高的轴上，套筒外径应按轴承手册中的安装尺寸确定。

圆螺母(图13-12)多用于轴端零件的轴向固定。当轴上零件间距较大不宜用套筒时，也常用圆螺母固定。使用圆螺母需在轴上切制螺纹，故会产生应力集中，降低轴的疲劳强度，所以常用细牙螺纹。另外，为防止圆螺母松动，需加止动垫圈或使用双螺母。

轴承端盖主要用于轴承外圈的轴向固定，轴端挡圈用于轴端零件的固定，可承受较大的轴向载荷，但应有螺钉防松装置。轴端可采用圆锥面加轴端挡圈的结构(图13-13)。

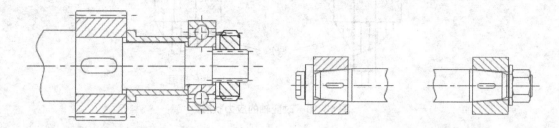

图 13-12　圆螺母和套筒　　　　　　　图 13-13　圆锥面加轴端挡圈

弹性挡圈(图 13-14)和紧定螺钉(图 13-15)轴向定位。弹性挡圈大多与轴肩联合使用，也可以在零件两边各用一个挡圈，但只适用于轴向力不大的情况。轴上的沟槽将引起应力集中，会削弱轴的强度。紧定螺钉和锁紧挡圈多用于光轴上零件的固定。其优点是轴的结构简单，零件位置可以调整，紧定螺钉还可以兼作周向固定。但这种结构只能承受较小的力，而且不适用于转速较高的轴。

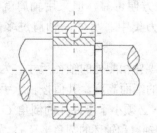　　　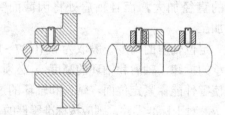

图 13-14　弹性挡圈　　　　　　　图 13-15　紧定螺钉和锁紧挡圈

当轴上零件的一端用轴肩或轴环定位后，为保证零件在阶梯处的另一端固定可靠，零件的轮毂宽度应稍大于配合轴段的长度，图 13-12 中齿轮和套筒宽度分别比与它们相配合的轴段长 2～3mm。

2) 周向固定

周向固定的目的是为了在传递运动和动力时，防止轴上零件和轴发生相对转动。常用的周向固定方法有：键、花键、销、形面连接和过盈配合等。

3. 安装与制造要求

进行轴的结构设计首先应确定轴上零件的装拆方案，即根据轴上零件的布置情况，确定与轴配合直径最大的零件由哪个方向进行装拆。图 13-7 中的齿轮与轴头的配合直径最大，从轴的右端装拆。装拆方向不同，轴上零件的定位情况就不同，轴的结构就要发生变化。装配零件时要求轴上所有零件都应顺利地到达安装位置；为减少零件在装拆时对配合表面造成的擦伤破坏，应使零件在其配合表面上的装拆路径最短，以图 13-7 中右轴承为例，即与该轴承配合的轴段右端不能伸出该轴承的右端面。为便于零件的装配，应在零件进入的轴端或轴肩处加工出倒角或导向锥。

满足加工工艺要求：在车螺纹的轴段，应有螺纹退刀槽(图 13-16(a))；在轴上磨削的轴段，靠轴肩处应有砂轮越程槽(图 13-16(b))；同一根轴上所有的键槽应布置在轴的同一母线上(图 13-16(c))；精度要求较高的轴，应在轴的两端钻中心孔作为基准；轴上的倒角、圆角尺寸应尽可能一致，以减少刀具种类，提高生产率(图 13-16(d))。

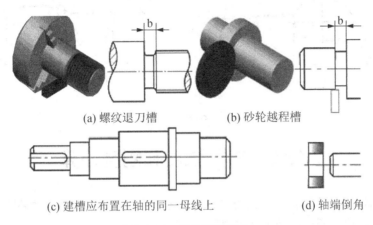

(a) 螺纹退刀槽   (b) 砂轮越程槽

(c) 建槽应布置在轴的同一母线上   (d) 轴端倒角

图 13-16   轴的制造要求

4．提高轴的疲劳强度的措施

多数转轴在变应力作用下工作，故易发生疲劳破坏，所以应设法减小轴的应力集中和提高轴的表面质量。为此，轴肩处应有较大的过渡圆角，在保证有足够定位高度的条件下，轴的直径变化应尽可能小。当靠轴肩定位的零件的圆角半径较小时(如滚动轴承内圈的圆角)，为了增大轴肩处的圆角半径，可采用凹切圆角(图 13-17(a))、椭圆形圆角(图 13-17(c))或加装中间环(图 13-17(b))，在轴毂配合的边缘处做减载槽(图 13-17(d))。键槽端部与轴肩的距离不宜过小，以免损伤轴肩处的过渡圆角和增加重叠应力集中源的数量。尽可能避免在轴上受载较大的轴段切制螺纹。提高轴的表面质量的措施包括：降低表面粗糙度，对重要的轴进行滚压、喷丸等表面强化处理，表面高频淬火热处理，或渗碳、氰化、氮化等化学处理。

需要指出的是：机器中的轴系大多采用滚动轴承支承，由轴、轴上零件及轴承组成的轴系的结构设计一般包括轴的结构设计和滚动轴承组合设计。由前面的分析我们知道，轴结构设计的结果具有多样性，不同的工作要求、不同的轴上零件的装配方案以及轴的不同加工工艺等，都将得出不同的设计方案。滚动轴承的组合设计主要是合理解决轴承的安装、配置、紧固、调节、润滑、密封等问题，这将对轴系受力、固定、运转精度、轴承寿命、机器性能等有着重要影响。滚动轴承的组合设计内容将在实验与实训教学环节中学习掌握。

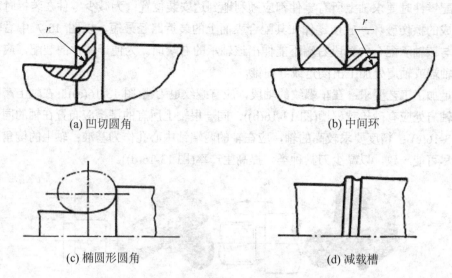

(a) 凹切圆角   (b) 中间环

(c) 椭圆形圆角   (d) 减载槽

图 13-17　减小应力集中的结构

13.3　轴的强度和刚度计算

通过轴的结构设计初步确定轴的尺寸后，零件在轴上的位置、外载荷及支反力的作用位置亦可确定，这时即可对轴进行强度和刚度计算。

13.3.1　轴的强度计算

对于传递动力的轴，满足强度条件是对其最基本的要求。

对于传动轴，可直接用式(13-1)校核其扭转强度或用式(13-2)计算其直径。

对于转轴，主要是进行弯扭合成强度校核计算，步骤如下。

(1) 画出轴的计算简图(图 13-18(a))，将轴上的作用力分解为垂直面受力图(图 13-18(b))和水平面受力图(图 13-18(d))，并求出水平面内和垂直面内的支撑反力。传动件上的载荷可简化为作用在轮缘宽度中点处的集中力，支反力作用点的位置根据轴承类型确定。

(2) 计算垂直面弯矩 M_V 并画出垂直面弯矩图(图 13-18(c))；

(3) 计算水平面弯矩 M_H 并画出水平面弯矩图(图 13-18(e))；

(4) 计算合成弯矩 $M = \sqrt{M_H{}^2 + M_V{}^2}$，画出合成弯矩图(图 13-18(f))；

(5) 计算轴的扭矩 T ($T = 9.55 \times 10^6 P/n$)，画出扭矩图(图 13-18(g))；

(6) 计算当量弯矩。根据第三强度理论，当量弯矩 $M_e = \sqrt{M^2 + (\alpha T)^2}$，式中 α 是根据扭矩性质而定的应力校正系数。

对于对称循环变化的扭矩，取 $\alpha = \dfrac{[\sigma_{-1}]_b}{[\sigma_{-1}]_b} = 1$；

对于脉动循环变化的扭矩，取 $\alpha = \dfrac{[\sigma_{-1}]_b}{[\sigma_0]_b} \approx 0.6$；

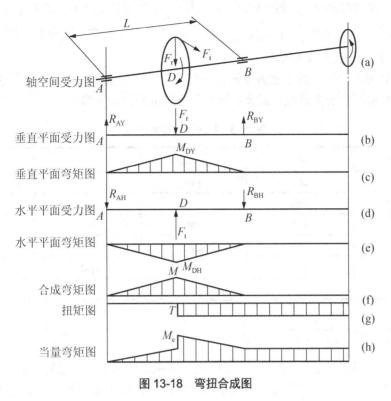

图 13-18 弯扭合成图

对于不变的扭矩，$\alpha = \dfrac{[\sigma_{-1}]_b}{[\sigma_{+1}]_b} \approx 0.3$。

当扭矩变化规律不易确定或情况不明时，可视扭矩按脉动循环规律变化，取 $\alpha \approx 0.6$。

(7) 校核轴的强度。按式(13-3)验算选定的危险剖面的强度。

$$\sigma_e = \frac{M_e}{W} = \frac{\sqrt{M^2 + (\alpha T)^2}}{0.1d^3} \leqslant [\sigma_{-1}]_b \tag{13-3}$$

或

$$d \geqslant \sqrt[3]{\frac{M_e}{0.1[\sigma_{-1}]_b}} \tag{13-4}$$

式中，d 是危险剖面的轴径(mm)；W 是抗弯截面系数(mm^3)，实心轴 $W = \pi d^3/32 \approx 0.1d^3$；$M_e$ 是当量弯矩(N·mm)；$[\sigma_{-1}]_b$ 是轴的材料在对称循环状态下的许用弯曲应力(MPa)，可按表 13-3 选取。

同一轴上各截面所受的载荷是不同的，设计计算时应选择若干个危险截面(即当量弯矩较大而直径较小的截面)进行计算。

若计算结果不满足式(13-3)或式(13-4)的条件，则表明轴的强度不够，必须修改结构设计方案，并重新验算；若计算结果满足轴的强度要求，且强度裕量不够大，一般就以原结构设计为准。

式(13-3)和式(13-4)也可用来计算心轴，只需取 $T=0$，其计算截面的直径为

$$d = \sqrt[3]{\frac{M}{0.1[\sigma_b]}} \tag{13-5}$$

式中，$[\sigma_b]$ 是许用弯曲应力，对于转动心轴取 $[\sigma_{-1}]_b$，对于固定心轴，载荷不变时取 $[\sigma_{+1}]_b$，载荷变化时取 $[\sigma_0]_b$；其中 $[\sigma_0]_b$、$[\sigma_{+1}]_b$ 分别为轴材料在脉动循环变应力和静应力状态下的许用弯曲应力，可按表 13-3 选取。

对于一般用途的轴，按上述方法设计计算即可，对于重要的轴还需要作进一步精确计算，校核危险截面的安全系数，需要时可参阅有关机械设计书籍。

表 13-3　轴的许用弯曲应力　　　　　　　　　　　　　　　　/MPa

材　料	σ_B	$[\sigma_{+1}]_b$	$[\sigma_0]_b$	$[\sigma_{-1}]_b$
钢　碳	400	130	70	40
	500	170	75	45
	600	200	95	55
	700	230	110	65
合　金　钢	800	270	130	75
	1000	300	150	90

13.3.2　轴的刚度计算

轴受弯矩作用会产生弯曲变形(图 13-19)，受扭矩作用会产生扭转变形(图 13-20)。如果轴的刚度不够，产生的变形过大，就会影响轴上零件的正常工作。例如，会使轴上的齿轮啮合时产生偏载，使啮合恶化，严重时会造成断齿；或使滑动轴承产生边缘接触，造成轴瓦不均匀磨损；或使滚动轴承内、外圈轴线偏斜太多而转动不灵活。如果机床主轴的刚度不够，将会影响加工精度。因此，为使轴工作时不致因刚度不够而失效，设计时必须根据轴的工作条件对轴的刚度进行校核。

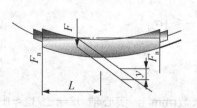

图 13-19　轴的挠度和转角

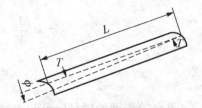

图 13-20　轴的扭转角

轴的刚度分为弯曲刚度和扭转刚度，弯曲刚度条件如下。

挠度：　　　　　　　　　　　　　$y \leqslant [y]$

偏转角：　　　　　　　　　　　　$\theta \leqslant [\theta]$

式中，$[y]$ 和 $[\theta]$ 分别是轴的许用挠度和许用偏转角。

轴的扭转变形用每米长的扭转角 φ 表示，轴受扭矩时，其刚度条件是

$$\varphi = \frac{Tl}{GI_P} \leqslant [\varphi] \tag{13-6}$$

式中，$[\varphi]$ 是轴的许用扭转角。

表 13-4 许用挠度、许用转角和许用扭转角

变 形		适 用 场 合	许 用 值
弯曲变形	挠 度 /mm	一般用途的轴	$(0.0003\sim0.0005)l$ [①]
		机床主轴	$\leqslant0.0002l$
		感应电机轴	$\leqslant0.1\Delta$ [②]
		安装齿轮的轴	$(0.01\sim0.05)m_n$ [③]
		安装蜗轮的轴	$(0.02\sim0.05)m_t$ [④]
	偏转角 /rad	滑动轴承	$\leqslant0.001$
		向心球轴承	$\leqslant0.005$
		调心球轴承	$\leqslant0.05$
		圆柱滚子轴承	$\leqslant0.0025$
		圆锥滚子轴承	$\leqslant0.0016$
		安装齿轮处	$\leqslant0.001\sim0.002$
扭转变形	每米长的扭转角	一般传动	$0.5°\sim1°$
		较精密的传动	$0.25°\sim0.5°$
		重要传动	$<0.25°$

注：①l 为跨距；②Δ 为电动机定子与转子间的气隙；③m_n 为齿轮法面模数；④m_t 为蜗轮端面模数。

例 13-1 试设计图 13-21 所示的一级斜齿圆柱齿轮减速器的低速轴。已知轴的转速 $n=80$ r/min，传递功率 $P=3.15$kW。轴上齿轮的参数为：法面模数 $m_n=3$ mm，分度圆螺旋角 $\beta=12°$，齿数 $z=94$，齿轮宽 $b=70$ mm。

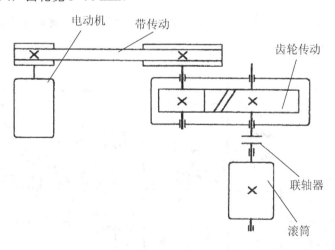

图 13-21 带式输送机

解：

(1) 选择轴的材料。减速器功率不大，又无特殊要求，故选最常用的 45 钢并作正火处理。由表 13-1 查得 $\sigma_b=590$ MPa。

(2) 按转矩估算轴的最小直径。应用式(13-2)估算。由表 13-2 取 $A=107\sim118$(因轴上受较大弯矩)，于是得

$$d \geqslant A\sqrt[3]{\frac{P}{n}} = (107 \sim 118)\sqrt[3]{\frac{3.15}{80}} = (36.4 \sim 40.14)\text{mm}$$

考虑键槽对轴强度的影响和联轴器标准，取 d=40 mm。

(3) 轴的结构设计。根据轴的结构设计要求，轴的结构设计草图，如图 13-22 所示。轴段①、②之间应有定位轴肩；轴段②、③及③、④之间应设置台阶以便装配；轴段④、⑤及⑤、⑥之间应有定位轴肩。各轴段的具体设计如下。

轴段①：轴的输出端用 HL4 尼龙柱销联轴器，孔径为 40mm，孔长为 84mm。取 d_1=40mm，l_1=70mm。

轴段②：取轴肩高 2.5mm，做定位用，故 d_2=45mm，该尺寸还应满足密封件的直径系列要求。该段长度可根据结构和安装要求最后确定。

轴段③：齿轮两侧对称安装一对轴承，选择 6210，宽度为 20mm，取 d_3=50mm。左轴承用轴套定位，根据轴承对安装尺寸的要求，轴承定位直径 57mm。该轴段的长度 l_3 的确定如下：齿轮两侧端面至箱体内壁的距离取 10mm；轴承采用脂润滑，为使轴承与箱体内润滑油隔绝，应设有挡油环(兼作定位套筒)，为此取轴承端面至箱体内壁的距离为 15mm，故挡油环的总宽度为 25mm。综合考虑，取 l_3=48mm。

轴段②长度 l_2：根据箱体箱盖的加工和安装的要求，取箱体轴承孔长度为 46mm；轴承端盖和箱体之间应有调整垫片，取其厚度为 2mm；轴承端盖厚度取 10mm；端盖和联轴器之间应有一定的间隙，取 12mm。综合考虑，取 l_2=35mm。

轴段④、⑤：考虑轴段④为非定位轴肩，取 d_4=52mm；其长度应小于齿轮轮毂宽度，取 l_4=68mm。

由于采用轴环定位，取轴肩高 4mm 作定位面，选取最小过渡圆角半径，r=1.5mm，取 d_5=60mm，取 l_5=8mm。

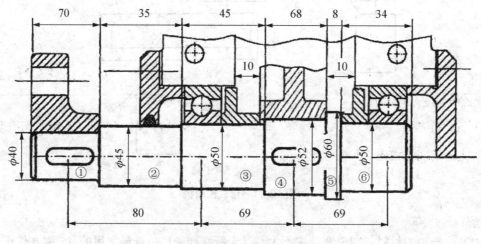

图 13-22　轴的结构设计图

轴段⑥：取 d_6=d_3=50mm。为使齿轮箱对壳体对称布置，基于和轴段③同样的考虑，取 l_6=34mm。这样轴承跨距为 138mm，由此可进行轴和轴承等的计算。

(4) 按弯曲和扭转复合强度对轴进行强度计算。

绘出轴的计算简图(图 13-23(a)),根据结构设计参数 $l_{AB}=l_{CD}=66mm$。

齿轮的受力计算:

$$T = 9.55 \times 10^6 \frac{P}{n} = 9.55 \times 10^6 \frac{3.15}{80} = 376\,031.25(\text{N} \cdot \text{mm})$$

$$d_1 = \frac{m_n z}{\cos \beta} = \frac{3 \times 94}{\cos 12°} = 288.30(\text{mm})$$

$$F_t = \frac{2T_1}{d_1} = \frac{2 \times 376\,031.25}{288.30} = 2\,608.61(\text{N})$$

$$F_r = F_t \frac{\tan a_n}{\cos \beta} = 2608.61 \frac{\tan 20°}{\cos 12°} = 970.67(\text{N})$$

$$F_a = F_t \tan \beta = 2608.61 \tan 12° = 554.48(\text{N})$$

水平面支反力(图 13-23(b))计算:

$$R_{HB} = \frac{F_a d / 2 + F_r l_{CD}}{l_{BD}} = \frac{554.48 \times 288.30 / 2 + 970.67 \times 69}{138} = 1064.53(\text{N})$$

$$R_{HD} = F_r - R_{HB} = 970.67 - 1064.53 = -93.86(\text{N})$$

水平面弯矩(图 13-23(c))计算:

$$M_{HC1} = M_{HB} l_{BC} = 1\,090.85 \times 69 = 73452.57(\text{N} \cdot \text{mm})$$

$$M_{HC2} = M_{HC1} - \frac{F_a d}{2} = 71\,996.1 - \frac{554.48 \times 288.30}{2} = -6475.72(\text{N} \cdot \text{mm})$$

垂直面支反力(图 13-23(d)):

$$R_{VB} = R_{VD} = \frac{F_t}{2} = \frac{2\,608.61}{2} = 1\,304.31(\text{N})$$

垂直面弯矩图(图 13-23(e)):

$$M_{VC} = M_{VB} \cdot L_{BC} = 1304.31 \times 69 = 89\,997.39(\text{N} \cdot \text{mm})$$

合成弯矩(图 13-223(f)):

$$M_{C1} = \sqrt{M_{HC1}^2 + M_{VC}^2} = \sqrt{73\,452.57^2 + 89\,997.39^2} = 116\,167.17(\text{N} \cdot \text{mm})$$

$$M_{C2} = \sqrt{M_{HC2}^2 + M_{VC}^2} = \sqrt{6\,475.72^2 + 89\,997.39^2} = 90\,230.07(\text{N} \cdot \text{mm})$$

扭矩图(图 13-23(g)):

$$T = 376\,031.25\text{N} \cdot \text{mm}$$

当量弯矩图(图 13-23(h)):根据 $\sigma_b = 590\text{MPa}$,查表 13-3 得,$[\sigma_{-1}]_b = 55\text{MPa}$。由于转矩有变化,按脉动考虑,取 $\alpha = 0.6$。

$$aT = 0.6 \times 376\,031.25 = 225.618.75(\text{N} \cdot \text{mm})$$

$$M_{ec} = \sqrt{M_1^2 + (aT)^2} = \sqrt{116\,167.17^2 + 225\,618.75^2} = 253\,768.85(\text{N} \cdot \text{mm})$$

$$\sigma_{ec} = \frac{M_{ec}}{W} = \frac{M_{ec}}{0.1 d_4^3} = \frac{253\,768.85}{0.1 \times 52^3} = 18.05(\text{MPa})$$

校核结果:$\sigma_{ec} \leqslant [\sigma_{-1}]_b = 55\text{MPa}$,剖面 c 的强度满足要求。

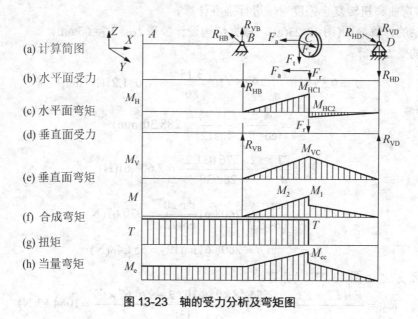

(a) 计算简图

(b) 水平面受力

(c) 水平面弯矩

(d) 垂直面受力

(e) 垂直面弯矩

(f) 合成弯矩

(g) 扭矩

(h) 当量弯矩

图 13-23　轴的受力分析及弯矩图

(5) 绘制轴的工作图(略)。

13.4　实验与实训

实验目的

(1) 熟悉并了解轴系结构设计及轴承组合设计的基本方法;

(2) 熟悉并了解轴、轴上零件的结构形状及功用、工艺要求和装配关系;

(3) 熟悉并了解轴及轴上零件的定位与固定方法;

(4) 了解轴承的类型、布置、安装及调试方法,以及润滑和密封方式。

实验设备

(1) 组合式轴系机构设计分析实验箱;

(2) 能进行减速器圆柱齿轮轴系、圆锥齿轮轴系及蜗杆轴系结构设计实训的全套零件;

(3) 测量及绘图工具;

(4) 300mm 钢板尺、游标卡尺、内外卡钳、铅笔、三角板等。

实训内容及要求

(1) 根据表 13-5 选择性安排每组的实训内容(实训题号),画出草图,经教师确认后进行实训。

表 13-5 实训内容

实训题号	已知条件				
	齿轮类型	载荷	转速	其他条件	示　意　图
1	小直齿轮	轻	低		
2		中	高		
3	大直齿轮	中	低		
4		重	中		
5	小斜齿轮	轻	中		
6		中	高		
7	大斜齿轮	中	中		
8		重	低		
9	小锥齿轮	轻	低	锥齿轮轴	
10		中	高	锥齿轮与轴分开	
11	蜗　杆	轻	低	发热量小	
12		重	中	发热量大	

(2) 进行轴的结构设计与滚动轴承组合设计。

每组学生根据实训题号的要求，进行轴系结构设计并组装，解决轴承类型选择、轴上零件固定、轴承安装与调节、润滑及密封等问题。对于根据创新设计需要的轴系结构的组合设计，在完成轴系结构的组装后，要分析轴上零件的固定与调整、润滑与密封问题是否满足要求；从经济性、成本等方面分析轴承的选择是否适宜。

(3) 绘制轴系结构装配图。

(4) 每人编写实训报告一份。

实验总结

通过实训使同学们进一步掌握轴系结构设计中有关轴的结构设计及轴承组合设计的基本方法，加深理解设计要求。利用组合式轴系机构设计分析实验箱完成轴系结构设计，掌握轴、轴上零件的结构形状及功用、工艺要求和装配关系，轴及轴上零件的定位与固定方法，轴承的布置、安装及调试等内容，实现理论教学与实践教学的有机结合，以达到培养学生的创新意识和实践能力的目的。

13.5　习　　题

一.选择题

(1) 优质碳素钢经调质处理制造的轴，验算刚度时发现不足，正确的改进方法是_____。

　　A．加大直径　　　　　　　　　　B．改用合金钢

C. 改变热处理方法　　　　　　　　D. 降低表面粗糙度值

(2) 工作时只承受弯矩，不传递转矩的轴，称为_____。

　　A. 心轴　　　　B. 转轴　　　　C. 传动轴　　　　D. 曲轴

(3) 采用_____的措施不能有效地改善轴的刚度。

　　A. 改用高强度合金钢　　　　　　B. 改变轴的直径

　　C. 改变轴的支承位置　　　　　　D. 改变轴的结构

(4) 按弯曲扭转合成计算轴的应力时，要引入系数α，这是考虑_____。

　　A. 轴上键槽削弱轴的强度

　　B. 合成正应力与切应力时的折算系数

　　C. 正应力与切应力循环特性不同校正

　　D. 正应力与切应力方向不同的校正系数

(5) 转动的轴受不变的载荷，其所受的弯曲应力的性质为_____。

　　A. 脉动循环　　　B. 对称循环　　　C. 静应力　　　D. 非对称循环

(6) 对于受对称循环的转矩的转轴，计算当量弯矩$M_e=\sqrt{M^2+(\alpha T)^2}$，$\alpha$应取

_____。

　　A. 0.3　　　　B. 0.6　　　　C. 1　　　　D. 1.3

(7) 设计减速器中的轴的一般设计步骤为_____。

　　A. 先进行结构设计，再按转矩、弯曲应力和安全系数校核

　　B. 按弯曲应力初算轴径，再进行结构设计，最后校核转矩和安全系数

　　C. 根据安全系数定出轴径和长度，再校核转矩和弯曲应力

　　D. 按转矩初估轴径，再进行结构设计，最后校核弯曲应力和安全系

(8) 根据轴的承载情况，_____的轴称为转轴。

　　A. 既承受弯矩又承受转矩　　　　B. 只承受弯矩不承受转矩

　　C. 不承受弯矩只承受转矩　　　　D. 承受较大轴向载荷

二、简答题

(1) 在初算轴传递转矩段的最小直径公式$d\geqslant A\sqrt[3]{\dfrac{P}{n}}$中，系数$A$与什么有关？当材料已确定时，$A$应如何选取？计算出的$d$值应经如何处理才能定出最细段直径？此轴径应放在轴的哪一部分？

(2) 计算当量弯矩公式$M_e=\sqrt{M^2+(\alpha T)^2}$中系数$\alpha$的含义是什么？如何取值？

三、实作题

图 13-24 为一混砂机传动机构，其 V 带传动水平布置，压轴力$Q=3\,000\text{N}$，减速器输入轴所传的转矩$T=510\text{N}\cdot\text{m}$，其上小齿轮分度圆直径$d_1=132.992\text{mm}$，$\beta_1=12°10'38''$，$b_1=120\text{mm}$，轴的材料为 45 号钢，其支承跨距如图所示。试按弯扭合成强度计算轴的直径(初选 7300C 型滚动轴承)。

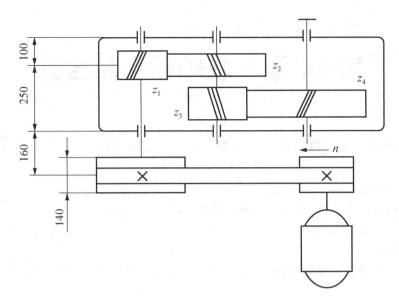

图 13-24 实作题

第14章 联轴器和离合器

教学目标：

了解联轴器、离合器的作用、分类、典型结构及适用场合；了解联轴器的类型和应用。

教学重点和难点：

● 联轴器、离合器、弹簧的作用、分类；

● 联轴器的选择。

案例导入：

图 14-1 所示为一胶带运输机，电机 1 通过联轴器 2 与减速机的输入轴 3 相连，为运输机提供动力。

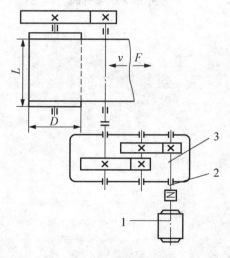

图 14-1 胶带运输机

联轴器和离合器是用来连接两轴(或轴与转动件)，并传递运动和转矩的部件。机器在工作时，联轴器始终把两轴连接在一起，只有在机器停车后，通过拆卸才能将两轴分离；而用离合器连接的两轴则可在机器转动过程中随时使两轴分离和接合。联轴器、离合器是机械传动中常用的部件，大多已标准化，设计时，只需根据工作要求从设计手册中选用即可。

14.1 联 轴 器

联轴器连接的主动轴和从动轴属于两个不同的机器或部件，由于制造、安装等误差，相连两轴的轴线很难精确对中。即使安装时保持严格对中，但由于其工作载荷和工作温度的变化以及支承的弹性变形等原因,被连接两轴的轴线同样会产生相对位移(图 14-2),这将使轴、轴承等零件受到附加的载荷,因此,要求联轴器在传递运动和转矩的同时,应具有补偿轴线偏移和缓冲吸振的能力。

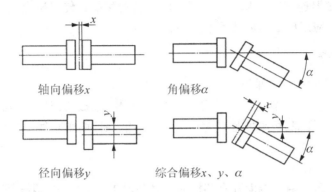

图 14-2 两轴之间的相对位移

14.1.1 联轴器的类型

按照有无补偿轴线相对位移的能力,将联轴器分为刚性联轴器和挠性联轴器两类。

1. 刚性联轴器

刚性联轴器结构简单、制造方便、承载能力大、成本低,但没有补偿轴线位移的能力,使用于载荷平稳、两轴对中良好的场合。

刚性联轴器有套筒式(图 14-3)、凸缘式(图 14-4)等。

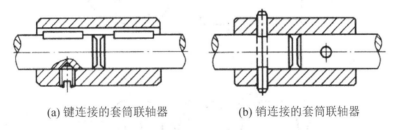

(a) 键连接的套筒联轴器　　　　(b) 销连接的套筒联轴器

图 14-3 套筒联轴器

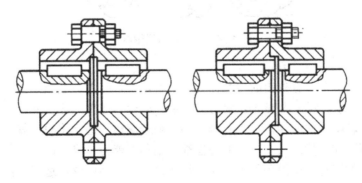

图 14-4 凸缘联轴器

套筒式联轴器利用套筒将两轴套接，然后用键、销将套筒和轴连接起来。其特点是径向尺寸小，可根据不同轴径自行设计制造，在仪器中应用较广。

凸缘式联轴器由两个带凸缘的半联轴器组成，半联轴器分别由键与两轴连接，然后用螺栓将两个半联轴器连接在一起。凸缘式联轴器结构简单、传递扭矩大、传力可靠、对中性好、装拆方便，应用广泛，应按标准选用。

2. 挠性联轴器

1) 无弹性元件的挠性联轴器

此类联轴器也全部由刚性零件组成，不能起到缓冲减振的作用，但具有补偿相对位移的能力。它适用于基础和机架刚性较差、工作中不能保证两轴轴线对中的两轴连接。常用的有以下几种。

(1) 十字滑块联轴器。

十字滑块联轴器由两个端面开有凹槽的半联轴器 1、3 和一个两侧都有凸块的中间盘 2 所组成，如图 14-5 所示。中间盘两侧的凸块相互垂直(故称十字滑块)，并分别嵌装在两个半联轴器的凹槽中构成移动副。当联轴器工作时，十字滑块随两轴转动，同时可补偿两轴的径向位置误差。十字滑块联轴器工作中有噪声，传递效率低，中间盘有较大的离心力，适合于低速、无冲击的工作场合。

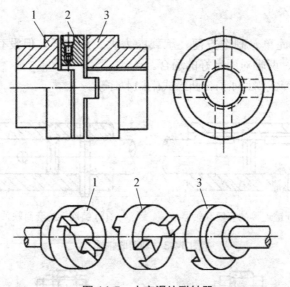

图 14-5　十字滑块联轴器

(2) 齿式联轴器。

齿式联轴器由两个带有外齿的内套筒 2、4 和两个带有内齿及凸缘的外套筒 1、3 组成，如图 14-6 所示。两个内套筒分别用键与主、从动轴连接，两个外套筒用螺栓连成一体，依靠内外齿相啮合传递转矩。为补偿两轴的综合偏移，通常将轮齿修形制成鼓形齿，且具有较大的侧隙和顶隙，具有良好的补偿综合偏移的能力，且外廓尺寸紧凑，但成本较高，需要在良好的润滑与密封条件下工作。齿式联轴器应用广泛，适用于高速、重载、启动频繁和经常正反转的场合。

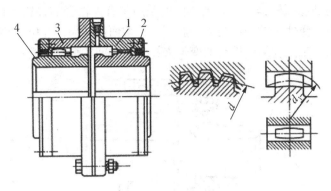

图 14-6　齿式联轴器

(3) 万向联轴器。万向联轴器又称十字轴万向联轴器，如图 14-7 所示。它是由两个固定在轴端的主动叉 1 和从动叉 3 以及一个十字柱销 2 组成。由于叉形零件和销轴之间构成可动的铰链连接，所以万向联轴器可用于两轴之间偏斜角很大的场合，而且在机器转动时，夹角发生改变仍可正常工作。

这种联轴器的主要缺点是：当主动轴的角速度 ω_1 为常数时，从动轴的角速度 ω_3 将在一定范围内（$\omega_1\cos\alpha \leqslant \omega_3 \leqslant \omega_1/\cos\alpha$）作周期性变化，使传动引起附加动载荷。为了克服这一缺点，常将万向联轴器成对使用，如图 14-8 所示，安装时，使中间轴两端的两个叉形接头位于同一平面内，且保证主、从动轴轴线与中间轴轴线的偏斜角 $\alpha_1 = \alpha_3$ 相等。只有这样，才能使主、从动轴同步转动，避免动载荷的产生。

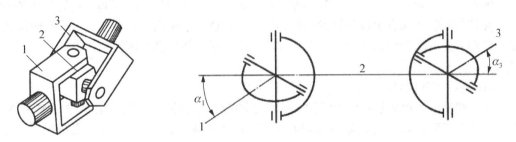

图 14-7　万向联轴器　　　　　　图 14-8　双万向联轴器

万向联轴器结构紧凑，维护方便，广泛用于汽车、拖拉机和机床等机械传动中。

2) 有弹性元件的挠性联轴器

这类联轴器因装有弹性元件，不但可以补偿两轴间的相对位移，而且具有缓冲减振的作用，适用于高速和正反转变化较多、启动频繁的场合。

制造弹性元件的材料有金属和非金属两种。金属材料制成的弹性元件(主要为各种弹簧)的特点是：强度高、尺寸小、承载能力大、寿命长，其性能受工作环境影响小等，但制造成本较高。非金属材料(如橡胶、塑料等)制成的弹性元件的特点是：质量轻、价格较低、缓冲或减振性能较好，但强度较低、承载能力较小、易老化、寿命短，性能受环境条件影响较大等，故使用范围受到一定限制。

(1) 弹性套柱销联轴器。

弹性套柱销联轴器由两半联轴器、弹性套、柱销零件组成，如图 14-9 所示。弹性套柱销联轴器的构造与凸缘联轴器相似，所不同的是用带有弹性套的柱销代替了螺栓，工作时用弹性套传递转矩。弹性套常采用耐油橡胶制造，截面做成如图 14-9 中网纹部分的形状，以提高其弹性。工作时，利用弹性套的变形来补偿两轴间的偏移，缓和冲击和吸收振动。

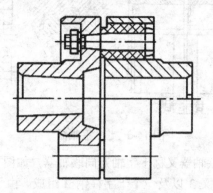

图 14-9　弹性套柱销联轴器

弹性套柱销联轴器结构简单、制造容易、拆装方便、成本较低，但传递转矩较小，弹性套使用寿命较短，适用于启动及换向频繁的高、中速的中小转矩轴的连接。

(2) 弹性柱销联轴器。

弹性柱销联轴器利用尼龙柱销 2 将两半个联轴器 1 和 3 连接在一起，如图 14-10 所示。工作时转矩通过主动轴上的键、半联轴器、柱销、另一半联轴器和键传到从动轴上。为了防止柱销脱落，在半联轴器的外测用螺钉固定了挡板。

弹性柱销联轴器结构简单、装拆方便、传递转矩的能力较大，可起一定的缓冲吸振作用，允许两轴轴线间有少量的径向位移和角位移，适用于轴向窜动量较大、正反转变化较多和启动频繁的场合。由于尼龙销对温度较敏感，因此使用温度应控制在-20℃～+70℃的范围内。

(3) 轮胎式联轴器。

轮胎式联轴器用橡胶和橡胶织物制成轮胎状的弹性元件 1，两端用压板 2 和螺钉 3 分别压在两个半联轴器 4 上，如图 14-11 所示。这种联轴器富有弹性，使用寿命长，具有良好的缓冲吸振能力，能有效地降低动载荷和补偿较大的轴向位移，适用于潮湿多尘、冲击大、启动频繁的场合。缺点是径向尺寸较大，当转矩较大时，会因过大扭转变形而产生附加轴向载荷。

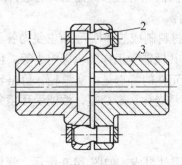

图 14-10　弹性柱销联轴器

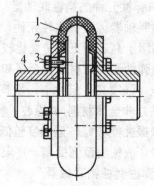

图 14-11　轮胎式联轴器

14.1.2 联轴器的选择

联轴器的选择包括类型和型号(尺寸)的选择。

1) 联轴器类型的选择

联轴器类型的选择主要根据机器的工作特点、性能要求(如缓冲减振、补偿位移等)结合联轴器的性能等选择联轴器的类型。通常对于低速、刚性大的短轴，选用刚性联轴器；对于低速、刚性小的长轴，选用无弹性元件挠性联轴器；对于传递转矩较大的重型机械，选用齿轮联轴器；对于高速且有冲击或振动的轴，选用有弹性元件挠性联轴器等。

2) 联轴器型号的选择

联轴器类型确定以后，对于已标准化的联轴器，一般可根据轴端的直径、转矩和转速从设计手册中选定型号尺寸。

计算转矩 T_c 是将联轴器所传递的公称转矩 T 适当增大，并考虑工作过程中过载、启动和制动等惯性力矩的影响。T_c 的计算公式为：

$$T_c = KT \tag{14-1}$$

式中，K 为工作情况系数，见表 14-1。

确定联轴器型号时，应使计算转矩不超过联轴器的许用转矩。根据计算转矩 T_c，按照条件从联轴器标准中选定联轴器型号。

$$T_c \leqslant [T] \tag{14-2}$$

表 14-1 工作情况系数 K

工 作 机		原 动 机			
分　类	典型机械	电动机、气轮机	内燃机		
			四缸及以上	双缸	单缸
转矩变化很小	发动机、小型通风机、小型水泵	1.3	1.5	1.8	2.2
转矩变化小	透平压缩机、木工机床、运输机	1.5	1.7	2.0	2.4
转矩变化中等	搅拌机、有飞轮压缩机、冲床	1.7	1.9	2.2	2.6
转矩变化和冲击中等	织布机、水泥搅拌机、拖拉机	1.9	2.1	2.4	2.8
转矩变化和冲击载荷大	造纸机、挖掘机、起重机、碎石机	2.3	2.5	2.9	3.2
转矩变化大和有强烈冲击载荷	压延机、无飞轮活塞泵、重型轧机	3.1	3.3	3.6	4.0

例 14-1 某风机与电动机用联轴器连接，已知电动机功率 $p = 25\text{kw}$，转速 $n = 960\text{r/min}$，电动机的轴径为 48mm，试选择所需的联轴器(只要求满足电动机的直径要求)。

解:

(1) 类型选择。通风机载荷平稳,传递的转矩较大,可选用凸缘联轴器。

(2) 计算转矩。

公称转矩: $T = 9.55 \times 10^6 \dfrac{P}{n} = 9.55 \times 10^6 \times \dfrac{25}{960} = 248\,697.92(\text{N} \cdot \text{mm})$

由表 14-1 查得工作情况系数 $K = 1.3$,由式(14-1)得:

$$T_c = KT = 1.3 \times 248\,697.92 = 323\,307\text{N} \cdot \text{mm}$$

(3) 型号选择。查凸缘联轴器国家标准,选定 GYD9 型凸缘联轴器,其许用转矩为 $4 \times 10^5 \text{N} \cdot \text{mm}$,许用转速为 $6\,800\text{r} / \text{min}$,电动机轴径与标准相符,故选联轴器合适。

14.2 离 合 器

离合器在机器运转中可随时将传动系统分离或接合,以满足机器变速、换向、空载启动、过载保护等多方面的要求。

离合器的类型很多,常用的有牙嵌式和摩擦式两类。

1. 牙嵌式离合器

牙嵌式离合器是利用特殊形状的牙、齿、键等相互嵌合来传递转矩的。牙嵌式离合器由端面上有牙的两个半离合器组成,如图 14-12 所示。左边的半离合器固定在主动轴上,右边的半离合器用导键或花键与从动轴构成动连接,并通过操纵机构使其做轴向移动,实现离合器的分离与接合。与主动轴连接的半离合器上固定有一个对中环以保证两轴的同心,从动轴可在对中环内自由转动。

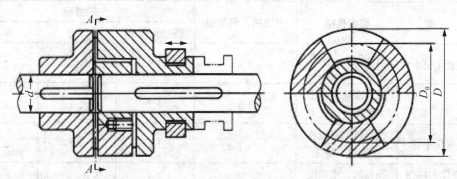

图 14-12 牙嵌离合器

牙嵌离合器常用的牙型有三角形、矩形、梯形和锯齿形等。三角形牙易接合,但强度低,用于传递小转矩的低速离合器;矩形牙不便于离合,仅用于小转矩、静止状态下手动接合;梯形牙强度较高,能传递较大的转矩,离合比矩形牙容易,且能自动补偿牙的磨损和牙侧间隙,故应用最广;锯齿形牙便于接合,强度最高,能传递的转矩最大,但只能单向工作。

牙嵌式离合器结构简单,主、从动轴能同步回转,外形尺寸小,但嵌合时有刚性冲击,故一般用于转矩不大,低速接合处。

2．摩擦式离合器

摩擦式离合器利用摩擦副的摩擦力传递转矩，可分为单盘式和多盘式两种。

图 14-13 所示为单盘式摩擦离合器。摩擦盘 3 固连在主动轴 1 上，摩擦盘 4 可以沿导向键在从动轴 2 上移动，操纵环 5 使摩擦盘接合或分离。接合时，以力 F 将盘 4 压在盘 3 上，当主动摩擦盘转动时，在主、从动摩擦盘的接触面间产生摩擦力矩，主动轴上的转矩就由摩擦力矩传动到从动轴上。

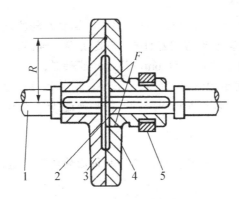

图 14-13　单盘摩擦离合器

图 14-14 所示为多盘摩擦离合器。其中，主动轴 1、外套 2 和一组外摩擦片 4 组成主动部分，外摩擦片 4 可以沿外套的内槽移动。从动轴 10、套筒 9 和一组内摩擦片 5 组成从动部分，内摩擦片 5 可以沿套筒 9 上的槽滑动。套筒 9 上开有均布的三个纵向槽，槽内安装有曲柄压杆 8，通过操纵滑环 7 的左右移动，控制曲柄压杆 8 转动，使压板 3 压紧或放松摩擦盘，离合器便处于接合或分离的状态。双螺母 6 用来调整摩擦片间的间隙大小。

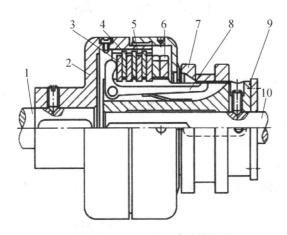

图 14-14　多片圆盘式摩擦离合器

1—主动轴；2—外套；3—压板；4—外摩擦片；5—内摩擦片；
6—螺母；7—滑环；8—压杆；9—套筒；10—从动轴

14.3 实验与实训

实验目的

通过计算能够正确选择联轴器的类型。

实验内容

实训 1 在图 14-1 所示的运输机传动装置中，圆柱齿轮减速器的高速轴通过连轴器与电机轴连接，如已选电机型号为 Y132M1-6，额定功率 $P=4kW$，满载转速为 960r/min，电机直径 $d=38mm$，电机的轴伸长为 80mm，试选择连轴器。

实训 2 在图 14-1 所示的运输机传动装置中，圆柱齿轮减速器传动装置中的低速轴通过联轴器与工作装置连接，讨论并说明联轴器将如何选择，试确定其类型。

实训要求

能够初步根据减速器伸出轴的直径，选择联轴器的类型并通过计算确定其型号。

实验总结

通过本章的实训，读者应该能了解联轴器在传动装置中的作用，并能基本正确选择其类型及应用。

联轴器要根据载荷的大小、转速的高低、被连接两部件的安装精度等，参考各类联轴器特性，选择合适的类型。再根据计算转矩及选定的类型，在标准中选定联轴器的型号。

14.4 习 题

一、选择题

(1) 联轴器和离合器的主要作用是_____。

    A. 连接两轴，使其一同旋转并传递转矩

    B. 补偿两轴的综合位移

    C. 防止机器发生过载

    D. 缓和冲击和震动

(2) 对于工作中载荷平稳、不发生相对位移、转速稳定且对中性好的两轴宜选用_____联轴器。

    A. 刚性凸缘   B. 滑块   C. 弹性套柱销   D. 齿轮

(3) 对于要求有综合位移、外廓尺寸紧凑、传递转矩较大、启动频繁，经常正反转的重型机械常用_____联轴器。

    A. 齿轮   B. 刚性凸缘   C. 轮胎   D. 滑块

(4) 牙嵌式离合器的常用牙型有矩形、梯形、锯齿形和三角形等，传递较大转矩时常用牙形为梯形，因为_____。

A．梯形牙强度高，接合、分离较容易且磨损能补偿

B．梯形牙齿与齿接触面间有轴向分力

C．接合后没有相对滑动

二、简答题

(1) 联轴器、离合器有何区别？各用于什么场合？

(2) 在下列工况下，选择哪类联轴器较好？试举出一两种联轴器的名称。

① 载荷平稳、冲击轻微、两轴易于准确对中，同时希望联轴器寿命较长。

② 载荷比较平稳、冲击不大，但两轴轴线具有一定程度的相对偏移。

③ 载荷不平稳且具有较大的冲击和振动。

④ 机器在运转过程中载荷较平稳，但可能产生很大的瞬时过载，导致机器损坏。

(3) 牙嵌离合器和摩擦式离合器各有何优缺点？各适用于什么场合？

第 15 章 弹　簧

教学目标：

对弹簧的功用、分类、结构、材料及制造进行简单了解。

教学重点和难点：

* 弹簧的作用、分类、结构；
* 弹簧的材料与制造方法。

案例导入：

观察常用的双色圆珠笔中的弹簧和自行车车梯用的弹簧有何不同？你还会发现很多的仪器仪表中都应用了弹簧。通过本章的学习会了解弹簧的一些基本知识。

15.1　弹簧的功能与类型

弹簧是机械中广泛使用的一种弹性元件。在外载荷作用下，弹簧能产生较大的弹性变形，把机械功或动能转变为变形能；当外载荷卸除后，弹簧又能迅速地恢复原形，把变形能转变为机械功或动能。由于弹簧具有这种变形和储能、释能的特点，所以它常应用在以下几个方面。

(1) 控制机构的运动或零件的位置，如凸轮机构、制动器、离合器中的控制弹簧，以及内燃机汽缸的阀门弹簧等。

(2) 减振和缓冲，如车辆的减振弹簧、各种缓冲器及联轴器中的弹簧等。

(3) 储存及输出能量，如仪器和钟表中的弹簧。

(4) 测量力的大小，如测力器和弹簧秤中的弹簧。

弹簧的种类较多，按照所承受的载荷不同，可分为拉伸弹簧、压缩弹簧、扭转弹簧和弯曲弹簧 4 种。按照弹簧的形状不同，又可分为螺旋弹簧、环形弹簧、碟形弹簧、板簧和平面涡卷弹簧等。

螺旋弹簧是用弹簧丝按螺旋线卷绕而成，由于其制造简便，故应用广泛。

环形弹簧是由分别带有内外锥形的钢制圆环交错叠合制成的。它比碟形弹簧更能缓冲吸振，常用作机车车辆、锻压设备和起重机中的重型缓冲装置。

碟形弹簧是将钢板冲压成截锥形的弹簧。这种弹簧的刚性很大，能承受很大的冲击载荷，并具有较好的吸振能力，所以常用作缓冲装置。

平面涡卷弹簧是由金属带材绕制而成，它的轴向尺寸很小，常用作仪器、钟表的储能装置。

板弹簧是由若干长度不等的条状钢板叠合一起并用簧夹夹紧而成。这种弹簧变形大，由于各层钢板间的摩擦能吸收能量，它的吸振能力强，常用作车辆减振装置。

常用弹簧的基本类型见表 15-1。

表 15-1　弹簧的基本类型

按载荷分 按形状分	拉 伸	压 缩		扭 转	弯 曲
螺 旋 形	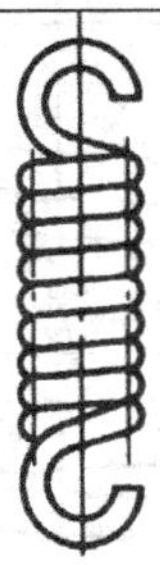 圆柱螺旋拉伸弹簧	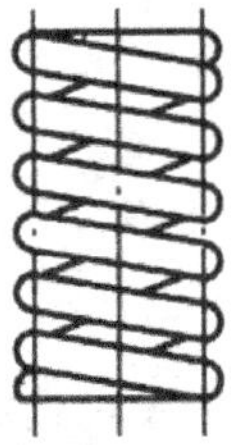 圆柱螺旋压缩弹簧	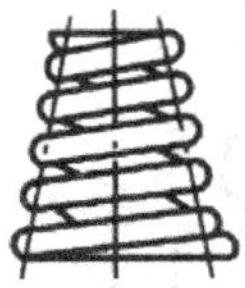 圆锥螺旋压缩弹簧	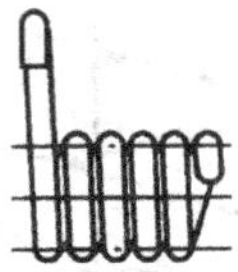 圆柱螺旋扭转弹簧	—
其 他 形	—	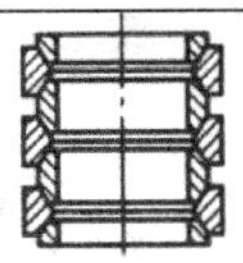 环形弹簧	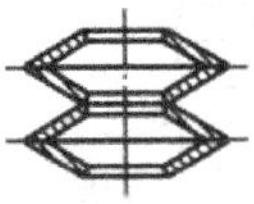 碟形弹簧	 平面涡卷弹簧	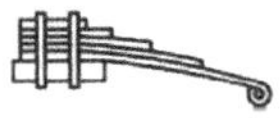 板簧

15.2　圆柱螺旋弹簧

1. 压缩弹簧

图 15-1 所示为一圆柱螺旋压缩弹簧。弹簧的节距为 p，在自由状态下，各圈之间应有适当的间距 δ，以便弹簧受压时能够产生相应的变形。设最大载荷作用下各圈间距为 δ_1，δ_1 的大小一般推荐为：

$$\delta_1 = 0.1d \geqslant 0.2\text{mm} \tag{15-1}$$

式中，d 为弹簧丝的直径，单位 mm。

弹簧的两个端面圈应与临圈并紧(无间隙)，只起支撑作用，不参与变形，称为支撑圈或死圈。当弹簧的工作圈数 $n \leqslant 7$ 时，弹簧每端的死圈约为 0.75 圈；当 $n > 7$ 时，每端的死圈约为 1~1.75 圈。参加工作的圈数称为有效圈。不参加工作的圈数加上参加工作的圈数称为总圈数。总圈数 n_1=有效圈数 n+支撑圈数 n_2。

2. 拉伸弹簧

图 15-2 所示为一圆柱螺旋拉伸弹簧。当拉伸弹簧不受载荷时，各圈应相互并拢，即 $\delta = 0$。为了增加弹簧的刚性，多数拉伸弹簧在制成后各圈之间已具有一定的压紧力，弹簧丝中也产生了一定的预紧力，这称为有预紧力的拉伸弹簧。

拉伸弹簧的端部制有挂钩，以便安装和加载。挂钩的形式如图 15-3 所示。其中前两种类型制造方便，应用很广。但因在挂钩过渡处产生很大的弯曲应力，故只宜用于弹簧丝直径 $d \leqslant 10\text{mm}$ 的弹簧中。后两种类型的挂钩不与弹簧丝连成一体，适用于受力较大的场合。

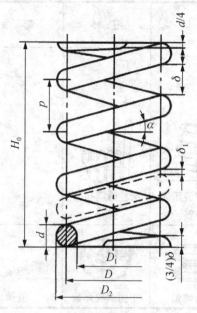

图 15-1　圆柱螺旋压缩弹簧

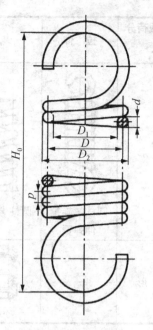

图 15-2　拉伸弹簧

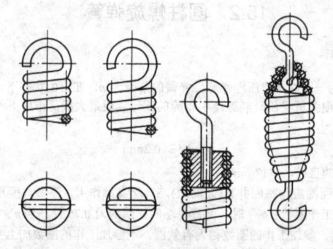

图 15-3　弹簧挂钩

3. 圆柱螺旋弹簧的几何参数及特性参数计算

1) 圆柱螺旋弹簧的主要几何参数

(1) 弹簧外径 D_2。弹簧的最大直径。

(2) 弹簧内径 D_1。弹簧的最小直径。

(3) 弹簧中径 D。弹簧的平均直径，$D = \dfrac{D_1 + D_2}{2}$。

(4) 弹簧丝直径 d。制造弹簧的钢丝直径。

(5) 节距 p。除两端支撑圈外，相邻两圈的距离。

(6) 螺旋升角 α。$\alpha = \arctan \dfrac{p}{\pi D}$，对于压缩弹簧 α 一般取 $5° \sim 9°$。

(7) 簧丝展开长度 L。压缩弹簧 $L = \dfrac{\pi D n_1}{\cos \alpha}$，因 α 一般取 $5° \sim 9°$，L 可近似取为：$L \approx \pi D n_1$；拉伸弹簧 $L \approx \pi D n + L_n$，L_n 为钩环的展开长度。

(8) 弹簧自由高度 H_0。

① 压缩弹簧：两端并紧、磨平 $H_0 = pn + (1.5 \sim 2)d$；

　　　　　　　两端并紧、不磨平 $H_0 = pn + (3 \sim 3.5)d$。

② 拉伸弹簧：$H_0 = nd + H_0$，H_0 为钩环轴向长度。

2) 弹簧的特性参数

弹簧产生单位变形 λ 所需的载荷 F，称为弹簧刚度。即

$$k = \frac{F}{\lambda} = \frac{Gd}{8C^3 n} = \frac{Gd^4}{8D^3 n} \tag{15-2}$$

式中：F ——弹簧的载荷，对于拉伸、压缩弹簧 F 沿着弹簧的中心方向；

　　　　G ——弹簧材料的切变模量(表 15-2)；

　　　　n ——弹簧的有效圈数；

　　　　C ——弹簧指数(旋绕比)，弹簧的中径与弹簧丝直径的比值，即 $C = D/d$。它反映了弹簧丝的曲率和直径对刚度的影响，一般取 $4 \sim 16$，常用值 $5 \sim 8$。

15.3　弹簧的材料和制造方法

1. 弹簧的制造

螺旋弹簧的制造过程包括：卷绕、两端加工、热处理和工艺性能试验等。为了提高弹簧的承载能力，有时需要在其制成后进行强压处理或喷丸处理。

螺旋弹簧的卷绕方法有冷卷法和热卷法两种。当弹簧丝直径 $d < 8 \sim 10\text{mm}$ 或弹簧直径较大但易于卷绕时，用经过热处理后的弹簧丝在常温下直接卷制，称为冷卷。弹簧丝经冷卷后，一般只需进行低温回火以消除卷绕时产生的内应力。当弹簧丝直径 $d \geqslant 8 \sim 10\text{mm}$ 或弹簧丝直径小于 $8 \sim 10\text{mm}$ 但螺旋弹簧的直径较小时，则要在 $800℃ \sim 1\,000℃$ 下卷制，称为热卷。热卷后，必须进行淬火和中温回火处理。

为了提高弹簧的承载能力，在弹簧制成后可对其进行强压处理或喷丸处理。强压处理是将弹簧在超过工作极限载荷下，持续强压 $6 \sim 48\text{h}$。喷丸处理是用一定速度的喷射钢丸或铁丸撞击弹簧。这两种强化措施都能使弹簧丝表层产生塑性变形和有益的残余应力。由于残余应力的方向和工作应力的方向相反，从而能提高弹簧的承载能力。用于长期振动、高温或有腐蚀介质中的弹簧，一般不应进行强压处理；拉伸螺旋弹簧一般不进行喷丸和强压处理。

2. 弹簧的材料及许用应力

弹簧常在变载荷和冲击载荷作用下工作，而且要求在受较大应力的情况下，不产生塑性变形。为了使弹簧能够可靠地工作，弹簧材料必须具有高的弹性极限和疲劳极限，同时应具有足够的韧性和塑性，以及良好的可热处理性。

常用的弹簧材料有碳素弹簧钢、低锰弹簧钢、硅锰弹簧钢、铬钒钢等。几种常用弹簧材料的性能见表 15-2。

表 15-2　常用弹簧材料及其许用应力

材料及代号	许用剪应力 $[\tau]$/MPa			许用弯曲应力 $[\sigma_b]$/MPa		切变模量 G/MPa	推荐使用温度/℃	推荐硬度/HRC	特性及用途
	Ⅰ类弹簧	Ⅱ类弹簧	Ⅲ类弹簧	Ⅱ类弹簧	Ⅲ类弹簧				
碳素弹簧钢丝 B、C、D 级	$0.3\sigma_B$	$0.4\sigma_B$	$0.5\sigma_B$	$0.5\sigma_B$	$0.625\sigma_B$	$0.5 \leqslant d \leqslant 4$ 83 000 ~80 000 $d>4$ 80 000	40~130	—	强度高，加工性能好，适用于小尺寸弹簧
65Mn									65Mn 弹簧钢丝用作重要用途弹簧
60Si2Mn 60Si2MnA	480	640	800	800	1000	80 000	40~200	40~50	弹性好，回火稳定性好，易脱碳，用于承受大载荷弹簧
50CrVA	450	600	750	750	940	80 000	40~210		疲劳性能好，淬透性、回火稳定性好
不锈钢丝 1Cr18Ni9 1Cr18Ni9Ti	330	440	550	550	690	73 000	200~300	·	耐腐蚀，耐高温，有良好工艺性，适用于小弹簧

注：① 表中许用剪应力为压缩弹簧的许用值，拉伸弹簧的许用剪应力为压缩弹簧许用剪应力的 80%；
　　② 经强压处理的弹簧，其许用应力可增大 25%；
　　③ 各类螺旋拉、压弹簧的极限工作应力 τ_{lim}，对于 Ⅰ 类、Ⅱ 类弹簧 $\tau_{lim} \leqslant 0.5\sigma_B$，对于Ⅲ类弹簧 $\tau_{lim} \leqslant 0.56\sigma_B$。

在选择材料时，应考虑到弹簧的用途、重要程度、使用条件(包括载荷性质、大小及循环特性，工作持续时间，工作温度和周围介质情况等)，以及加工、热处理和经济性等因素，还要参考现有设备中使用的弹簧，选择较为合理的材料。

弹簧材料的许用应力与载荷性质有关，静载荷时的许用应力较变载荷时大。弹簧材料的许用应力与弹簧丝尺寸也有关系。表 15-3 所列为碳素弹簧钢丝和 65Mn 弹簧钢丝的拉伸极限强度，可供设计时参考。

表 15-3　弹簧钢丝的拉伸极限强度 σ_B（摘自 GB/T 4359—1989）MPa

碳素弹簧钢丝

钢丝直径 d/mm	级　别			钢丝直径 d/mm	级　别		
	B	C	D		B	C	D
0.90	1710~2060	2010~2350	2350~2750	2.80	1370~1670	1620~1910	1710~2010
1.00	1660~2010	1960~2360	2300~2690	3.00	1370~1670	1570~1860	1710~1960
1.20	1620~1960	1910~2250	2250~2550	3.20	1320~1620	1570~1810	1660~1910
1.40	1620~1910	1860~2210	2150~2450	3.50	1320~1620	1570~1810	1660~1910
1.60	1570~1860	1810~2160	2110~2400	4.00	1320~1620	1520~1760	1620~1860
1.80	1520~1810	1760~2110	2010~2300	4.50	1320~1570	1520~1760	1620~1860
2.00	1470~1760	1710~2010	1910~2200	5.00	1320~1570	1470~1710	1570~1810
2.20	1420~1710	1660~1960	1810~2110	5.50	1270~1520	1470~1710	1570~1810
2.50	1420~1710	1660~1960	1760~2060	6.00	1220~1470	1420~1660	1520~1760

65Mn弹簧钢丝

钢丝直径 d/mm	1~1.2	1.4~1.6	1.8~2	2.2~2.5	2.8~3.4
σ_B	1800	1750	1700	1650	1600

注：B 级用于低应力弹簧，C 级用于中等应力弹簧，D 级用于高应力弹簧。

15.4 实　训

实训目的

通过时训能够对弹簧有初步的了解。

实训内容

实训　选择生活中所见到的、应用弹簧的实例，并观察说明其类型及功用。

实训总结

可以了解弹簧的常用类型、应用的场合及功用，并能够初步地选择应用。

15.5 习　题

简答题

(1) 弹簧主要有哪些功能？试分别举出几个应用实例。

(2) 试说明弹簧的簧丝直径 d，弹簧中径 D 和弹簧的工作圈数 n 对弹簧刚度的影响。

第16章 机械系统方案设计

教学目标:

机械设计的任务是围绕着开发新的机械产品或改造老的机械产品而进行的,是形成机械产品的第一道工序。机械设计的最终目的是提供满足人们需求、具有一定功能、优质高效、价廉物美,并具有市场竞争力的机械产品。从系统工程的角度考虑,机械设计是现代机械设计方法的主要特点之一。本章将介绍机械系统方案设计的基础知识,通过本章的学习,要求读者:

(1) 了解机械系统方案设计的过程、具体内容和基于功能原理的机械执行系统的方案设计方法;

(2) 了解机械执行机构形式设计原理和协调设计的目的和方法,掌握机械运动循环图的绘制方法;

(3) 掌握传动系统方案设计和原动机选择的基本方法。

教学重点和难点:

● 机械系统方案设计的过程;

● 执行系统的功能原理设计;

● 执行系统的形式设计;

● 执行机构的协调设计;

● 传动机械系统的方案设计;

● 原动机选择的基本方法。

案例导入:

在制药、食品、化工、冶金、陶瓷等行业,常常需要将各种颗粒状、晶体状或者流动性好的粉状原料压制成圆片状(或圆柱状、球状、凸面、凹面等其他各种几何形状)的片坯,其压片成形工艺动作的分解如图 16-1 所示。

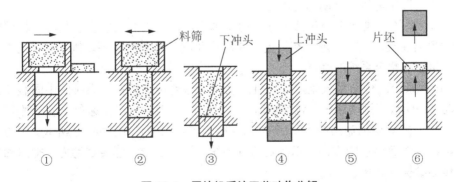

图 16-1 压片机系统工艺动作分解

(1) 移动料筛至模具的型腔上方,将上一循环已经成形的片坯推出(卸料),并准备将粉料装入型腔。

(2) 振动料筛，将粉料装入型腔。

(3) 下冲头下沉一定深度，以防止上冲头下压时将粉料扑出。

(4) 上冲头下行，进入型腔。

(5) 上冲头下压，下冲头上压，将粉料加压并保压一定时间。

(6) 上冲头快速退出，下冲头随之将成形片坯推出型腔并停歇待料筛推进到型腔上方时推出片坯，下冲头随之下移，开始下一循环。

本章介绍的机械系统的方案设计方法就是要讨论如何设计构思一个机械系统(粉料压片成型机)，使粉料压片成型整个工作过程(送料、压形、脱离)均自动完成。

16.1 概　　述

从系统工程的角度考虑机械设计是现代机械设计方法的主要特点之一。所谓系统，是指具有特定功能，相互间具有有机联系，由若干要素构成的一个整体。任何机械都是由若干零件、部件和装置组成的，并具有特定功能的一个特定系统，因其有确定的质量、刚度和阻尼，故又称为机械系统。

16.1.1 机械系统的组成

较为复杂的机械系统基本上是由图16-2所示的子系统构成的。

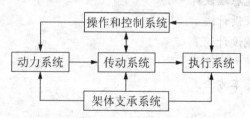

图 16-2　机械系统的组成

(1) 动力系统。动力系统包括原动机及其配套装置，是机械系统的动力源，如内燃机、电动机、液压马达、气动马达等。

(2) 执行系统。执行系统包括执行机构和执行构件，它的功能主要是利用机械能来改变作业对象的性质、状态、形状和位置，或对作业进行检测度量等。执行系统工作性能的好坏，直接影响整个系统的性能。

(3) 传动系统。传动系统是把原动机的动力和运动传递给执行系统的中间装置，主要有以下功能：①改变运动速度，包括增速、减速和变速(包括有级变速和无级变速)等；②改变运动规律，把原动机输出的运动(多数为连续旋转)改变为按某种特定规律变化的连续或间歇运动，或改变运动的方向，以满足执行系统的运动要求；③传递动力，把原动机输出的动力传递给执行系统。

(4) 操纵和控制系统。操纵和控制系统是使原动机、传动系统和执行系统间彼此协调运动，并准确完成整机功能的装置。操纵系统多指通过人工操作实现上述要求的装置，包括启动、离合、制动、变速、换向等装置。控制系统是指通过人工操作或由测量元件获得的信号，经控制器改变控制对象工作参数或运动状态的装置，如伺服机构、自动控制装置。良好的控制系统可使机械系统处于最佳工作状态，提高其稳定性和可靠性，并有较好的经济性。

(5) 架体支撑系统。架体支撑系统用于安装和支撑动力系统、传动系统和操纵系统等的构件或部件。

此外，根据机械系统的功能要求还可有冷却、润滑、计数、行走等系统。

16.1.2　机械设计的一般程序

根据机械设计的进程，其基本程序可以分为设计规划、方案设计、技术设计、施工设计和试制投产等阶段，如图 16-3 所示。

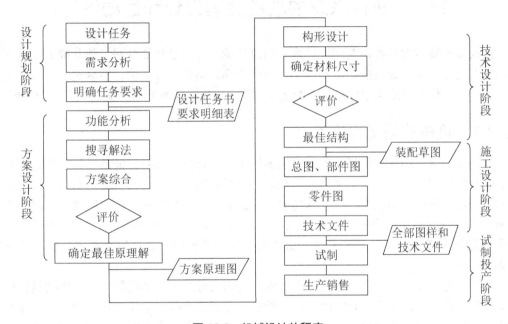

图 16-3　机械设计的程序

(1) 设计规划。机械设计首先必须明确任务和需求。设计规划阶段的主要任务是在深入调查研究的基础上，对所开发的产品进行需求分析、市场预测和可行性分析，提出进行产品开发设计的可行性报告，决定产品可以进行开发设计时，随即要提出设计任务书，列出产品要求实现的功能和各项设计要求。

(2) 方案设计。方案设计就是新产品的功能原理设计，即在功能分析的基础上，通过创新构思、优化筛选，最后获得的较为理想的功能原理方案。方案设计包括产品的功能分析、功能原理求解、方案的综合及评价决策，最后得到一个优化的功能原理方案，并绘制产品的原理方案图或初步总体方案。

(3) 技术设计。其任务是将功能原理方案具体化，寻求机器及其零部件的合理结构。此阶段要完成产品的总体设计、部件的结构设计(包括构形、确定材料和尺寸等)，并绘制装配草图。

(4) 施工设计。其主要内容是完成产品制造所需的全部图样和技术文件，其中包括：

将总装草图分拆成零件图,绘制全部生产图纸;根据审核后的零件图和部件图,绘制出总装图;编制各类技术文件,如设计说明书和计算书,标准件、外购件、备用件和专用工具明细表,产品试车大纲和验收大纲,包装和运输设计等。

(5) 试制投产。通过试制、试验发现问题,加以改进。

上述机械设计的基本程序可以根据具体设计产品的复杂程度或实际情况予以取舍或增减。

机械系统的方案设计是本章讨论的内容,而机械执行系统的方案设计是机械系统方案设计中最具创造性的工作,因此本章将对机械执行系统方案设计的过程及其创新设计方法作重点介绍,主要包括执行系统的功能原理设计、执行系统的运动设计、执行机构的结构设计、执行系统的协调设计、执行系统的方案评价与决策等。

16.2 执行系统的功能原理设计和运动设计

要设计一部新的机器,首先应明确它的总功能,再将总功能分解,使其成为一系列独立的工艺动作,并配置相应的运动规律,据此选择合适的执行机构,然后进行各机构的运动协调设计,最后形成执行机构系统的运动方案。这就是执行系统方案设计的主要内容。

16.2.1 机械的功能原理设计

功能原理设计的步骤包括:①要明确地给出功能目标,该目标既是设计的依据,也是产品验收的依据;②明确任务之后用黑箱法分析系统的总功能,将待求的系统看作未知内容的黑箱,然后用黑箱法解决;③总功能确定之后,可进行功能分析和整理,画出功能系统图;④从功能系统图中找到各功能元,并寻求各功能元的作用原理;⑤功能元求解可采用形态学矩阵,从多个方案中找出功能原理解;⑥最后,经评价优选出最佳功能原理方案。

设计机械产品时,首先应根据使用要求、技术条件及工作环境等情况,明确提出机械所要达到的总功能;然后拟定实现这些功能的工作原理及技术手段;最后设计出机械系统方案。工作原理方案设计的优劣决定了机械的设计水平和综合性能,因此,如何确定最优的工作原理方案是一件十分困难而又复杂的设计、创新工作。

所谓机械产品的功能,即其用途、性能、使用价值等,它是根据人们生产或生活的需要提出来的。在确定机械产品的功能指标时应进行科学分析,以保证产品的先进性、可行性和经济性。

实现同一种功能要求,可以采用不同的工作原理。例如,螺栓的螺纹可以车削、套丝,也可以搓丝。再如齿轮加工设备,其预期实现的功能是在轮坯上加工出轮齿,为了实现这一功能要求,既可以选择仿形原理,也可以采用范成原理。若选择仿形原理,则工艺动作除了有切削运动、进给运动外,还需要准确的分度运动;若采用范成原理,则工艺动作除了有切削运动和进给运动外,还需要刀具与轮坯对滚的范成运动等。选择的工作原理不同,所设计的机械在工作性能、工作品质和适用场合等方面会有很大差异。

家用缝纫机的发明是一个成功的案例。设计缝纫机的目的是为了缝连布料,这是缝纫机预期实现的功能要求,如果将模仿人手穿针引线的缝纫动作作为发明创造缝纫机的起点,那么发明缝纫机的梦想将很难实现。发明家突破了模仿人手的动作,采用摆梭使底线绕过面线将布料夹紧的工作原理，才成功地发明了家用缝纫机，使梦想成真。它的工艺动作十分简单：针杆做往复移动，拉线杆和摆梭做往复摆动，送布牙的轨迹由复合运动实现，这几个动作的协调配合，便实现了缝连布料的功能要求。

不同工作原理的机械，其运动方案也就不同，而且即使采用同一种工作原理，也可以拟定出几种不同的机械运动方案。例如，在滚齿机上用滚刀切制齿轮和在插齿机上用插刀切制齿轮，虽同属范成加工原理，但由于所用的刀具不同，两者的机械运动方案也就不一样。

机械的工作原理确定之后，为了便于设计，应将机械的总功能分解为许多分功能，并形成机械的工艺动作过程(见本章案例导入)。

16.2.2　执行构件的运动设计

根据拟定的工作原理和工艺动作过程构思出能够实现该工艺要求的各种运动规律，确定执行构件的数目、运动形式、运动参数，然后从中选取最为简单适用的运动规律，作为机械执行构件的运动方案。运动方案选择得是否适当，直接关系到机械运动实现的可能性、整机的复杂程度以及机械的工作性能，对机械设计质量具有决定性的影响。因此，它是机械执行系统方案设计中十分关键的一步。

(1) 执行构件的数目。执行构件的数目取决于机械分功能或分动作数目的多少，但两者不一定相等，要针对机械的工艺过程及结构复杂性等进行具体分析。例如，在本章案例导入的粉料压片成型机中，可采用三个执行构件(上冲头、下冲头和料筛)分别实现送料、压形、脱模功能。

(2) 执行构件的运动形式和运动参数。执行构件的运动形式取决于要实现的工艺动作的运动要求。常见的运动形式有回转(或摆动)运动、直线运动、曲线运动及复合运动等 4 种。前两种运动形式是最基本的，后两种则是简单运动的复合。

当执行构件的运动形式确定后，还要确定其运动参数，如直线运动的速度、行程及行程速度变化系数等。执行构件运动形式和参数的选择，一般属于相关专业知识问题，此处不作更深入的讨论。

16.3　执行机构系统形式设计

当根据工艺动作分解，确定了执行机构运动规律后，必须根据各基本动作或功能的要求，选择或创造合适的机构型式来实现这些动作或运动规律。这一工作称为执行机构的形式设计，又称为机构的型综合。在进行机构形式设计时，设计者需要在熟悉各基本机构和常用机构的运动形式、功能特点、适用场合等的基础上，综合考虑执行机构系统的运动要求、动力特性、机械效率、制造成本、外形尺寸等因素，通过机构组合或结构变异等创造构思出结构简单、性能优良、成本低廉的机构。这是一项极具创造性的工作。

16.3.1　机构的选型

机构选型就是选择合适的机构形式，以实现机器所要求的各种执行动作和运动规律。机构的选型方法有以下几种。

1. 按执行构件的运动形式进行机构选型

通常原动机的运动形式和运动参数与执行构件的各种运动形式和运动参数不尽相同，因此，必须在原动机与执行构件之间采用具有不同功能的机构来进行运动参数和运动形式的转换，以实现执行构件的预期动作。表 16-1 列出了按实现执行构件各种运动形式分类的部分常用机构，供选用时参考。

表 16-1　按实现运动形式分类的部分常用机构

运动	机构类型	常用机构	特　　点
传递连续回转运动	摩擦传动机构	带传动、摩擦轮传动	优点是结构简单、传动平稳、易于实现无级变速、有过载保护作用；缺点是传动比不准确、传递功率小、传动效率较低等
	啮合传动机构	齿轮传动、蜗杆传动、链传动及同步带传动	齿轮传动的效率高、传动比准确、传递功率范围大。蜗杆传动传动比大、传动平稳但传动效率较低。链传动通常用在传递距离较远、传动精度要求不高而工作条件恶劣的地方。同步带传动兼有能缓冲减振和传动比准确的优点，且传动轻巧
	连杆机构	双曲柄机构和平行四边形机构等	低副机构、制造容易、承载能力大，但难以准确地实现任意指定的运动规律，多用于有特殊需要的地方
实现单向间歇回转运动	槽轮机构		槽轮机构的槽轮每次转过的角度与槽轮的槽数有关，要改变其转角的大小必须更换槽轮，所以槽轮机构多用于转角为固定值的转位运动
	棘轮机构		棘轮机构主要用于要求每次的转角较小或转角大小需要调节的低速场合
	不完全齿轮机构		不完全齿轮机构的转角在设计时可在较大范围内选择，且可大于 360°，故常用于大转角而速度不高的场合
	凸轮式间歇机构		凸轮式间歇机构运动平稳，分度、定位准确，但制造困难，故多用于速度较高或定位精度要求较高的转位装置中
	齿轮—连杆组合机构等		齿轮—连杆组合机构主要用于有特殊需要的输送机中
往复移动和往复摆动	连杆机构	曲柄滑块机构、正弦机构、正切机构、六连杆机构	连杆机构是低副机构，制造容易、承载能力大，但连杆机构难以准确地实现任意指定的运动规律，故多用于无严格的运动规律要求的场合
	凸轮机构		可以实现复杂的运动规律，便于实现各执行构件间的运动协调配合，推杆的行程一般较小，用在受力不很大的场合
	螺旋机构		螺旋机构可获得大的减速比和较高的运动精度，常用作低速进给和精密微调机构，可以满足较大行程
	齿轮齿条机构		适用于移动速度较高的场合，但是由于精密齿条制造困难，传动精度及平稳性不及螺旋机构，所以不宜用于精确传动及平稳性要求高的场合，可以满足较大行程
	液压缸或气缸		当有气、液源时选用气动、液压机构作为驱动机构更为方便，特别对具有多个执行构件的工程机械、自动生产线和各种自动机等，更应优先考虑，因为这样可以简化机械结构，便于自动控制

续表

运动	机构类型	常用机构	特　点
再现轨迹的机构	连杆机构		四杆机构结构简单、制造方便，但只能近似地实现所预期的轨迹；多杆机构精度较四杆机构高，但设计和制造较难
	齿轮—连杆组合机构		待定的尺寸参数较多，精度较四杆机构高，但设计和制造较难
	凸轮—连杆组合机构、联动凸轮机构		可准确地实现预期轨迹，且设计较方便，但凸轮制造较难，故成本较高

2. 按执行机构的功能选择机构类型

有的机器执行机构功能明确，如夹紧、分度、定位、制动、导向等功能。能实现这些功能的常用机构见于各种机械设计手册中，供设计时选用，也可以手册中所列的各种机构为借鉴，从中得到启发，开阔思路，在已有机构形式的基础上组合创造出新的机构，以实现机构的功能要求。

16.3.2　机构的变异

当所选机构不能全面满足对机械提出的运动和动力方面的要求时，或为了改善所选机构的性能或结构，可以采用下面介绍的几种较常用的方法实现机构的变异。

(1) 改变构件的结构形状。例如，在摆动导杆机构中，若在原直线导槽上设置一段圆弧槽(图 16-4)，其圆弧半径与曲柄长度相等，则导杆在右极位时将作较长时间的停歇，摆动导杆机构即变为单侧停歇的导杆机构。

(2) 改变构件的运动尺寸。

(3) 选不同的构件为机架。

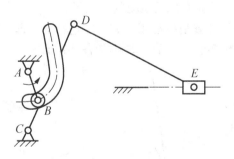

图 16-4　改变摆动导杆机构的导杆形状

(4) 选不同的构件为原动件。在一般的机械中，常取连架杆作为原动件，但在摇头风扇的摇摆机构中(图 16-5)，却取连杆为原动件。这样做可巧妙地将风扇转子的回转运动化为连架杆的摇动，从而使传动链大为简化。

(5) 增加辅助构件。为机构增加辅助构件，可以使运动副(特别是组合运动副)按预定的走向(位置)保持接触，实现机构的变异。

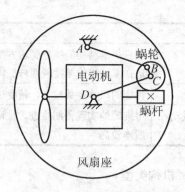

图 16-5 电风扇的摇头机构

16.3.3 机构的组合

常用机构中，结构最简单的(从动系统一般只有一个杆组)的机构通称为基本机构，如四连杆机构、凸轮机构、齿轮机构、螺旋机构、间歇运动机构和差动轮系等。通常原动件做匀速连续转动，实现执行构件的运动较为简单时可选用一个基本机构。当要实现的运动较为复杂时，可将几个相同型的或不同型的基本机构组合应用，即将原来机构能实现的简单运动经机构组合后合成为所需的复杂运动。基本机构的组合方式有下列 5 种。

1. 串联式

串联式是将前一个基本机构的输出件与后一个基本机构的输入件固接在一起。其优点是可以改善单一基本机构的运动特性。例如，一个对心曲柄滑块机构没有急回运动特性，而且在工作行程中滑块的速度是变化的，如果要求该机构有急回特性，便可如图 16-6 所示，将一曲柄摇杆机构的输出件 3 与一曲柄滑块机构(或摇杆滑块机构)的输入件 3′ 固接在一起，则该机构的输出件 6 便具有急回运动的特性了。

串联式组合应用的设计步骤是按框图由右向左进行的，即先按输出要求设计后一个基本机构，再设计与原动机相连的前一个基本机构(图 16-6)。

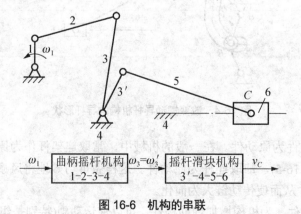

图 16-6 机构的串联

2. 并联式

并联式是指原动件的一个运动同时传给 n 个并列布置的单自由度基本机构，从而转换

成另 n 个输出运动；而这 n 个运动又输入给一个 n 自由度的基本机构，最后合成为一个输出运动。在常见的组合中大多 $n=2$。图 16-7 所示机构是由定轴轮系和曲柄摇杆机构以及差动轮系 5-6-7-3-4 组成，该机构用两个并列的单自由度基本机构封闭了两自由度的差动轮系，故属并联式组合方式。

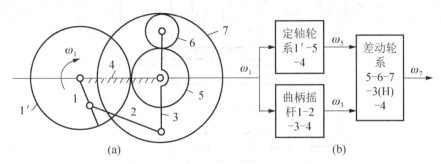

图 16-7　机构的并联

3. 复合式

复合式是指原动件的运动一方面传给一个单自由度的基本机构并转换成一个运动后，再传给一个两自由度的基本机构；同时，原动件将其运动直接传给该两自由度基本机构，而后者将输入的两个运动合成为一个输出运动。

4. 反馈式

反馈式是指原动件的运动先传给一个多自由度的基本机构，该机构的一个输出运动经过一单自由度基本机构转换为另一运动后，又反馈给原来的多自由度基本机构。

图 16-8 所示机构即为反馈式机构，由直动从动件槽形凸轮机构(附加机构)2′-3-4 和带有滑架 3 的蜗杆机构 1-2-4(基本机构)组合而成。其中凸轮 2′ 和蜗轮 2 是一个构件，滑架 3 同时又是凸轮机构的从动件，蜗杆 1 既能绕自身轴线转动又能由滑架带着沿轴向移动，故该蜗杆机构实质是一个两自由度的高副四杆机构。该机构工作时，蜗杆 1 转动来自于原动件，沿轴线方向的移动通过凸轮机构从蜗轮反馈。

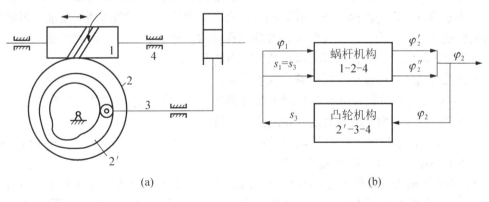

图 16-8　反馈式组合机构

5. 叠联式

图 16-9 所示的由三个摆动液压缸机构(四连杆机构的一种演化机构)组成的液压挖掘机

机构即为叠联式机构。

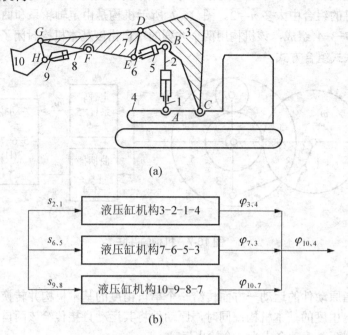

图 16-9　叠联式组合机构

以上主要介绍如何将原动件的匀速连续转动转变为执行构件所需运动的机构组合的 5 种基本方式，至于为了满足更高的要求，各种方式可以混合使用。

16.4　执行系统的协调设计

16.4.1　执行系统的运动协调设计

一部复杂的机械，通常由多个执行机构组合而成，各执行机构不仅要完成各自的执行动作，还必须以一定的次序协调动作，相互配合，以完成机器预期的功能要求。否则将破坏机械的整个工作过程，不仅无法实现预期工作要求，甚至会损坏机件和产品，造成生产和人身事故，因此，应进行执行机构系统运动协调设计。

机构系统运动协调设计主要应满足以下要求。

(1) 各执行机构的执行动作在时间上要协调配合，即各执行机构的执行动作在时间上要保证确定的顺序，而且能够周而复始地循环协调工作。

(2) 执行机构系统中各执行机构必须保证其运动过程中的空间协调性和同步性，即在运动过程中不能发生运动轨迹相互干涉。

(3) 各执行机构对操作对象的操作必须满足协同性要求。当两个或两个以上的执行机构同时对同一对象实施操作完成同一执行动作时，各执行机构之间的运动必须协同一致。

(4) 对于有些机械，除了要求各执行机构的动作满足时间、空间上的同步性和协同性之外，还必须满足运动速度的协调性。如用范成法加工齿轮时，滚齿机或插齿机中的刀具和轮坯的范成运动必须保证预定的传动比。

(5) 在安排各执行机构的动作顺序时应尽量缩短执行系统的工作循环周期，这样有利于提高劳动生产率。

(6) 在确保各执行机构的动作按先后顺序执行和时间上的同步性的前提下，为避免因制造、安装等误差造成在动作衔接处发生干涉，在一个机构动作结束到另一个机构动作起始之间应保持适当的时间间隔。

现以粉料压片机为例说明执行机构系统的协调设计(见本章案例导入)。

如图 16-10(c)所示，粉料压片机执行机构系统由 4 个执行机构组成。凸轮连杆机构Ⅰ完成工艺动作①、②；凸轮机构Ⅱ完成工艺动作③；串联六杆机构Ⅲ及凸轮机构Ⅳ配合完成工艺动作④、⑤、⑥。根据协调设计要求，对各执行机构的运动应作如下协调安排。

(1) 各执行机构的动作过程必须按以①、②、③、④、⑤、⑥的顺序进行。显然，在料筛送料期间，上冲头不能下移，以免压到料筛，只有在料筛不在上下冲头之间时，冲头才能加压。

(2) 为了保证各执行机构在运动时间上的同步性，可将各执行机构的原动件 1、4、6、7 安装在同一根分配轴上或通过一些传动装置把它们与分配轴相连，并由一个电动机带动，从而使各执行机构的运动循环时间间隔相同，并按确定的顺序周而复始地循环协调工作。图 16-10(b)中，φ 表示电动机转角，通过分配轴和传动机构(图中未画出)将运动并列分支传给凸轮Ⅰ(φ_1)、凸轮Ⅱ(φ_6)、曲柄 7(φ_7)和凸轮Ⅳ(φ_4)，而它们又分别通过机构Ⅰ、Ⅱ、Ⅲ、Ⅳ输出料筛 3 的位移 S_3、下冲头 5 的位移 S_5、上冲头 9 的位移 S_9 和下冲头 5 的位移 S_5'。这些位移按顺序实现了压片成型的整个工艺动作过程。

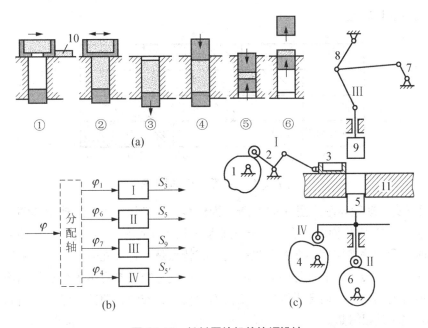

图 16-10　粉料压片机的协调设计

(3) 由于料筛 3 和上冲头 9 的运动轨迹是相交的，故在安排这两个执行构件的运动时，不仅要注意时间上的协调性，还应注意其空间位置上的协调性和同步性，以防止在其运动过程中料筛和上冲头相撞。

(4) 因上冲头 9 和下冲头 5 的操作对象是同一片坯，故在安排这两个构件的运动时，应注意使其协同一致。如上、下冲头同时为粉料加压并保压一定时间，此后上冲头快速退出，下冲头随后并稍慢地上移将成型片坯推出型腔。否则，若上冲头还未退出下冲头就上移，本已成型的片坯就会进一步受压而遭破坏。

(5) 为了尽量缩短执行系统的工作循环周期，提高劳动生产率，可在保证各动作不发生干涉的前提下，尽量使各执行机构的动作部分重叠。例如，上冲头还未退到上顶点，料筛即可开始移动送进；而料筛尚未完全退回，上冲头即可开始下行，只要料筛和上冲头不发生碰撞(阻挡)即行。

16.4.2　机械的工作循环图

为了保证机械系统工作时各执行构件间动作协调配合，在设计机械时应编制出用以表明机械在一个工作循环中各执行构件运动配合关系的工作循环图(也称为运动循环图)。在编制工作循环图时，要从机械中选择一个构件作为定标件，用它的运动位置(转角或位移)作为确定其他执行构件运动先后次序的基准。工作循环图通常有如下三种形式。

(1) 直线式工作循环图。图 16-11 所示为前述粉料压片机的直线式工作循环图。其横坐标表示上冲头机构中曲柄转角 φ_7。这种运动循环图将运动循环各区段的时间和顺序按比例绘在直线坐标轴上，其特点是：能清楚地表示整个运动循环内各执行机构的执行构件行程之间的相互顺序和时间(或转角)关系，并且绘制比较简单，但执行构件的运动规律无法显示，因而直观性较差。

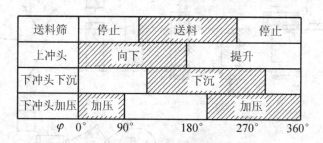

图 16-11　直线式工作循环图

(2) 圆周式运动循环图。图 16-12 所示为粉料压片机的圆周式运动循环图，它以上冲头中的曲柄 7 作为定标构件，曲柄每转一周为一个运动循环。这种运动循环图将运动循环各区段的时间和顺序按比例绘在圆形坐标上，其特点是：直观性较强。因为机器的运动循环通常是在分配轴转一周的过程中完成的，所以通过它能直接看出各个执行机构原动件在分配轴上所处的相位，因而便于进行凸轮机构的设计、安装、调试。但是，当同心圆太多时，看起来也不是很清楚。

(3) 直角坐标式工作循环图。图 16-13 所示为粉料压片机的直角坐标式运动循环图。图中横坐标为定标构件曲柄 7 的运动转角 φ_7，纵坐标表示上冲头、下冲头、料筛的运动位移。实际上它就是执行构件的位移线图，但为了简单起见通常将工作行程、空回行程、区段分别用上升、下降和水平的直线来表示。其特点是能清楚地看出各执行构件的运动状态及起讫时间，并且各执行机构的位移情况及相互关系一目了然，便于指导执行机构的几何尺寸设计。

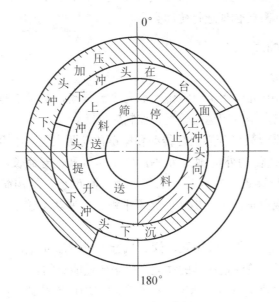

图 16-12　圆周式工作循环图

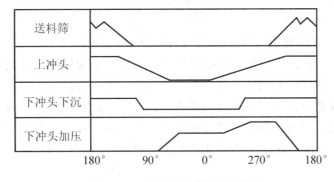

图 16-13　直角坐标式工作循环图

16.5　传动系统的方案设计和原动机选择

为了使机械执行系统能够实现预期的动作和功能，还需要相应的原动机、传动系统和控制系统。

传动系统位于原动机和执行系统之间，负责将原动机的运动和动力传递给执行系统。它还起着如下重要作用：实现增速、减速和变速传动；变换运动形式；进行运动的合成和分解；实现分路传动和较远距离传动；实现某些操纵控制功能(如启动、离合、换向等)。关于机械系统的控制涉及更多相关专业知识，可参阅有关文献资料。

16.5.1 传动类型的选择

传动装置的类型很多,选择不同类型的传动机构将会得到不同形式的传动系统方案。为了获得理想的方案,需要合理选择传动类型。

1. 传动的类型和特点

1) 按传动的方式分

(1) 机械传动。利用机构所实现的传动称为机械传动,其优点是工作稳定、可靠,对环境的干扰不敏感。缺点是响应速度较慢,控制欠灵活。

机械传动按传动原理又可分为啮合传动和摩擦传动两大类。啮合传动传动比恒定、传递功率大、尺寸小(除链传动外)、速度范围广、工作可靠、寿命长,但加工制造复杂、噪声大,需安装过载保护装置;摩擦传动工作平稳、噪声小、结构简单、容易制造、价格低、有吸收冲击和过载保护能力,但传动比不平稳、传递功率较小、速度范围小、轴与轴承承载大、寿命较短。

(2) 液压、液力传动。利用液压泵、阀、执行器等液压元器件实现的传动称为液压传动;液力传动则是利用叶轮通过液体的动能变化来传递能量的。

液压液力传动的主要优点是:速度、扭矩和功率均可连续调节;速度范围大,能迅速换向和变速;传递功率大;结构简单,易实现系列化、标准化;使用寿命长;易实现远距离控制,动作快速;能实现过载保护等。缺点主要是:传递效率低,不如机械传动精确;制造、安装精度要求高;对油液质量和密封性要求高。

(3) 气压传动。以压缩空气为工作介质的传动称为气压传动。

气压传动的优点是:易快速实现往复移动、摆动和高速转动,调速方便;气压元件结构简单,适合标准化、系列化,易制造,易操纵;响应速度快,可直接用气压信号实现系统控制,完成复杂动作;管路压力损失小,适于远距离输送;与液压传动相比,经济且不易污染环境,安全,能适应恶劣的工作环境。缺点是传递效率低;因压力不能太高,故不能传递大功率;因空气的可压缩性,故载荷变化时传递运动不太平稳;排气噪声大。

(4) 电气传动。利用电动机和电气装置实现的传动称为电气传动。

电气传动的特点是传动效率高、控制灵活、易于实现自动化。由于电气传动的显著优点和计算机技术的应用,传动系统也在发生着深刻的变化。在传动系统中作为动力源的电动机虽仍在大量应用,但已出现了具有驱动、变速与执行等多重功能的伺服电动机,从而使原动机、传动机构、执行机构朝着一体化的最小系统发展。目前,它已在一些系统中取代了传动机构,而且这种趋势还会增强。

2) 按传动比和输出速度的变化情况分

(1) 定传动比传动。输入与输出转速对应,适用于执行机构的工况固定,或其工况与原动机对应变化的场合。

(2) 变传动比有级变速传动。一个输入转速可对应于若干个输出转速,适用于原动机工况固定,而执行机构有若干种工况的场合,或用于扩大原动机的调速范围。

(3) 变传动比无级变速传动。一个输入转速对应于某一范围内无限多个输出转速，适用于执行机构工况很多，或最佳工况不明确的情况。

(4) 变传动比周期性变速传动。输出角速度是输入角速度的周期性函数，以实现函数传动或改善动力特性。

2. 拟定机械传动系统方案的一般原则

由于机械功能、工作原理和使用场合等的不同，对传动系统的要求也就不同。选择机械传动系统类型时均应遵循一般原则。

1) 采用尽可能简短的运动链

采用简短的运动链，有利于降低机械的重量和制造成本，也有利于提高机械效率和减小积累误差。

2) 优先选用基本机构

由于基本机构结构简单、设计方便、技术成熟，故在满足功能要求的条件下，应该优先选用基本结构。若基本结构不能满足或不能很好地满足机械的运动或动力要求时，可适当地对其进行变异或组合。

3) 应使机械有较高的机械效率

机械的效率取决于组成机械的各个机构的效率，因此，当机械中包含有效率较低的机构时，就会使机械的总效率随之降低。但要注意，机械中各运动链所传递的功率往往相差很大，在设计时应着重考虑使传递功率最大的主运动链具有较高的机械效率，而对于传递功率很小的辅助运动链，其机械效率的高低则可放在次要地位，而着眼于其他方面的要求(如简化机构、减小外廓尺寸等)。

4) 合理安排不同类型传动机构的顺序

一般说来，在机构的排列顺序上有如下一些规律：首先在可能的条件下，转变运动形式的机构(如凸轮机构、连杆机构、螺旋机构等)通常总是安排在运动链的末端，与执行机构靠近。其次，带传动等摩擦传动，一般都安排在转速较高的运动链的起始端，以减少其传递的扭矩，从而减小其外廓尺寸。这样安排，也有利于启动平稳和过载保护，而且布置原动机也较方便。

5) 合理分配传动比

运动链的总传动比应合理地分配给各级传动机构，具体分配时应注意以下几点。

(1) 每一级传动的传动比应在常用的范围内选取。如一级传动的传动比过大，对机构的性能和尺寸都是不利的。例如，当齿轮传动的传动比大于 8～60 时，一般应设计成两级传动；传动比在 60 以上时，常设计成两级以上的齿轮传动。但是，对于带传动来说，一般不采用多级传动。

(2) 当运动链为减速传动时(因电动机的速度一般较执行机构的速度高，故通常都是减速传动)，一般情况下，按照"前小后大"的原则分配传动比，这样有利于减小机构的尺寸。

6) 保证机械的安全运转

设计机械传动系统时，必须十分注意机械的安全运转问题，防止发生损坏机械或伤害人身的可能性。

16.5.2 传动系统的设计过程

传动系统方案设计是机械系统方案设计的重要组成部分,当完成执行系统的方案设计和原动机的预选型后,即可根据执行机构所需要的运动和动力条件及原动机的类型和性能参数,进行传动系统的方案设计了。通常其设计过程如下。

(1) 确定传动系统的总传动比。

(2) 选择传动类型。即根据设计任务中所规定的功能要求,执行系统对动力、传动比或速度变化的要求以及原动机的工作特性,选择合适的传递装置类型。

(3) 拟定传动链的布置方案。即根据空间位置、运动和动力传递路线及所选传动装置的传动特点和适用条件,合理拟定传动路线,安排各传动机构的先后顺序,以完成从原动机到各执行机构之间传动系统的总体布置方案。

(4) 分配传动比。即根据传动系统的组成方案,将总传动比合理分配至各级传动机构。

(5) 确定各级传动机构的基本参数和主要几何尺寸。计算传动系统的各项运动学和动力学参数,为各级传动机构的结构设计、强度计算和传动系统方案评价提供依据和指标。

(6) 绘制传动系统运动简图。

16.5.3 原动机的类型及其运动参数的选择

原动机的运动形式主要是回转运动、往复摆动和往复直线运动等,当采用电动机、液压马达、气动马达和内燃机等原动机时,原动件做连续回转运动;液压马达和气动马达也可以做往复摆动;当采用油缸、气缸或直线电动机等原动机时,原动件往复直线运动。有时也用重锤、发条、电磁铁等作原动机。

原动机选择得是否恰当,对整个机械的性能及成本、机械系统的组成及其繁简程度将有直接影响。例如,设计金属片冲制机时,冲头的运动既可以采用电动机及机械传动来实现,也可以采用液压缸及液压系统来得到,两者性能及成本明显不同。

电动机是机械中使用最广的一种原动机,为了满足不同工作场合的需要,电动机又有许多种类。一般用得最多的是交流异步电动机,它价格低廉、功率范围宽、具有自调性,其机械特性能满足大多数机械设备的需要。它的同步转速有 3000r/min、1500r/min、1000r/min、750min、500r/min 等 5 种规格。在输出同样功率的条件下,电动机的转速越高,其尺寸和重量也就越小,价格也越低。但当执行构件的速度很低时,若选用高速电动机,势必要增大减速装置,反而可能会造成机械系统总体成本的增加。

当执行机构需无级变速时,可考虑直流电动机或交流变频电动机。当需精确控制执行构件的位置或运动规律时,可选用伺服电动机或步进电动机。当执行构件需低速大扭矩时,可考虑用力矩电动机。力矩电动机可产生恒力矩,并可堵转,或由外力拖着反转,故其也常用在收放卷装置中用作恒阻力装置。

在采用气动原动机时,需要气压源(许多工厂有总的气压源)。气压驱动动作快速、废气排放方便、无污染(但有噪声)。气动难以获得大的驱动力,且运动精度差。

采用液压原动机时,一般一台设备就需要一台液压源,成本较高。液压驱动可获得大的驱动力、运动精度高、调节控制方便。液压液力传动在工程机械、机床、重载汽车、高级小轿车等中的应用很普遍。

16.6　实验与实训

实验目的

了解几种典型机械的传动方案、各种零部件在机械中的应用及各种机械的基本结构。

通过对机械传动方案及结构的分析,掌握机械运动方案和结构设计的基本要求。

培养机械系统运动方案的设计能力和创新意识。

实验内容

实训 1 分析本章案例(图 16-1 和图 16-10)粉料压片成型机执行机构的组合关系。

(1) 凸轮连杆机构 I(图 16-14)。

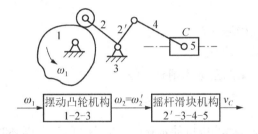

图 16-14　凸轮连杆机构

(2) 串联六杆机构 III(肘杆机构,图 16-15)

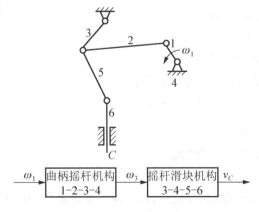

图 16-15　肘杆机构

(3) 下冲头 5 是凸轮机构 II 及凸轮机构 IV 共同的从动件,是两个或两个以上单自由度的基本机构共用一个输出构件输出运动，是种并联式组合。

实训2 考察同类冲压机械的机构，给出另外两种粉料压片成型机冲压机构的可行运动方案。

实训3 粉料压片成型机生产率为每分钟 25 片，驱动电机的功率为 2.2kW，940r/min，试设计其传动系统方案。

实验总结

通过本章的实验和实训，读者应该能对机械系统的组成有一个较全面的认识，并具有机构选型、传动方案设计的初步能力。

16.7 习　题

一、简答题

(1) 一个机械系统包含哪几个子系统，设计的大致步骤如何？

(2) 为什么要对机械系统进行功能分析？对机械系统设计有何指导意义？

(3) 什么是机械的工作循环图？有哪些形式？工作循环图在机械系统设计中有什么作用？

(4) 机构选型有哪几种途径？

(5) 机构的组合有哪几种方式？

(6) 拟定机械传动方案的基本原则有哪些？

二、实作题

(1) 图 16-16 所示为自动冲压机的示意图，冲头 2 的运动循环时间由下列部分组成：

$$T_1 = t_{01} + t_{d1} + t_K + t_{d2}$$

式中：t_0——冲头初始位置上的停息时间；

t_{d1}——冲头前进空程时间；

t_K——冲头工作行程时间；

t_{d2}——冲头回退空程时间。

送料机构的运动循环时间由三部分组成：

$$T_2 = t_0 + t_K + t_d$$

式中：t_0——送料机构停息时间；

t_K——送料机构前进即上料时间；

t_d——送料机构回退空程时间。

给定自动冲压机的生产指标为每班 1200 件。试确定自动冲压机的运动循环时间；绘制自动冲压机的运动循环图。

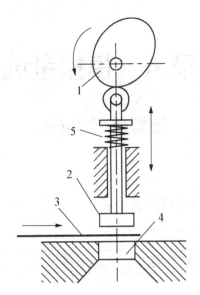

图 16-16　自动冲压机

(2) 一台盒装食品的日期打印机，食品盒为硬纸板制作，尺寸为长×宽×高=100mm×30mm×60mm，生产率为 60 件/min。试设计该机械的传动系统方案。

附录 A 模拟考试题

模拟考试题(一)

一、填空题

(1) 平面机构具有确定运动的条件_____、_____。

(2) 螺纹连接自锁条件是_____。

(3) 常用的四种螺纹有_____、_____、_____、_____。

(4) 一对渐开线标准直齿圆柱齿轮的正确啮合条件是:_____,_____。

(5) 带传动的主要失效形式是_____和_____,_____现象是不可避免的。

(6) 一对圆柱齿轮传动,大齿轮和小齿轮的接触应力的大小关系是_____。

(7) 在蜗杆传动中,蜗杆的分度圆直径 d_1 与模数 m 的比值称为_____,表示为_____。

(8) 齿轮不发生_____的最少齿数是_____。

(9) 只承受弯矩不承受扭矩的轴为_____;既承受弯矩又承受扭矩的轴为_____;只承受扭矩的轴为_____。

(10) 基本额定动载荷的定义是:_____。

二、选择题

(1) 若在平面机构中引入一个高副,将带入_____约束。

    A. 1个   B. 2个   C. 3个   D. 0个

(2) 缝纫机是_____。

    A. 机器   B. 机构   C. 构件   D. 零件

(3) 曲柄滑块机构有死点存在时,其主动件是_____。

    A. 曲柄   B. 滑块   C. 连杆   D. 导杆

(4) 在曲柄摇杆机构中,若曲柄为主动件,且做等速转动时,其从动件摇杆做_____。

    A. 往复等速移动   B. 往复变速移动

    C. 往复变速摆动   D. 往复等速摆动

(5) 标准蜗杆传动的中心距计算公式应为_____。

    A. $a = \dfrac{1}{2}m(z_1 + z_2)$ B. $a = \dfrac{1}{2}m(q + z_2)$

    C. $a = \dfrac{1}{2}m_t(q + z_2)$ D. $a = \dfrac{1}{2}m_t(q + z_1)$

(6) 带传动采用张紧轮的目的是_____。

    A. 减轻带的弹性滑动   B. 提高带的寿命

C．改变带的运动方向　　　　　　　　D．调节带的初拉力

(7) 带传动工作时，小带轮为主动轮，则带的最大应力发生位置在_____。

　　A．进入小带轮处　　　　　　　　　B．进入大带轮处

　　C．退出小带轮处　　　　　　　　　D．退出大带轮处

(8) 在一定转速下，要减轻链传动的不均匀性和动载荷，应_____。

　　A．增大链节距，增加链轮齿数　　　B．增大链节距，减少链轮齿数

　　C．减小链节距，增加链轮齿数　　　D．减小链节距，减少链轮齿数

(9) 在螺栓连接的结构设计中，被连接件与螺母和螺栓头接触表面处需要加工，这是为了_____。

　　A．不致损伤螺栓头和螺母　　　　　B．增大接触面积，不易松脱

　　C．防止产生附加偏心载荷　　　　　D．便于装配

(10) 下列零件中，尚未制定国家标准的零件是_____。

　　A．吊环螺钉　　B．圆锥销　　　　C．轴承盖　　　　D．普通楔键

(11) 转轴工作中，轴表面上一点的弯曲应力的性质是_____。

　　A．静应力　　　　　　　　　　　　B．脉动循环变应力

　　C．对称循环变应力　　　　　　　　D．不稳定变应力

(12) 能很好地承受径向载荷与单向轴向载荷综合作用的轴承是_____。

　　A．深沟球轴承　　　　　　　　　　B．角接触球轴承

　　C．推力球轴承　　　　　　　　　　D．圆柱滚子轴承

三、简答题

(1) 在曲柄摇杆机构中，什么情况下会出现死点位置？该位置的传动角是多少？

(2) 解释齿轮加工过程中的根切现象。

(3) 螺纹连接为什么要防松？防松方法有几种？分别举两例。

(4) 为什么要根据带的型号规定带轮的最小直径？

四、计算图 A-1 的机构自由度，并说明运动是否确定。

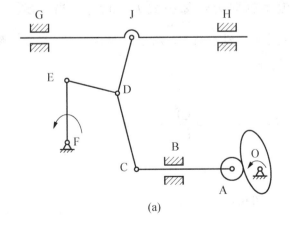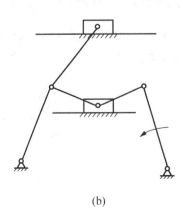

(a)　　　　　　　　　　　　　　　　　(b)

图 A-1

五、采用两个 6.8 级的 M20 普通螺栓连接(图 A-2)，其中被连接件结合面间的摩擦系数 f=0.2，选取安全系数 S=3，试计算该连接允许传递的横向载荷 R。其中 M20 螺栓 d=20mm，d_1=17.294mm，d_2=18.376mm，K_f=1.2。

六、有一对外啮合渐开线标准直齿圆柱齿轮传动，大齿轮已经损坏，现急需修复使用，测得中心距 a=276mm，小齿轮齿顶圆直径 d_{a1}=105mm，其齿数 z_1=33，试求大齿轮的齿数 z_2。

七、图 A-3 所示为差动轮系，已知各轮的齿数：Z_1=15，Z_2=25，Z_2'=20，Z_3'=60，已知 n_1=200r/min，n_3=50r/min，转向如图中箭头所示，试求转臂 H 的转速 n_H。

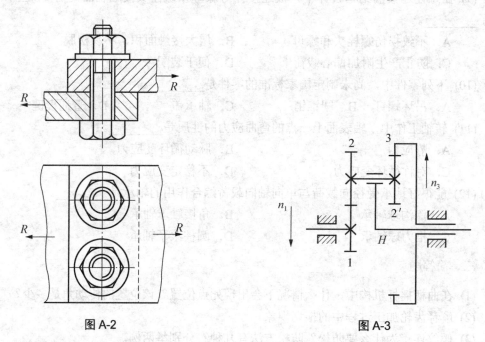

图 A-2　　　　　　　　　　　图 A-3

八、在图 A-4 所示的轴承装置中，轴承型号为 70312AC，轴的转速为 1 000r/min，轴承 1 的径向载荷 F_{r1}＝15 000N，轴承 2 的径向载荷 F_{r2}＝7 000N，作用在轴上的轴向载荷 F_A＝5 700N，该轴承的 e=0.68，派生轴向力计算公式 $F_d = 0.7F_r$，当 $\dfrac{F_a}{F_r} > e$ 时，X = 0.41，Y = 0.87，f_p = 1，轴承的基本额定动载荷 C = 78kN，试求：①各轴承所受的轴向载荷 F_{a2}、F_{a2}；②计算轴承的工作寿命。

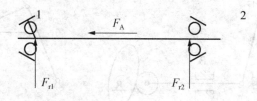

图 A-4

模拟考试题(二)

一、填空题

(1) 在从动件运动规律不变的情况下，要减小凸轮的基圆半径则压力角_____。

(2) 急回机构的行程速比系数 K _____。

(3) 要将一个曲柄摇杆机构转化成双摇杆机构，可以用机架转换法将_____。

(4) V 带传动、齿轮传动、链传动用于多级传动时，带传动一般用于_____，链传动一般用于_____。

(5) 带传动在工作过程中，带内所受的应力有_____、_____、_____，最大应力发生在_____。

(6) 被连接件受横向载荷作用时，若采用普通螺栓连接，则螺栓受_____载荷作用，可能发生的失效形式是_____。

(7) 在螺纹连接中采用悬置螺母或环槽螺母的目的是_____。

(8) 渐开线齿廓的形状取决于_____。

二、选择题

(1) 当机构的自由度大于零，且_____主动件数，则该机构具有确定的相对运动。

    A. 小于   B. 等于   C. 大于   D. 大于或等于

(2) 尖顶从动件凸轮机构中基圆的大小会影响_____。

    A. 从动件的位移   B. 从动件的加速度

    C. 凸轮机构的压力角   D. 从动件的速度

(3) 当凸轮机构的从动件选用等速运动规律时，其从动件的运动_____。

    A. 将产生有限度的冲击   B. 将产生柔性冲击

    C. 将产生刚性冲击   D. 没有冲击

(4) 在常用的螺纹连接中，自锁性能最好的螺纹是_____。

    A. 三角形螺纹   B. 梯形螺纹

    C. 锯齿形螺纹   D. 矩形螺纹

(5) 相同公称尺寸的三角形细牙螺纹与粗牙螺纹相比，因细牙螺纹的螺距小，内径大，故细牙螺纹_____。

    A. 自锁性好，强度低   B. 自锁性好，强度高

    C. 自锁性差，强度低   D. 自锁性差，强度高

(6) 软齿面闭式齿轮传动的主要失效形式是_____。

    A. 齿面胶合   B. 轮齿折断

    C. 齿面磨损   D. 齿面疲劳点蚀

(7) 渐开线直齿圆柱齿轮传动的可分性是指_____不受中心距变化的影响。

    A. 传动比   B. 节圆半径   C. 啮合角   D. 中心距不变

(8) 在开式齿轮传动中,齿轮模数应依据_____条件确定。

    A. 齿根弯曲疲劳强度   B. 齿面接触疲劳强度

    C. 齿面胶合强度   D. 齿轮的工作环境

(9) 带传动在工作中产生弹性滑动的原因是_____。

    A. 带在带轮上出现打滑   B. 外载荷过大

    C. 初拉力过小   D. 带的弹性和预紧力与松边有拉力差

(10) 带传动不能保证准确传动比,是因为_____。

    A. 带在带轮上出现打滑   B. 带出现了磨损

    C. 带的松弛   D. 带传动工作时发生弹性滑动

(11) 链条节数宜采用_____。

    A. 奇数   B. 偶数   C. 质数   D. 任意整数

(12) 只能承受径向载荷,而不能承受轴向载荷的滚动轴承是_____。

    A. 深沟球轴承(60000)   B. 角接触球轴承(70000)

    C. 圆柱滚子轴承(N 型)   D. 推力球轴承(51000)

三、简答题

(1) 在曲柄摇杆机构中,若曲柄主动,在什么位置传动角最小?

(2) 什么是滚动轴承的基本额定寿命?

(3) 联轴器和离合器的区别是什么?各适用于什么场合?

(4) 滑动速度对蜗杆传动的影响是什么?

四、计算图 A-5 中机构的自由度。若存在复合铰链、局部自由度和虚约束,请指明。

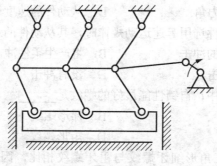

图 A-5

五、一偏置直动尖项从动件盘形凸轮机构如图 A-6 所示。已知凸轮为一偏心圆盘,圆盘半径 $R=30$mm,几何中心为 A,回转中心为 O,从动件偏距 $OD=e=10$mm,$OA=10$mm。凸轮以等角速度 ω 逆时针方向转动。当凸轮在图示位置,即 $AD\perp CD$ 时,试求:

(1) 凸轮的基圆半径 r_0;

(2) 画凸轮的偏心圆;

(3) 图示位置凸轮机构压力角 α;

(4) 图示位置从动件的位移 s;

(5) 标出凸轮转过 90° 时的压力角 α。

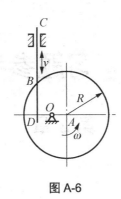

图 A-6

六、现在有两个标准直齿圆柱齿轮，已查得 z_1=22，z_2=98，测得小齿轮顶圆直径 $d_{a1}=240$mm，大齿轮过大不便测量，估测得全齿高 h=22.5mm。

(1) 判断两齿轮是否可以正确啮合。

(2) 计算 $d_1,d_{f1},d_2,d_{a2},d_{f2},a$。

七、在图 A-7 所示的轮系中，如果 A 轴转连 n_A=360r/min，顺时针回转，而 B 轴转连 n_B=360r/min，逆时针回转。已知 z_1=18，z_2=24，z_3=18，z_4=42，z_5=20，z_6=40。求 n_C 的大小和方向。

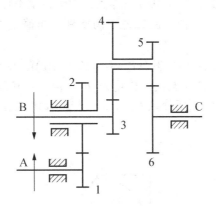

图 A-7

八、设计压力容器的螺栓连结。已知由于内压使盖上受轴向静载荷，总载荷 $F_\Sigma=18$KN，螺栓个数 Z=6 个，选用螺栓材料为碳素钢 6.8 级，由于压力容器考虑连结的紧密性，要求剩余预紧力 $F_1=1.6F$，连结安全系数 S=3，求螺栓的最小直径 d_1 是多少？

附录 B 习题参考答案

第 2 章

一、填空题

(1) 不变形

(2) 大小　方向　作用点

(5) 受力图

二、选择题

(1) B　(2) B

四、实作题

(1) 取拱 *BC* 为研究对象，画出其分离体图。由于自重不计，*BC* 只在 *B*、*C* 两处受到铰链约束，因此拱 *BC* 为二力杆。由二力平衡条件，可确定 *B*、*C* 处的约束反力 F_B、F_C(图 B-1(a))。

(2) 取拱 *AC* 为研究对象，画出其分离体图(图 B-1(b))。由于自重不计，主动力只有载荷 *P*。在铰链 *C* 处拱受到 *BC* 给它的反作用力 F_C。由作用和反作用定律，$F_C=-F_C$。由于 *A* 处约束反力位未定，可用两正交分量 F_{AX}，F_{AY} (图 B-1(c)代替图 B-1(b))。

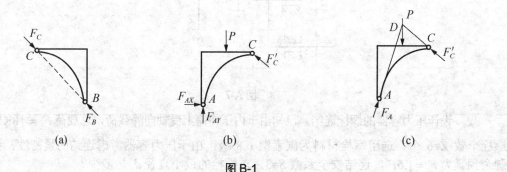

(a)　　　　　　　　　(b)　　　　　　　　　(c)

图 B-1

第 3 章

一、填空题

(1) 运动副　(2) 转动副　移动副　(3) 机架　原动件　从动件　(4) 1　(5) 2

二、判断题(错 F,对 T)

(1) T   (2) T   (3) F   (4) F

三、选择题

(1) B   (2) B   (3) A   (4) B   (5) C   (6) A   (7) B

五、实作题

(1) ① $n=4$，$P_L=6$，$P_H=0$(E、F 有一处为虚约束)，$F=3n-2P_L-P_H=3\times4-2\times6-0=0$。
设计方案不合理。

② 改进方案如图 B-2(a)、(b)所示。

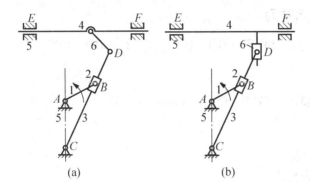

图 B-2

(2) 如图 B-3 所示。$N=5$，$P_L=7$，$P_H=0$，$F=3n-2P_L-P_H=3\times5-2\times7-0=1$。

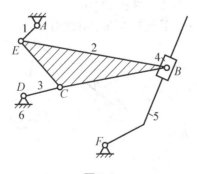

图 B-3

(3) 图 3-17(a)的自由度：$n=5$，$P_L=7$，$P_H=0$，$F=3n-2P_L-P_H=3\times5-2\times7-0=1$。

图 3-17(b)的自由度：E 或 F 处：有 1 处虚约束；B：局部自由度。

$n=4$，$P_L=5$，$P_H=1$，$F=3n-2P_L-P_H=3\times4-2\times5-1=1$。

图 3-17(c)的自由度：J：复合铰链，D 或 F：有 1 处虚约束。

$n=9$，$P_L=13$，$P_H=0$，$F=3n-2P_L-P_H=3\times9-2\times13-0=1$。

第4章

一、填空题

(1) 转动

(2) 连架杆 曲柄 连杆少 少

(3) 双摇杆机构

(4) 小 90°

(5) 极位夹角

(6) 1.25

二、判断题(错 F,对 T)

(1) T (2) F (3) F (4) F (5) T (6) T (7) T (8) F (9) F (10) F

三、选择题

(1) A (2) A (3) C (4) B (5) B (6) A (7) A

五、实作题

(1) (a) 双摇杆机构。

    (b) 曲柄摇杆机构。

    (c) 双曲柄机构。

    (d) 双摇杆机构。

(2) ① $\theta=18.6°$，$\psi=70.6°$ (图 B-4(a))；

② $\gamma_{min}=\min\{\gamma_{min}, \gamma'_{min}\}=38.2°$ (图 B-4(b))；

③ 在以摇杆 CD 为原动件，且连杆与曲柄共线时(图 B-4(a)中的 $C'D$ 和 CD)。

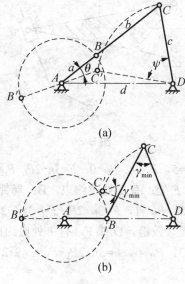

图 B-4

(3) 解：如图 B-5 各杆长从图中量出即可。

(4) 解：如图 B-6 所示各杆长从图中量出即可。

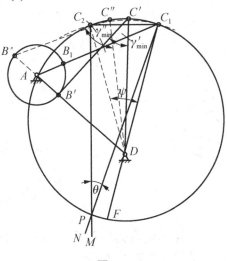

图 B-5

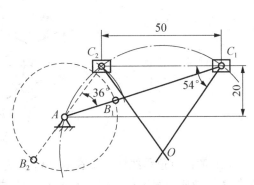

图 B-6

(5) 解：如图 B-7 所示。

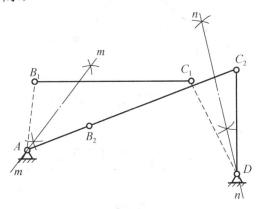

图 B-7

第 5 章

一、填空题

(1) 凸轮　从动件　机架　　(2) 垂直　油膜　润滑　凹形

(3) 运动规律　位移线图　　(4) 方向　力　锐

二、选择题

(1) C　(2) A　(3) B　(4) A

三、判断题(错 F，对 T)

(1) F　(2) F　(3) T　(4) T　(5) F

五、实作题

(1) 解：如图 B-8 所示

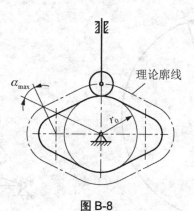

图 B-8

(2) 解：有位移线图可知在 $0\sim\phi_1$ 段为等速运动；$\phi_1\sim\phi_2$ 段为停歇段；$\phi_2\sim\phi_4$ 段为等加速等减速回程运动规律；$\phi_4\sim2\pi$ 段为停歇段，补足的线图如图 B-9 所示。

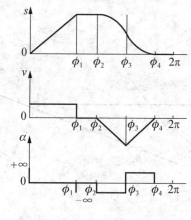

图 B-9

(3) 解：

① 理论廓线是以 A 为圆心 $R+r$ 为半径的圆，如图 B-10 所示。

② 基圆是以 O 为圆心，$OB_0=25\text{mm}$ 为半径的圆，即 $r_0=25\text{mm}$。

③ α 如图 B-10 所示，测量得 $15°$。

④ s-ϕ 曲线如图 B-10 所示，各数据见表 B-1。

表 B-1　s-ϕ 曲线相关数据

$\phi/(°)$	0	45	90	135	180	225	270	315	360
s/mm	0	3	12	24	30	24	12	3	0

⑤ $H=30\text{mm}$。

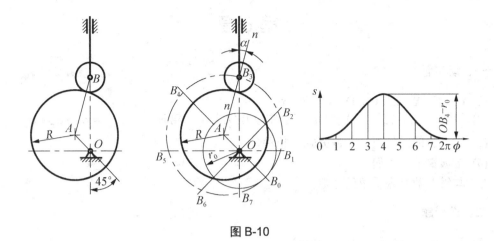

图 B-10

第 6 章

一、填空题

(1) 棘轮　往复摆动　棘轮　间歇
(2) 槽轮　三个　槽轮　间歇

二、选择题

B

三、判断题(错 F，对 T)

(1) F　(2) F　(3) T

第 7 章

一、选择题

(1) D　(2) B　(3) C　(4) C　(5) C
(6) A　(7) C　(8) D　(9) A　(10) B

三、实作题

(1) M12 螺栓。
(2) M16 螺栓。

第8章

一、填空题

(1) Y Z A B C D E E Y

(2) 可以 不能 $V_1 > V_2$ 主动边绕上小带轮时 $\sigma_{max} = \sigma_1 + \sigma_c + \sigma_{b1}$

(3) 不打滑的条件下 疲劳强度和寿命

(4) 过渡链节 偶

(5) 与链节数互为质数的奇数

二、选择题

(1) C (2) D (3) B (4) B (5) C

三、判断题(错 F，对 T)

(1) T (2) F (3) F (4) T (5) F

第9章

一、填空题

(1) 可分性

(2) 仿形法 范成法

(3) 磨损

(4) 轮齿折断

(5) 相等

(6) $\rho_\Sigma = \dfrac{\rho_1 \rho_2}{\rho_2 + \rho_1}$

(7) 从动 主动

(8) 节点

(9) 齿顶

(10) 节线附近的齿根面

(11) 润滑

(12) 大(30~50)

二、选择题

(1) C (2) A (3) B (4) B (5) A

(6) C (7) A (8) B D

三、判断题(错 F，对 T)

(1) F　(2) T　(3) T　(4) F　(5) F

(6) F　(7) F　(8) T　(9) T　(10) T

第 10 章

一、填空题

(1) 磨损　胶合　点蚀　轮齿折断　蜗轮的轮齿

(2) 滑动造成温度升高　热平衡计算　风扇吹风冷却　在箱体内的油池中装蛇形水管冷却　采用压力喷油循环润滑

二、选择题

(1) C　(2) C　(3) B　(4) B

三、判断题(错 F，对 T)

(1) T　(2) T　(3) F　(4) F

第 11 章

一、填空题

(1) 行星轮　转臂　太阳轮　转臂　太阳轮

(2) 行星轮系

(3) 2

二、选择题

(1) C　(2) A　(3) B　(4) B　C

三、判断题(错 F，对 T)

(1) F　(2) T

五、实作题

(1) $i_{16}=6.7$　　方向水平指向左

(2) $z_4 = z_1 + z_2 + z_3$　　$i_{14} = -\dfrac{z_2 z_4}{z_1 z_2}$

(3) 0.5

(4) $i_{1H} = 5.1$　　$n_H = 188.2\text{r}/\min$

第 12 章

一、选择题

(1) D　(2) D　(3) B　(4) B　(5) C　(6) D　(7) B　(8) B　(9) B

三、实作题

(1) 答：轴承的内径都为 35mm；6207/P2 公差等级最高；允许的极限转速最高的是：6207/P2；N307/P4 承受径向载荷的能力最高；5307/P6 不能承受径向载荷。

(2) 答：$e=0.68$，　$C=16\,800\text{N}$，　$x_2=0.67$，　$y_2=1.41$，　$\varepsilon=3$

　　　　轴承 2 的当量动载荷较大，为 3634.8N

　　　　使用寿命 L_h 为 1 694.38h

(3) 答：轴承的型号是 6307，$C_0=17\,800\text{N}$，$C=25\,800\text{N}$，

　　　　$e=0.24$，　$x=0.56$，　$y=1.85$，　$\varepsilon=3$

　　　　当量动载荷 P 为 2 382.6N，

(4) 答：$f_\text{P}=1.5$，$P=f_\text{P}F_\text{a}=7\,500\text{N}$，　$\varepsilon=3$，　额定寿命 $L_\text{h}=11\,181\text{h}$

第 13 章

一、选择题

(1) A　(2) A　(3) A　(4) C　(5) B　(6) C　(7) D　(8) A

第 14 章

一、选择题

(1) A　(2) A　(3) A　(4) A

第 16 章

二、实作题

(1) 解：① 确定冲头 2 的运动循环。

自动机的生产率 Q 为

$$Q_\text{实}=\frac{1\,200}{60\times8}=2.5\ \ (\text{件/min})$$

考虑到实际生产率低于理论生产率，自动机的理论生产率 Q 为

$$Q=(1.1\sim1.2)Q_\text{实}=2.75\sim3\ \text{件}/\text{min}$$

取 $Q=3$ 件／min，即自动机的分配轴转速为

$$n_{\text{分}} = 3 \text{ r / min}$$

则完成一个产品所需的时间 T 为

$$T = \frac{1}{n_{\text{分}}} = \frac{1}{3}(\text{min}) = 20\text{s}$$

所以墩冲头 2 的运动循环时间为

$$T_1 = T = 20\text{s}$$

② 确定冲头运动循环的组成区段。根据冲压工艺要求，冲头 2 的运动循环时间 T_1 由下列 4 部分组成：

$$T_1 = t_{01} + t_{d1} + t_K + t_{d2}$$

式中：t_0——冲头初始位置上的停息时间；

$\quad$ t_{d1}——冲头前进空程时间；

$\quad$ t_K——冲头工作行程时间；

$\quad$ t_{d2}——冲头回退空程时间。

③ 确定冲头各区段运动时间(冲头凸轮转角)。

冲头前进空程时间 $\quad t_{d1} = 5\text{s}$

则相应的分配轴转角为

$$\varphi_{d1} = 360° \cdot \frac{t_{d1}}{T_1} = 360° \times \frac{5}{20} = 90°$$

冲头工作行程时间 $\quad t_K = 6.67\text{s}$

则相应的分配轴转角为

$$\varphi_K = 360° \cdot \frac{t_K}{T_1} = 360° \times \frac{6.67}{20} = 120°$$

冲头回退空程时间 $\quad t_{d2} = 5\text{s}$

相应的分配轴转角为

$$\varphi_{d2} = 360° \cdot \frac{t_{d2}}{T_1} = 360° \times \frac{5}{20} = 90°$$

冲头初始位置上的停息时间 $\quad t_0 = 3.33\text{s}$

相应的分配轴转角为

$$\varphi_0 = 360° \cdot \frac{t_0}{T_1} = 360° \times \frac{3.33}{20} = 60°$$

④ 确定送料机构运动循环的组成区段。

送料机构的运动循环时间 T_2 由三部分组成：

$$T_2 = t_0 + t_K + t_d$$

式中：t_0——送料机构停息时间；

$\quad$ t_K——送料机构工进即上料时间；

$\quad$ t_d——送料机构回退空程时间。

⑤ 确定送料机构各区段运动时间(送料凸轮转角)。

送料机构的停息时间 $\quad t_0 = 12\text{s}$

相应的分配轴转角为

$$\varphi_0 = 360° \cdot \frac{t_0}{T_2} = 360° \times \frac{12}{20} = 216°$$

送料机构工进即上料时间为 $\qquad t_K = 5s$

则相应的分配轴转角为

$$\varphi_K = 360° \cdot \frac{t_K}{T_2} = 360° \times \frac{5}{20} = 90°$$

送料机构回退空程时间 $\qquad t_{d2} = 3s$

相应的分配轴转角为

$$\varphi_d = 360° \cdot \frac{t_d}{T_2} = 360° \times \frac{3}{20} = 54°$$

⑥ 按比例绘制自动冲压机的运动循环图(图 B-11)。

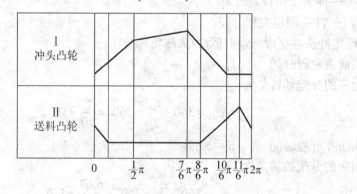

图 B-11

(2) 解:

① 食品盒日期打印机的传动系统方案示意图如图 B-12 所示。

② 确定自动打印机的运动循环图。

因为 $\qquad Q_{实} = 60件/min$

而实际生产率总是低于理论生产率,所以取:

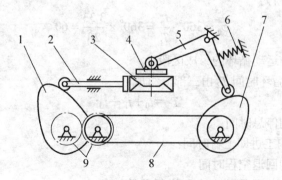

图 B-12　传动系统方案示意

1—送料凸轮;2—送料器;3—产品;4—印头;5—摆杆;6—弹簧;
7—打印凸轮;8—同步齿带;9—齿轮

$$Q=(1.1\sim1.2)Q_{实}=66\sim72(件 / min)$$

① 取 $Q=70$ 件 / min，即自动机的分配轴转速为

$$n_{分}= 70\ r / min$$

分配轴转一周即完成一个产品打印，所需时间为

$$T = \frac{1}{n_{分}} = \frac{1}{70}(min) = 0.86s$$

② 打印头的运动循环 T_1 为

$$T_1 = t_{k1} + t_{0k1} + t_{d1} + t_{01}$$

式中：t_{k1}——打印头的前进运动时间；

　　　t_{0k1}——打印头在产品上的停留时间；

　　　t_{d1}——打印头退回运动时间；

　　　t_{01}——打印头停歇时间。

③ 送料机构的运动循环时间 T_2 由三部分组成：

$$T_2=t_0+t_k+t_d$$

式中：t_0——送料机构停息时间；

　　　t_k——送料机构工进即上料时间；

　　　t_d——送料机构回退空程时间。

④ 机器运动循环如图 B-13 所示。

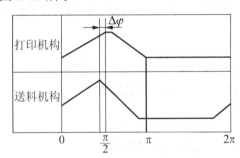

图 B-13　机器运动循环图

附录 C　模拟考试题答案

模拟题考试题(一)答案

一、填空题

(1) F>0　　原动件=自由度

(2) $\varphi \leqslant \rho_v$

(3) 三角形螺纹　梯形螺纹　矩形螺纹　锯齿形螺纹

(4) 压力角相等　模数相等

(5) 打滑　　疲劳失效　　弹性滑动

(6) 相等

(7) 直径系数　　$q=d_1/m$

(8) 根切　　17

(9) 心轴　转轴　传动轴

(10) 使轴承的基本额定寿命恰好为 10^6 转时，轴承所能承受的载荷值

二、选择题

(1) A　(2) A　(3) B　(4) C　(5) B　(6) D

(7) A　(8) C　(9) C　(10) C　(11) C　(12) B

三、简答题(略)

四、计算机构自由度，并说明运动是否确定。

(a) $F=2$，有确定运动。

(b) $F=1$，有确定运动。

五、$R \leqslant 9\,632\text{N}$。

六、$z_2=151$。

七、$n_H=-8.33\text{r/min}$　与 n_1 的方向相反

八、$L_h = 2\,177\text{h}$。

模拟考试题(二)答案

一、填空题

(1) 增大

(2) >1

(3) 原机构的曲柄作为机架

(4) 高速级 低速级

(5) 拉应力 离心应力 弯曲应力 绕上主动轮处

(6) 拉伸 螺栓杆拉断

(7) 使螺纹各圈受力均匀

(8) 基圆

二、选择题

(1) B (2) C (3) C (4) A (5) A (6) D

(7) A (8) A (9) D (10) D (11) B (12) C

三、简答题(略)

四、F=1 有复合铰链

五、题解如图

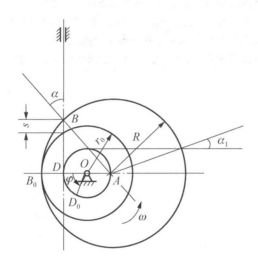

六、(1) 两齿轮可以正确啮合。

(2) d_1=220mm d_{f1}=195mm d_2=980mm d_{a2}=1000mm d_{f2}=955mm α=600mm

七、$n_c=n_6$=-289.28r/min，负号表示 n_C 的转向与 n_A 的转向相反，与 n_B 的转向相同。

八、d_1 = 9.50mm。

参 考 文 献

1. 机械设计手册编委会. 机械设计手册(新版)第一、二卷[M]. 北京：机械工业出版社，2005.
2. 吴忠泽. 机械零件设计手册[M]. 北京：机械工业出版社，2006.
3. 刘泽九. 滚动轴承应用手册[M]. 北京：机械工业出版社，2006.
4. 向敬忠，赵彦玲. 机械设计基础[M]. 哈尔滨：黑龙江科学技术出版社，2002.
5. 徐锦康. 机械设计[M]. 北京：高等教育出版社，2004.
6. 吴宗泽，刘莹. 机械设计教程[M]. 北京：机械工业出版社，2003.
7. 濮良贵，纪名刚. 机械设计[M]. 七版. 北京：高等教育出版社，2001.
8. 董玉平. 机械设计基础[M]. 北京：机械工业出版社，2003.
9. 李秀珍. 机械设计基础[M]. 4版. 北京：机械工业出版社，2005.
10. 单辉祖，谢传锋. 工程力学[M]. 北京：高等教育出版社，2004.
11. 王中元. 材料力学[M]. 沈阳：辽宁民族出版社，2002.
12. 孙桓，陈作模. 机械原理[M]. 6版. 北京：高等教育出版社，2000.
13. 邱宣怀. 机械设计[M]. 4版. 北京：高等教育出版社，1997.
14. 钟毅芳，吴昌林，唐增宝. 机械设计[M]. 2版. 武汉：华中科技大学出版社，2001.
15. 邹慧君. 机械原理教程[M]. 北京：机械工业出版社，2001.
16. 李威，王小群. 机械设计基础[M]. 北京：机械工业出版社，2013.